名校名师精品系列教材

HTML5 Mobile Web
Development Task Tutorial

HTML5
移动Web开发任务教程

慕课版

叶品菊 | 主编
权小红 顾婷 | 副主编
眭碧霞 | 主审

人民邮电出版社
北京

图书在版编目（CIP）数据

HTML5移动Web开发任务教程 : 慕课版 / 叶品菊主编
. -- 北京 : 人民邮电出版社, 2023.1(2024.6重印)
名校名师精品系列教材
ISBN 978-7-115-59005-3

Ⅰ. ①H… Ⅱ. ①叶… Ⅲ. ①超文本标记语言－程序设计－教材②网页制作工具－教材 Ⅳ. ①TP312.8
②TP393.092.2

中国版本图书馆CIP数据核字(2022)第049844号

内容提要

本书从移动端 Web 开发实际应用的角度以任务式的教学方式讲解 HTML5、CSS3、移动 Web 前端开发框架 Bootstrap 等新技术。本书共分为 10 个单元，按移动 Web 开发概述、初识 HTML5、CSS3 基础、CSS3 常用样式、CSS3 高级应用、HTML5 智能表单、基于 HTML5 的移动 Web 应用和响应式 Web 设计“神器”Bootstrap 等进行分类教学。最后通过 Bootstrap 工具开发来整合 HTML5、CSS3 和移动端 Web 开发的知识进行快捷开发，使读者将所学知识应用到实际开发中。

本书附有配套视频、源代码、习题等数字化学习资源，与本书配套的在线开放课程在“中国大学 MOOC（慕课）”上线，读者可以登录网站进行在线开放课程的学习。

本书既可作为高等院校本、专科相关专业的 HTML5 课程、移动 Web 开发课程的教材，也可作为前端与移动 Web 开发的培训教材。对于广大网站开发人员来说，本书更是一本不可多得的技术参考用书。

◆ 主　　编　叶品菊
副 主 编　权小红　顾　婷
责任编辑　刘　佳
责任印制　焦志炜

◆ 人民邮电出版社出版发行　　北京市丰台区成寿寺路 11 号
邮编　100164　　电子邮件　315@ptpress.com.cn
网址　https://www.ptpress.com.cn
三河市君旺印务有限公司印刷

◆ 开本：787×1092　1/16
印张：19.5　　2023 年 1 月第 1 版
字数：491 千字　　2024 年 6 月河北第 3 次印刷

定价：69.80 元

读者服务热线：(010)81055256　印装质量热线：(010)81055316
反盗版热线：(010)81055315
广告经营许可证：京东市监广登字 20170147 号

前言 PREFACE

本书全面贯彻党的二十大精神，以社会主义核心价值观为引领，传承中华优秀传统文化，坚定文化自信，使内容更好体现时代性、把握规律性、富于创造性。

面向职业院校和应用型本科院校开展前端学科 1+X 证书制度试点工作是落实《国家职业教育改革实施方案》的重要内容，也是完善教育培训体系、培养前端技术人才的必然需求。在前端技术开发中，HTML5 与 CSS3 是基础技术，因此熟练掌握 HTML5、CSS3 和 Bootstrap 技术是学习前端技术的第一步。

◆ 为什么要学习

移动互联网已经和人们的生活紧密地联系在一起，线上购物、在线医疗、在线教育等普及度越来越高，“云”生活模式不断获得用户青睐。HTML5 的出现打开了移动 Web 开发的新格局，日益成熟的 HTML5 技术在实现移动端页面的基础上，性能方面得到了很大的提升，这些发展使得移动端 HTML5 开发人才更为紧缺。

随着 HTML 技术的不断发展，将来的移动 Web 开发将会变得更加简洁，从而给用户带来更好的体验。HTML5 将会引领移动 Web 开发达到一个新的高度。

本书依据中级 Web 前端开发工程师的技能要求规划学习路径，详细介绍 HTML5 和 CSS3 的新特性、新属性和 Bootstrap 技术。本书以《Web 前端开发职业技能等级标准》为写作大纲，运用“理论 + 操作”的编写方式，做到内容深入浅出，让读者能够轻松理解并快速掌握相关知识。

◆ 本书内容介绍

本书适合有 HTML、CSS 和 JavaScript 基础的读者使用。本书对每个知识点进行深入的分析，并针对每个知识点精心设计相关案例，然后在每个单元设计一个单元案例，真正做到知识由浅入深、由易到难。

本书共 10 个单元，每个单元的详细介绍如下。

单元 1 让读者对移动 Web 开发有基础的了解，主要介绍基于 HTML5 的移动 Web 开发技术。

单元 2 讲解 HTML5 的常用标签、HTML5 新增的语义化结构标签和属性。

单元 3 讲解 CSS3 发展史、样式规则、引入方法和常用的选择器，展示 CSS3 选择器的强大威力，CSS3 选择器可以让用户轻松地改变任何元素。

单元 4 讲解 CSS3 盒子模型、弹性盒布局、背景设置、渐变属性、盒子阴影与盒子倒影等知识，展示 CSS3 创造的美。

单元 5 讲解 CSS3 的过渡、变形和动画，用 CSS3 制作各种动画效果。

单元 6 讲解 HTML5 智能表单的结构、表单的基本控件、表单的新特性等内容，使用 HTML5 智能表单设计各种表单页面。

单元 7 讲解 HTML5 的音频元素、视频元素、拖放及文件操作等内容。

单元 8 讲解 HTML5 的 Canvas 和 SVG。

单元 9 讲解在移动端使用非常广泛的 Bootstrap 框架。

单元 10 为实战开发——英语学习网，详细讲解响应式页面的制作方法。

◆ 编者介绍

本书的编写和整理工作由常州信息职业技术学院教师和苏州科大迅飞有限公司讲师共同完成。本书由眭碧霞担任主审，叶品菊担任主编，权小红、顾婷担任副主编。另外，赵香会、郭明、张金姬、王金雨也参与了本书的编写工作。

◆ 意见反馈

尽管我们尽了最大的努力，但书中难免会有不妥之处，欢迎各位专家和读者来信（47993891@qq.com）给予宝贵意见，我们将不胜感激。

◆ 本书的素质拓展

本书将社会主义核心价值观和中华优秀传统文化教育内容融入课程的教学要求中，旨在培养学生正确的价值取向，提高学生社会责任感，全面培养学生的软件工匠精神，使学生在潜移默化中树立社会主义核心价值观，提高综合职业素养，树立社会主义职业精神。

每个素质拓展的教学活动过程，教师和学生应共同参与其中。在课堂教学中，教师可结合表 1 中的内容，引导学生进行思考或展开讨论。

表 1　教学内容与素质拓展对照表

页码	内容导引	思考问题	素质拓展
19	HTML5 新增的语义化结构标签	1. 如何养成良好的编码习惯？ 2. 如何提升职业素养？	软件编码规范 职业素养
20	欢迎阅读《大学生创新创业读本》	1. 如何培养自己的创新能力？ 2. 如何为创业做好准备？	创新创业 工匠精神
24	“少壮不努力，老大徒伤悲”古诗赏析页面	1. 如何科学管理时间？ 2. 如何高效地学习？	珍惜时间 奋发图强
57	学院网站首页	1. 你了解学院动态吗？ 2. 如何拓展自己的视野？	传承文化 和谐校园
116	小信图书展示框	1. 如何选择图书？ 2. 如何高效地阅读？	专业能力 工匠精神
145	“爱我中华”动画制作	1. 如何迎接新时代的挑战？ 2. 如何继承和发扬爱国主义精神？	爱国情怀 民族自豪感
172	志愿者注册页面	1. 如何服务他人、奉献社会？ 2. 如何做一名现代文明公民？	家国情怀 奉献友爱
198	DIY 视频播放器	1. 如何提高自我创新能力？ 2. 怎样做到有效创新？	自主探索 善于创新
230	绘制轮廓文字“努力成为优秀的前端开发工程师”	1. 如何培养专业能力？ 2. 如何努力成为优秀的前端开发工程师？	注重细节 专业能力
241	绘制桌面时钟	1. 怎样做到珍惜时间？ 2. 如何用有限的时间为社会创造价值？	管理时间 职业规划
273	Bootstrap 折叠	1. 你了解“中国软件杯”大赛吗？ 2. 如何提升自己的专业能力？	自主创新 国际视野
279	英语学习网	1. 怎样树立终身学习观念？ 2. 如何不断地更新自己的知识结构？	终身学习 工匠精神

编　者

2023 年 7 月

目录 CONTENTS

单元 1 移动 Web 开发概述

越来越多的人使用小屏幕设备上网，但针对不同屏幕的设备开发不同的页面成本非常高。随着 HTML 技术的不断发展，将来的移动 Web 应用开发将会变得更加简洁，从而给用户带来更好的体验。

知识目标

★ 熟悉移动 Web 开发的概念。

★ 熟悉基于 HTML5 的移动 Web 开发技术。

★ 掌握 HBuilderX 开发工具的基本操作。

能力目标

★ 能理解移动 Web 开发与 PC 端 Web 开发的区别。

★ 能理解基于 HTML5 的移动 Web 开发技术。

★ 能使用 HBuilderX 开发工具编写 HTML5 页面。

1.1 移动 Web 开发简介

1.1.1 什么是移动 Web 开发

移动 Web 开发是针对移动端 Web 页面的开发。目前移动端主流的开发方式主要包括：

（1）移动 Web 开发：利用 HTML5 等技术开发运行在移动端 Web 浏览器中的 Web 应用。

（2）Native App（原生应用）：用 Objective-C 等原生语言开发的移动应用。

（3）Hybrid App（混合应用）：将移动 Web 页面封装在原生外壳中，以 App 的形式与用户交互。

移动 Web 开发具有跨平台、成本低、维护和更新简单、易安装等优点。它的缺点是用户体验和性能稍差。随着手机硬件设备的完善、移动端 Web 浏览器对新技术的支持日益提高，移动 Web 开发的用户体验和性能也会逐步得到提升。

1.1.2 移动 Web 开发与 PC 端 Web 开发的区别

下面我们将移动端 Web 开发与 PC 端 Web 开发做比较。

1. PC 端 Web 开发

PC 端 Web 开发就是桌面网页的前端开发，主要由 HTML、CSS 和 JavaScript 技术来实现。PC 端 Web 开发的内容包括网站页面内容、样式的呈现，以及与用户的交互等。它需要 PC 端浏览器提供对 HTML、CSS 和 JavaScript 及其他技术的支持。在开发时，需要注意不同厂家浏览器对前端技术支持的差异化，需要考虑 IE、Firefox、Chrome、Safari 等浏览器的兼容性。

2. 移动 Web 开发

移动 Web 开发主要指手机网页的前端开发，与 PC 端 Web 开发所用的技术类似，开发项目的呈现依赖于移动端 Web 浏览器。在移动 Web 开发中，需要注意两点。

（1）网页用户界面设计要考虑到移动端的特点，便于触屏操作。

（2）由于屏幕大小的限制，移动端 Web 页面的开发结构不能太复杂，要把网站最核心的功能，简洁、清晰地呈现出来。

扫码观看
微课视频

1.2 移动 Web 开发技术入门

1.2.1 HTML5 简介

HTML5 是超文本标记语言（HyperText Markup Language）的第 5 个版本，是 HTML 的传递和延续。从 XHTML4.0、XHTML 再到 HTML5，在某种意义上讲，这是 HTML 的更新与规范过程。HTML5 的目标是将 Web 开发在一个成熟的应用平台上进行。在 HTML5 平台上，视频、图像、动画及和计算机的交互都被标准化。HTML5 正在引领时代的潮流，将开创互联网的新时代。

HTML5 主要有八大革新。

（1）语义网（Semantics）：提供了一组丰富的语义化标签。

（2）多媒体（Multimedia）：音频、视频功能的增强是 HTML5 的最大突破。

（3）3D 图形（Graphics）和特效（Effects）：Canvas、SVG 和 WebGL 等功能使得图形渲染更高效，页面效果更加炫酷。

（4）性能（Performance）和集成（Integration）：Web Workers 让浏览器可以多线程处理后台任务而不阻塞用户界面渲染。同时，性能检测工具有助于评估程序性能。

（5）呈现（Present）：CSS3 可以很高效地实现页面特效，并不会影响页面的语义和性能。

（6）通信（Connectivity）：增强了通信能力，意味着增强了聊天程序的实时性和网络游戏的顺畅性。

（7）设备访问（Device Access）：增强了设备感知能力，使得 Web 应用在台式计算机、平板电脑、手机上均能使用。

（8）离线（Offline）和存储（Storage）：HTML5 的 Application Cache、Local Storage、IndexedDB 和 File API 使 Web 应用程序更加迅速，并提供了离线使用的能力。

1.2.2 CSS3 简介

CSS 通常称为 CSS 样式或层叠样式表，主要用于设置 HTML 页面中的文本内容（字体、大小、对齐方式等）、图片的外形（宽度、高度、边框样式、边距等）及版面的布局等外观显示样式。

CSS 以 HTML 为基础，提供了丰富的功能，如字体、颜色、背景的控制及整体排版等，而且可以针对不同的浏览器设置不同的样式。

CSS 有 3 个不同层次的标准：CSS1、CSS2 和 CSS3。本书介绍 CSS 的最新版本 CSS3。

在新版本的 CSS3 中增加了很多新样式，例如圆角效果、块阴影与文字阴影、使用 RGBA 实现透明效果、渐变效果，使用@font_face 实现定制字体、多背景图、文字或图像的变形处理（旋转、平移、缩放、倾斜）等。另外，响应式设计就是通过 CSS3 的媒体查询来实现的。

1.2.3 Bootstrap 简介

Bootstrap 是一个用于快速开发 Web 应用程序和网站的前端框架。Bootstrap 基于 HTML、CSS、JavaScript，它简洁、灵活，使得 Web 开发更加快捷。

Bootstrap 由 Twitter 的马克・奥托（Mark Otto）和雅各布・桑顿（Jacob Thornton）开发，是目前非常受欢迎的前端框架，是 2011 年 8 月在 GitHub 上发布的开源产品。

Bootstrap 具体有以下四大特点。

（1）移动设备优先：自 Bootstrap 3 起，包含了贯穿于整个库的移动设备优先的样式。

（2）浏览器支持：所有的主流浏览器都支持 Bootstrap。

（3）容易上手：只要你具备 HTML 和 CSS 的基础知识，就可以开始学习 Bootstrap。

（4）响应式设计：Bootstrap 的响应式 CSS 能够自适应于台式计算机、平板电脑和手机。

1.2.4 移动端的 Web 浏览器

常用的移动端的 Web 浏览器主要包括以下 3 种。

（1）iOS 中的 Mobile Safari。

（2）Android 中的 Android Browser。

（3）UC 浏览器、QQ 浏览器、百度浏览器等。

这些移动端的 Web 浏览器不同于过去的 WAP 浏览器，它们可以识别和翻译 HTML、CSS 和 JavaScript 代码，并且大多数移动端 Web 浏览器都是基于 WebKit 的。在 PC 端浏览器中，Google 的 Chrome 浏览器、Apple 的 Safari 浏览器都内置了 WebKit 引擎，并对 HTML5 提供了很好的支持。在移动端方面，Mobile Safari 和 Android Browser 作为大用户平台内置的移动端的 Web 浏览器，更是继承各自 PC 端浏览器的特点，采用 WebKit 引擎并对 HTML5 提供良好的支持。例如，通过 iPhone 手机上的 Safari 浏览器访问中国大学 MOOC 网站的首页，如图 1-1 所示。

使用移动端的 Web 浏览器可以直接访问任何通过 HTML 等构建的网站或应用程序。我们在 PC 端访问中国大学 MOOC 网站的首页，如图 1-2 所示。

图 1-1　中国大学 MOOC 网站的首页（移动端 Web 浏览器）

图 1-2　中国大学 MOOC 网站的首页（PC 端浏览器）

通过对同一个网站在不同端的设计进行对比，我们得出移动端 Web 浏览器的一些特点。

（1）受到屏幕尺寸的限制。

移动端 Web 浏览器受到屏幕尺寸的限制，所以移动端网站的设计主要展示本站最核心的内容，菜单栏会缩放在“≡”中。

（2）支持 HTML5 规范。

现在的移动端 Web 浏览器都可以支持 HTML5，包括 HTML5 规范、CSS3 规范和 JavaScript 代码。

（3）加入手势操作。

移动端可支持触屏、滑动、缩放等手势操作。

（4）硬件设备局限性。

PC 端硬件配置相对强大，各种浏览器对硬件的要求已经不需要太多的限定。而手机的性能相对于 PC 端要低得多，内置的浏览器需要考虑硬件条件。所以，移动端 Web 浏览器功能相对有限。当然，随着手机硬件设备的性能不断加强，移动端 Web 浏览器支持的功能也越来越多。

1.3 基于 HTML5 的移动 Web 开发

作为新一代的 Web 技术标准，HTML5 标准定义的规范非常广泛，以下标准在目前的移动端 Web 浏览器中已得到很好的支持。

1. 支持跨平台、跨设备

HTML5 的优点主要在于，这个技术可以跨平台使用。比如开发了一款 HTML5 的游戏，该游戏可以很轻易地移植到 UC 的开放平台、Opera 的游戏中心、Facebook 的应用平台，甚至可以通过封装的技术发放到 App Store 或 Google Play 上，所以 HTML5 的跨平台功能非常强大，这也是它受大众欢迎的主要原因。图 1-3 所示为使用 HTML5 开发的 CrazyCall 网站首页效果，可以满足不同设备使用，在 PC 端和移动端均正常显示。

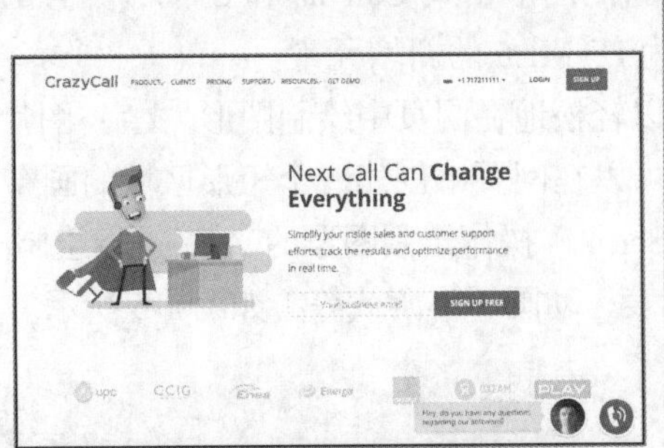

图 1-3 CrazyCall 网站首页效果（左图为 PC 端、右图为移动端）

2. 支持多媒体

新增<audio>标签和<video>标签处理音频和视频文件。在现在的 Web 网站中，音频和视频早已成为网站重要的组成部分。但是，长久以来，音频和视频一直依赖于第三方插件，而插件的使用会给网站带来一些性能和稳定性方面的问题。对于 HTML5 中的多媒体，<audio>标签与<video>标签的出现让音频与视频网站开发有了新的选择。<audio>标签与<video>标签用于播放音频和视频，并且 HTML5 规范为其提供了可脚本化控制的 API。HTML5 音频和视频文件如图 1-4 所示。

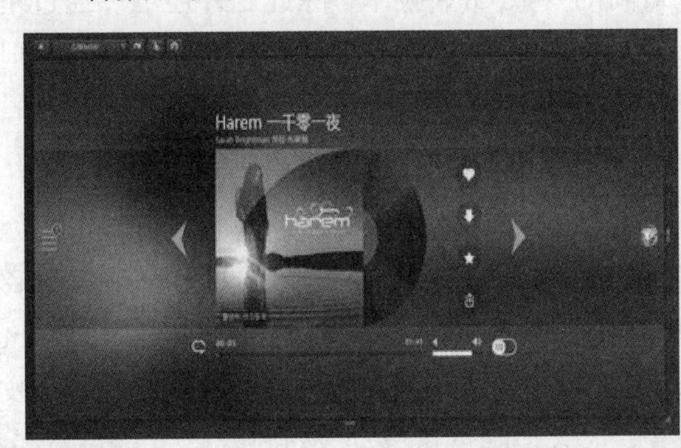

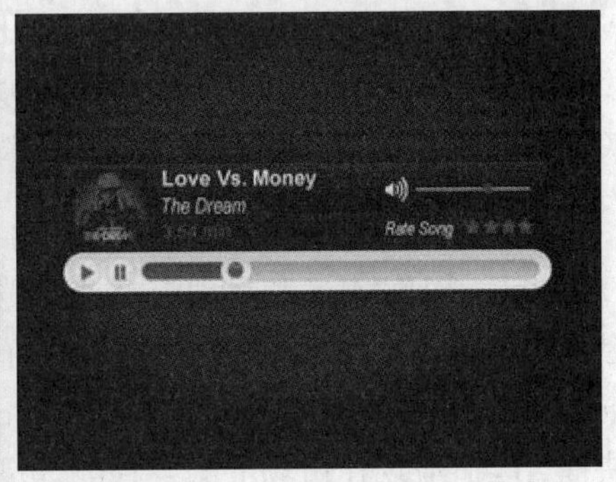

图 1-4 HTML5 音频和视频文件

3. 离线与存储

HTML5 提出 Local Storage 与 Application Cache 两大存储技术，能把 Web 应用相关资源文件缓存到本地。移动应用遇到无网络状态时就会瘫痪，为了解决这个问题，HTML5 规范提供了一种离线应用的功能。当支持离线应用的浏览器检测到清单文件（Manifest File）中的任何资源文件时，便会下载对应的资源文件，将它们缓存到本地，同时离线应用也保证本地资源文件的版本和服务器端上的一致。对于移动设备来说，当处于无网络状态时，Web 浏览器便会自动切换到离线状态，并读取本地资源以保证 Web 应用继续可用。

为了满足本地存储数据的需求，HTML5 规范提出了 Web Storage 机制。Web Storage 速度更快，而且安全，只会将数据存储在浏览器中而不会随 HTTP 请求发送到服务器端。它可以存储大量数据而不会影响到网站的性能。

4. 三维图形与特效

在过去的很长一段时间，网页显示图形使用的是 JPG、PNG 等嵌入式图形格式。动画通常是由 Flash 实现的。现在出现了两种新的图形格式 Canvas 和 SVG，并且 HTML5 对它们提供了非常好的支持，其中，Canvas 为 HTML5 的新增元素。

Canvas 译为画布，有了这个画布便可以轻松地在网页中绘制图形、文字、图片等。HTML5 提供了<canvas>标签，使用<canvas>标签可以在网页中创建一个矩形区域的画布，它本身不具有绘制功能，可以通过脚本语言（JavaScript）操作绘制图形的 API 进行绘制。用 Canvas 可以绘制绚丽的页面，很适合制作一些图表、动画、小游戏等，如图 1-5 所示。

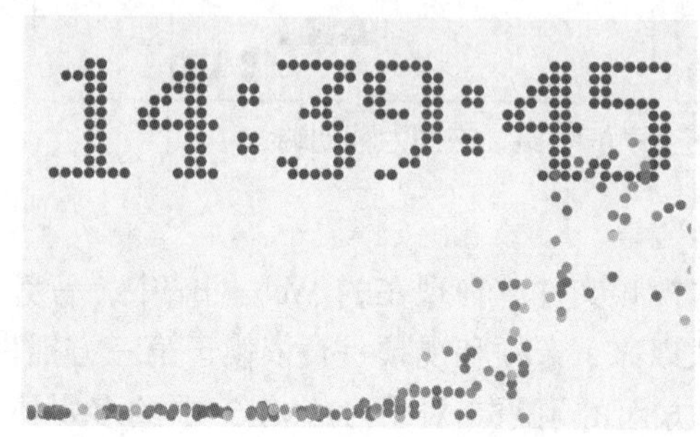

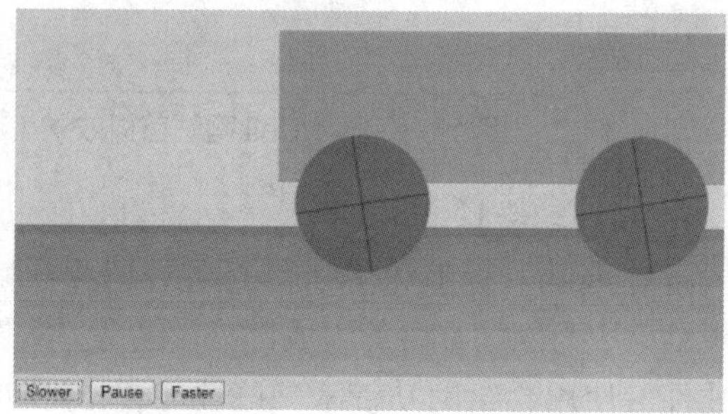

图 1-5　用 Canvas 制作游戏

5. 地理定位

获取定位信息的方式有很多种，精度最高的要数 GPS 技术，除此之外还可以通过基站和 Wi-Fi 热点等方式来获取位置。在 Web 上，Geolocation API（地理位置应用程序接口）提供了准确定位浏览器用户当前位置的功能，而且封装了获取位置的技术细节，开发者不用关心位置信息究竟从何而来，这极大降低了应用的开发难度。

6. 移动 Web 框架

因为有了 HTML5 和移动端 Web 浏览器的支持，越来越多的开发者开始研究基于移动平台的 Web 框架，例如基于 jQuery 页面驱动的 jQuery Mobile，基于 Ext JS 架构的 Sencha Touch，移动优先、加入强大 Less 的 Bootstrap 等。这些移动 Web 框架让移动 Web 开发更加快捷，能适应现在市场上的各种屏幕尺寸，大大地降低了移动 Web 开发人员的工作成本。

目前，使用较为广泛的是 Bootstrap 框架，本书也着重讲解该框架的使用。

1.4 开发工具 HBuilderX 的使用

扫码观看
微课视频

HBuilder 是一款功能丰富、多平台开发的轻量编辑器，支持 HTML5 的 Web 开发。快是 HBuilder 的最大优势，通过完整的语法提示、代码输入法、代码块等，可大幅提升 Web 开发效率。

HBuilder 主要包括三大特点。

（1）敏捷的性能，实现 Emmet、Sass 自动编译。

（2）清爽的页面，可以自定义页面风格。

（3）强大的功能，HBuilder 有完整的代码提示、自动补全功能。

HBuilder 的最新版是 HBuilderX，如图 1-6 所示。

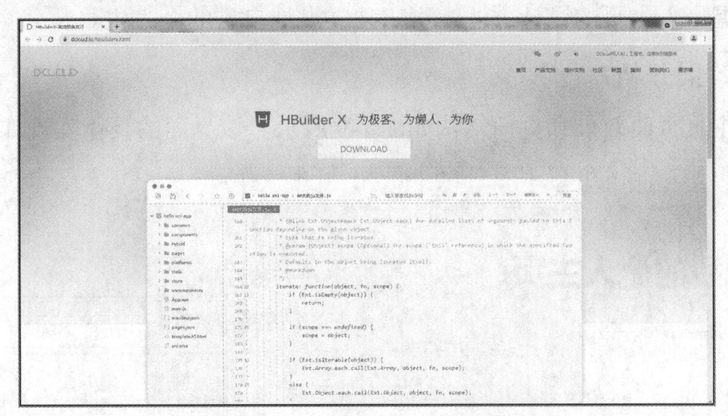

图 1-6 HBuilderX 的下载页面

下载安装包后解压缩，可以看到图 1-7 所示的内容，双击可执行文件，就可以打开 HBuilderX。

名称	修改日期	类型	大小
bin	2020/9/8 9:16	文件夹	
iconengines	2020/9/8 9:16	文件夹	
imageformats	2020/9/8 9:16	文件夹	
platforms	2020/9/8 9:16	文件夹	
plugins	2020/9/8 9:32	文件夹	
readme	2020/9/8 9:32	文件夹	
update	2020/9/8 9:32	文件夹	
HBuilderX.dll	2020/5/27 20:19	应用程序扩展	9,154 KB
HBuilderX.exe	2020/5/27 20:19	应用程序	3,235 KB
libeay32.dll	2020/5/27 20:19	应用程序扩展	1,236 KB
LICENSE.MD	2020/5/27 20:19	MD 文件	5 KB

图 1-7 HBuilderX 文件包

HBuilderX 软件运行页面如图 1-8 所示。

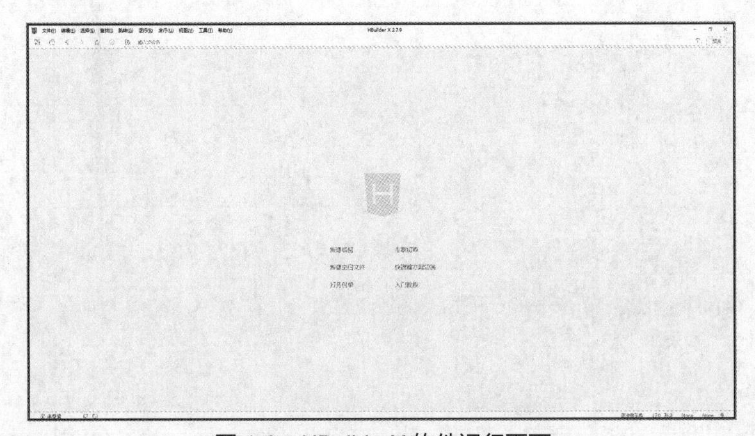

图 1-8 HBuilderX 软件运行页面

1.5 单元案例——我的个人主页

前面我们已经对 HTML5、CSS3 及常用的网页制作工具 HBuilderX 有了一定的了解，下面通过一个案例——我的个人主页的设计来学习 HBuilderX 的基本使用方法。希望读者通过学习，掌握个人主页的设计方法，可以独立设计自己的个人主页。

1.5.1 页面效果分析

我的个人主页页面效果和页面结构如图 1-9 所示。该页面的具体实现如下。

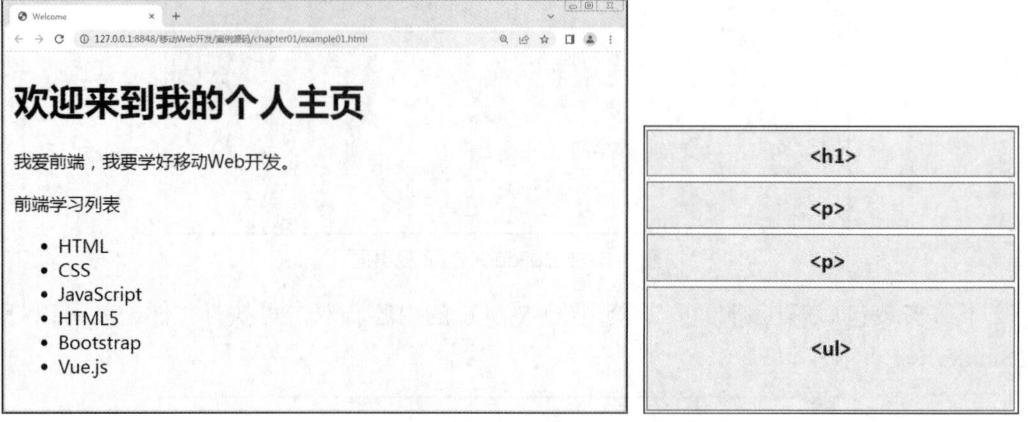

图 1-9 我的个人主页页面效果和页面结构

（1）“欢迎来到我的个人主页”是大字号，用<h1>标签。

（2）“我爱前端，我要学好移动 Web 开发。”是段落，用<p>标签。“前端学习列表”也用<p>标签。列表内容用<ul>标签，包括 4 个列表项。

1.5.2 页面实现

根据上面的分析，可以使用相应的标签来搭建网页结构，如例 1-1 所示。

例 1-1 example01.html

```
1  <!DOCTYPE html>
2  <html>
3   <head>
4        <meta charset="utf-8">
5        <title>Welcome</title>
6   </head>
7   <body>
8        <h1>欢迎来到我的个人主页</h1>
9        <p>我爱前端，我要学好移动 Web 开发。</p>
10       <p>前端学习列表</p>
11       <ul>
12            <li>HTML</li>
13            <li>CSS</li>
14            <li>JavaScript</li>
15            <li>HTML5</li>
16            <li>Bootstrap</li>
```

```
17          <li>Vue.js</li>
18      </ul>
19  </body>
20 </html>
```

保存 example01.html，刷新页面。

1.5.3　页面样式设计

设置我的个人主页的背景为浅蓝色，在网页结构代码 example01.html 中添加<body>的样式代码。具体如下：

```
1   <body style="background: #eeffff">
2           <h1>欢迎来到我的个人主页</h1>
3           <p>我爱前端，我要学好移动 Web 开发。</p>
4           <p>前端学习列表</p>
5           <ul>
6               <li>HTML</li>
7               <li>CSS</li>
8               <li>JavaScript</li>
9               <li>HTML5</li>
10              <li>Bootstrap</li>
11              <li>Vue.js</li>
12          </ul>
13      </body>
```

保存 example01.html，刷新页面，完成页面的设计。

1.6　单元小结

本单元首先介绍了移动 Web 开发的概念、移动 Web 开发与 PC 端 Web 开发的区别，然后介绍了 HTML5、CSS3、Bootstrap 和移动端的 Web 浏览器，并介绍了基于 HTML5 的移动 Web 开发技术和开发工具 HBuilderX 的操作方法，最后综合运用所学知识制作了个人主页。

通过本单元的学习，读者应该能够理解移动 Web 开发的基本方法，掌握开发工具 HBuilderX 的操作方法，能够实现简单的页面效果。

1.7　动手实践

【思考】

1. 移动 Web 开发与 PC 端 Web 开发的区别是什么？
2. 基于 HTML5 的移动 Web 开发主要包括哪些方面？

【实践】

请使用文字素材制作 Google 资讯页面.html，并在该页面中介绍 Google 的 DeepMind 技术。页面效果如图 1-10 所示。

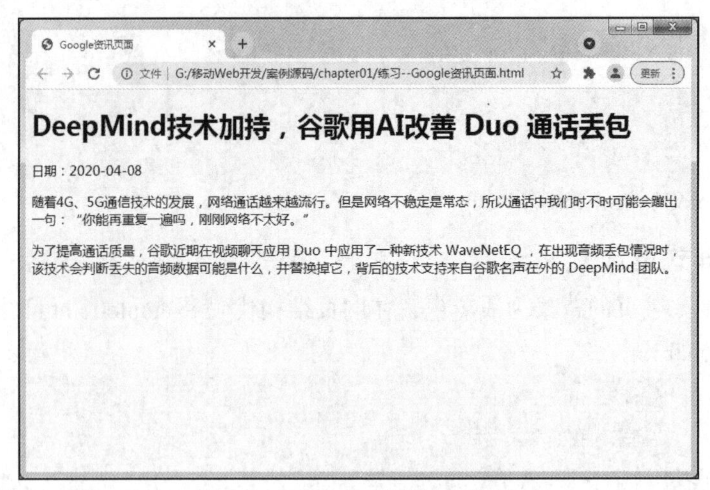

图 1-10　Google 资讯页面效果

单元 2 初识 HTML5

近年来，HTML5 成为互联网行业的热门话题。HTML5 包含了许多的功能，从桌面浏览器到移动应用，它从根本上改变了开发 Web 应用的方式。作为前端设计人员，应该顺应时代潮流，熟练掌握 HTML5 技术。本单元主要对 HTML5 的网页文档结构、HTML5 常用的标签、HTML5 新增的语义化结构标签和属性等知识进行详细讲解。

知识目标

★ 掌握 HTML5 的常用标签及其属性。

★ 掌握 HTML5 语义化结构标签的使用。

★ 掌握 HTML5 新增的属性。

能力目标

★ 能熟练地使用 HTML5 常用标签。

★ 能使用 HTML5 语义化结构标签设计页面。

★ 能熟练地应用 HTML5 新增的属性。

2.1 HTML5 的优势

HTML5 的优势主要体现在兼容、化繁为简、用户至上 3 个方面。

1. 兼容

HTML5 的一个核心理念就是保持一切新特性平滑过渡。在开发 HTML5 时，开发者还着重研究了以往 HTML 网页设计的一些通用行为，把代码重复率很高的功能变成 HTML5 新标签，如<header>、<nav>标签等。

2. 化繁为简

HTML5 以“简单至上，尽可能简化”为原则做了以下改进。

- 简化了 DOCTYPE 和字符集声明。
- 强化了 HTML5 API，使页面设计更加简单。
- 以浏览器的原生能力代替复杂的 JavaScript 代码。
- 精确定义的错误恢复机制，即使页面中有错误，也不会影响整个页面的显示。

3. 用户至上

HTML5 规范采用“用户至上”的原则，在遇到冲突时，规范的优先级为：用户>页面作者>实现者（浏览器）>规范开发者（W3C/WHATWG）>纯理论。

前端开发是建立在 B/S 结构基础之上的，以浏览器为核心。对于页面设计来说，浏览器的支持情况非常重要。目前，主流的浏览器有 IE、Firefox、Chrome、Opera、Safari 浏览器等。对于一般的网站，只要兼容 IE、Firefox 和 Chrome 等浏览器，就能满足绝大多数用户的需求。

本书推荐使用 Chrome 浏览器，因为 Chrome 采用的是 WebKit 内核，对 W3C 标准的支持很完善。为了使本书中的项目呈现出最佳效果，请大家尽量使用 Chrome 最新版本。

2.2 HTML5 网页文档结构

扫码观看
微课视频

学习 HTML5 和学写信一样，要符合基本格式，遵从相应的格式规范。本节将讲解 HTML5 文档全新的基本格式。

HTML5 网页文档结构如图 2-1 所示。HTML5 在文档类型声明与根标签上做了简化。

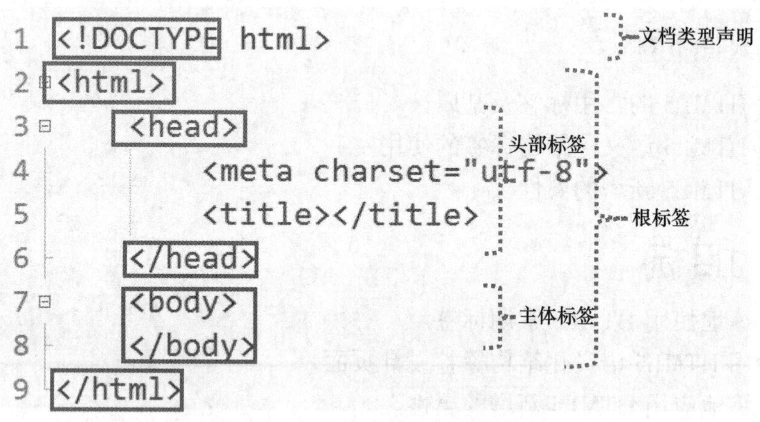

图 2-1 HTML5 网页文档结构

在图 2-1 所示的 HTML5 代码中，<!DOCTYPE>标签是文档类型声明，它和<html>标签、<head>标签、<body>标签共同组成了 HTML5 文档的结构，具体介绍如下。

1. <!DOCTYPE>标签

文档类型声明和<!DOCTYPE>标签必须位于 HTML5 文档的第一行，用于向浏览器说明当前文档使用哪种标准规范。

2. <html>标签

<html>标签位于<!DOCTYPE>标签之后，也被称为根标签。<html>标签标记 HTML5 文档的开始，通知客户端该文档是 HTML5 文档。<html>标签标志着文档的开始，</html>标签则标志着文档的结束。

3. <head>标签

<head>标签用于定义 HTML5 文档的头部信息，也被称为头部标签，紧跟在<html>标签之后。<head>标签是文档的起始部分，标明文档的头部信息，包括标题和主题信息。

4. <body>标签

<body>标签用于定义 HTML5 文档要显示的内容，也被称为主体标签。<body>标签用来指明文档的主体区域，包括网页主体内容。在<body>标签中放置页面所有内容，如图片文字、表格等。

除了上述文档标签外，HTML5 的字符集也得到了简化，只需要用 UTF-8 即可。使用<meta>标签就可以指定 HTML5 的字符集，让定义编码的格式变得更加简单。

扫码观看
微课视频

2.3 HTML5 常用标签及其属性

在 HTML 文档中，带有“< >”符号的元素被称为 HTML5 标签。2.2 节中提到的<html>、<head>、<body>标签都是 HTML5 标签。标签被 Web 浏览器解释，决定网页的结构和显示的内容。本节将详细讲解标签的分类、标签属性、HTML5 文档头部相关标签和 HTML5 常用的文本标签。

2.3.1 标签的分类

根据标签的组成，通常将 HTML5 标签分为两大类，分别是“双标签”和“单标签”，具体介绍如下。

1. 双标签

双标签，称为“体标签”，由开始和结束两个标签符号组成。其基本语法格式如下：

```
<标签名>内容</标签名>
```

例如，<html>和</html>标签、<body>和</body>标签都属于双标签。

2. 单标签

单标签也被称为“空标签”，是指用一个标签符号即可完整地描述某个功能的标签。其基本语法格式如下：

```
<标签名/>
```

例如，
和<hr>标签都属于单标签。

在 HTML5 中还有一种特殊的标签——注释标签，该标签是一种具有特殊功能的单标签。如果需要在 HTML5 文档中添加一些便于阅读和理解，但又不需要显示在页面中的文字，就需要使用注释标签。

注释标签的基本语法格式如下：

```
<!–注释语句-->
```

注意

（1）注释的内容不会显示在浏览器窗口中，但它是 HTML5 文档的一部分，用户查看源代码时也可以看到注释标签。

（2）注释的文字应该显示为灰色。

2.3.2 标签属性

使用 HTML 制作网页时，如果想改变 HTML 标签的样式，比如，希望标题的字体为“仿宋”并且居中显示，并将其设置为红色加粗，仅仅依靠 HTML 标签默认的显示样式是不够的，这时可以通过为 HTML 标签设置属性的方式来增加更多的样式。为 HTML 标签设置属性的基本语法格式如下：

```
<标签名 属性 1="属性值 1" 属性 2="属性值 2"······> 内容 </标签名>
```

在上面的语法格式中，标签可以拥有多个属性，属性必须写在开始标签中，位于标签名后面。

属性之间不分先后顺序，标签名与属性、属性与属性之间均以空格分开。例如，要将一段文字居中显示，代码如下：

```
<p align="center">居中显示的文字</p>
```

其中，<p>和</p>标签用于定义段落文本，align 为属性名，center 为属性值，表示文本居中对齐。对于<p>标签，还可以将 center 值改为 left 或 right，分别表示文本左对齐或右对齐。

需要注意的是，大多数属性都有默认值。例如，省略<p>标签的 align 属性，段落文本则按默认值左对齐显示。

2.3.3 HTML5 文档头部相关标签

制作网页时，经常需要设置页面的基本信息，如页面的标题、页面的设计者、与其他文档的关系等。

为此，HTML 提供了一系列的标签，这些标签通常都写在<head>标签内，被称为头部相关标签。本小节将具体介绍常用的头部相关标签。

1. 设置页面标题标签<title>

<title>标签用于定义 HTML 页面的标题，即给网页取一个名字，该标签必须位于<head>标签之内。<title>和</title>标签之间的内容将显示在浏览器窗口的标题栏中。

2. 定义页面元信息标签<meta/>

在 HTML 中，<meta/>标签一般用于定义页面的特殊信息，例如页面关键字、页面描述等。这些信息不是提供给人看的，而是提供给“搜索蜘蛛”（如百度蜘蛛、Google 蜘蛛）看的。简单来说，<meta/>标签就是用来告诉“搜索蜘蛛”这个页面是做什么的。

在 Web 技术中，我们一般形象地称搜索引擎为“搜索蜘蛛”或“搜索机器人”。

在 HTML 中，<meta/>标签有两个重要的属性：name 和 http-equiv。

name 属性的取值如表 2-1 所示。

表 2-1 name 属性的取值

属性值	说明
keywords	网页关键字，可以有多个，而不只一个
description	网页描述
author	网页作者
copyright	版权信息

下面我们来介绍<meta/>标签常用的几组设置，具体如下。

（1）<meta name="名称" content="值"/>。

在<meta/>标签中使用 name 和 content 属性可以为搜索引擎提供信息，其中，name 属性用于提供搜索内容的名称，content 属性用于提供对应的搜索内容值，具体应用如下。

- 设置网页关键字，例如中国大学 MOOC 网站的关键字设置如下：

```
<meta name="keywords" content="中国大学 MOOC,MOOC,慕课,在线学习,在线教育,大规模开放式在线课程,网络公开课,视频公开课,大学公开课,大学 MOOC, icourse163,慕课网, MOOC 学院"/>
```

其中，name 属性的值为 keywords，用于定义搜索内容名称为网页关键字，content 属性用于定义关键字的具体内容，多个关键字内容之间可以用“,”分隔。

- 设置网页描述，例如某图片网站的描述信息设置如下：

```
<meta name="description" itemprop="description" content="中国大学 MOOC(慕课)是爱课程网携手网易云课堂打造的在线学习平台，每一个有提升意愿的人，都可以在这里学习我国优质的大学课程，学完还能获得认证证书。中国大学 MOOC 是国内优质的中文 MOOC 学习平台，拥有众多 985 高校的大学课程，与名师零距离接触。"/>
```

其中，name 属性的值为 description，用于定义搜索内容名称为网页描述，content 属性用于定义描述的具体内容。需要注意的是，网页描述的文字不必过多，能够描述清晰即可。

- 设置网页作者，例如可以为网站增加作者信息：

```
<meta name="author" content="技术部 " />
```

其中，name 属性的值为 author，用于定义搜索内容名称为网页作者，content 属性用于定义具体的作者信息。

（2）<meta http-equiv="名称 " content="值 " />。

在<meta/>标签中使用 http-equiv 和 content 属性可以设置服务器端发送给浏览器的头部信息，为浏览器显示该页面提供相关的参数标准。其中，http-equiv 属性提供参数，content 属性提供对应的参数值。具体应用如下。

- 设置字符集。

例如，将字符集设置为 GBK，代码如下：

```
<meta http-equiv="Content-Type" content="text/html;charset=gbk"/>
```

其中，http-equiv 属性的值为 Content-Type，content 属性的值为 text/html 和 charset=gbk，两个属性值中间用“;”隔开。这段代码用于说明当前文档类型为 HTML，字符集为中文编码。

目前常用的国际化字符集编码格式是 UTF-8，常用的国内中文字符集编码格式是 GBK 和 GB 2312。当用户使用的字符集编码格式不匹配当前浏览器时，网页内容就会出现乱码。

在 HTML5 中，字符集的写法得到了简化，变为如下代码：

```
<meta charset= "utf-8">
```

- 设置页面自动刷新与跳转。

例如，定义某个页面 6s 后跳转到百度页面，代码如下：

```
<meta http-equiv="refresh" content="6; url=http://www.baidu.com"/>
```

其中，http-equiv 属性的值为 refresh，content 属性的值为数值和 URL，中间用“;”隔开，用于指定在规定的时间后跳转到目标页面，时间以秒为单位。

2.3.4 HTML5 常用的文本标签

文字是网页中最基本的元素。为了使文字排版整齐，HTML 提供了一系列文本标签，如标题标签<h1>～<h6>、段落标签<p>等。本小节对文本标签进行详细讲解。HTML5 常用的文本标签如表 2-2 所示。

表 2-2　HTML5 常用的文本标签

标签	描述
标题标签	HTML 定义了 6 级标题，分别为<h1>、<h2>、<h3>、<h4>、<h5>、<h6>，每级标题的字号依次递减，1 级标题字号最大，6 级标题字号最小
段落标签	<p>标签用于定义段落
 标签与<wbr>标签	 标签可插入一个简单的换行符，用来输入空行，而不是分割段落。 <wbr>规定在文本中的何处适合添加换行符。作用是建议浏览器在这个标记处断行，只是建议而不是必定会在此处断行，还要根据整行文字长度而定。除了 IE，其他所有浏览器都支持<wbr>标签
<details>标签与<summary>标签	<details>标签用于描述文档或文档某个部分的细节，目前只有 Chrome 浏览器支持<details>标签，可以与<summary>标签配合使用，<summary>标签用于定义这个描述文档的标题
<bdi>标签	<bdi>标签用于设置一段文本，使标签中的文本脱离其父标签的文本方向设置
<ruby>标签、<rt>标签与<rp>标签	<ruby>标签用于定义 ruby 注释（中文注音或字符），与<rt>标签一同使用。 <rt>标签用于定义字符（中文注音或字符）的解释或发音。 <rp>标签在 Ruby 注释中使用，以定义不支持<ruby>标签的浏览器所显示的内容
<mark>标签	<mark>标签主要用来在视觉上向用户呈现那些需要突出显示或高亮显示的文字，典型应用是在搜索结果中高亮显示搜索关键字
<time>标签	<time>标签用于定义日期或时间，也可以两者同时定义
<meter>标签	<meter>标签用于定义度量，仅用于已知最大和最小值的度量
<progress>标签	<progress>标签用于定义任何类型任务的运行进度，可以使用<progress>标签显示 JavaScript 中时间函数的进程

1. <details>标签和<summary>标签

<details>标签用于描述文档或文档某个部分的细节。<summary>标签经常与<details>标签配合使用，作为<details>标签的第一个子元素，用于为<details>标签定义标题。标题是可见的，当用户单击标题时，会显示或隐藏<details>标签中的其他内容。下面通过一个简单的案例说明<details>标签和<summary>标签的具体用法，如例 2-1 所示。

例 2-1　example01.html

```
1  <!DOCTYPE html>
2  <html>
3  <head>
4      <meta charset="utf-8">
5      <title><details>标签和<summary>标签</title>
6  </head>
7  <body>
8      <details>
9      <summary>学习计划</summary>
10     <ul>
11         <li>学习 HTML5</li>
12         <li>备考四级</li>
```

```
13          <li>练习英语口语</li>
14        </ul>
15      </details>
16  </body>
17  </html>
```

运行例 2-1，效果如图 2-2 所示。

单击“学习计划”时，效果如图 2-3 所示。再次单击“学习计划”，又回到图 2-2 所示的效果。

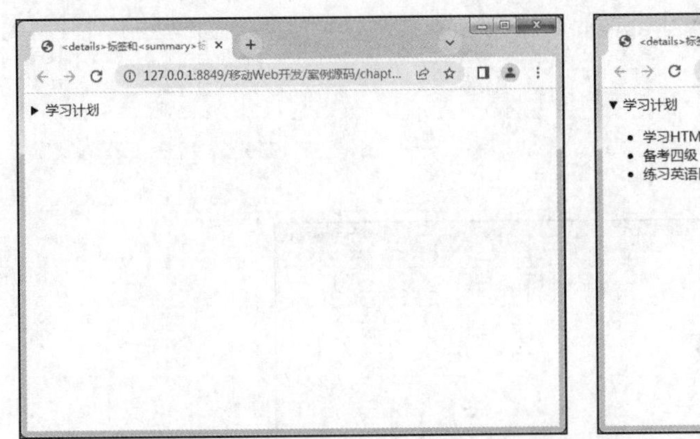

图 2-2 <details>标签和<summary>标签的使用效果 1

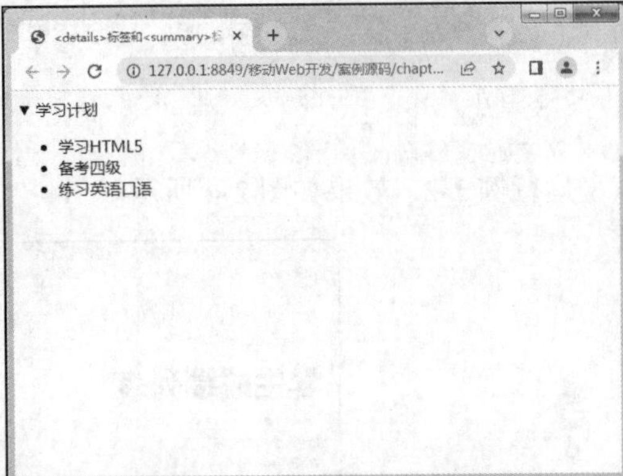

图 2-3 <details>标签和<summary>标签的使用效果 2

2. <meter>标签

<meter>标签用于定义度量，仅用于已知最大和最小的度量。例如，显示学生成绩列表或者显示硬盘容量等，都可以使用<meter>标签。

<meter>标签有多个常用的属性，如表 2-3 所示。

表 2-3 <meter>标签的常用属性

属性	说明
high	定义度量的值位于哪个点被界定为高
low	定义度量的值位于哪个点被界定为低
max	定义最大值，默认值是 1
min	定义最小值，默认值是 0
optimum	定义什么样的度量值是最佳的值。如果该值高于 high 属性的值，则意味着值越高越好。如果该值低于 low 属性的值，则意味着值越低越好
value	定义度量的值

下面通过一个案例对<meter>标签的使用方法进行演示，如例 2-2 所示。

例 2-2 example02.html

```
1  <!DOCTYPE html>
2  <html>
3   <head>
```

```
4       <meta charset="utf-8">
5       <title><meter>标签</title>
6   </head>
7   <body>
8       <h1>学生成绩列表</h1>
9       张铭：<meter min=0 max=100 value=65 low="60" high="95" optimum="100" title=
10  "65" >65</meter><br>
11      刘远：<meter min=0 max=100 value=80 low="60" high="95" optimum="100" title=
12  "80" >80</meter><br>
13      陈思雨：<meter min=0 max=100 value=95 low="60" high="95" optimum="100" title=
14  "95" >95</meter><br>
15  </body>
16  </html>
```

运行例 2-2，效果如图 2-4 所示。

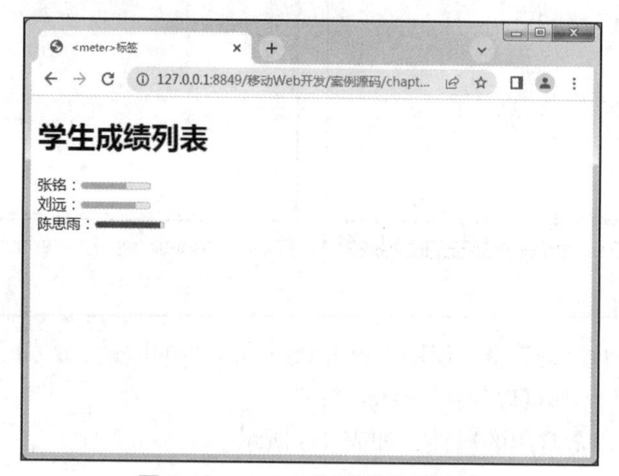

图 2-4　<meter>标签的使用效果

3. <progress>标签

<progress>标签用于定义一个正在完成的进度条。<progress>标签常用的属性有 2 个。

- value：已经完成的工作量。
- max：总共有多少工作量。

下面通过一个案例对<progress>标签的用法进行演示，如例 2-3 所示。

例 2-3　example03.html

```
1  <!DOCTYPE html>
2  <html>
3     <head>
4          <meta charset="utf-8">
5          <title><progress>标签</title>
6     </head>
7     <body>
8          我的学习进度：<progress min=0 max=100 value="80"></progress>
9     </body>
10 </html>
```

运行例 2-3，效果如图 2-5 所示。

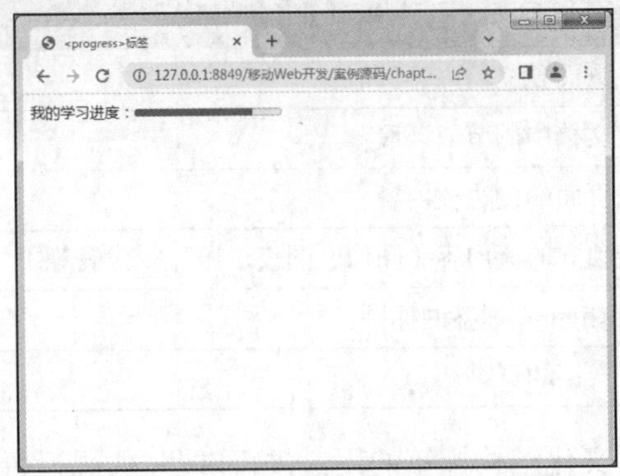

图 2-5 <progress>标签的使用效果

在上述代码中，value 值设为 80，max 的值设为 100，因此进度条显示到 80%。

2.4 HTML5 新增的语义化结构标签

扫码观看微课视频

HTML5 添加了很多新元素及功能，比如语义化结构标签。

语义化结构标签，就是有意义的标签，用来向浏览器和开发者描述其意义。HTML5 提供了新的语义化结构标签来明确一个 Web 页面的不同部分。

语义化结构标签在语义方面更加易于理解，有利于搜索引擎对页面的检索与抓取，包括<header>标签、<nav>标签、<article>标签、<section>标签、<aside>标签、<footer>标签等，可以定义网页的页眉、导航链接、区块、网页主体内容、工具栏和页脚等结构。

HTML5 语义化结构标签布局如图 2-6 所示，页面的书写方式如图 2-7 所示。

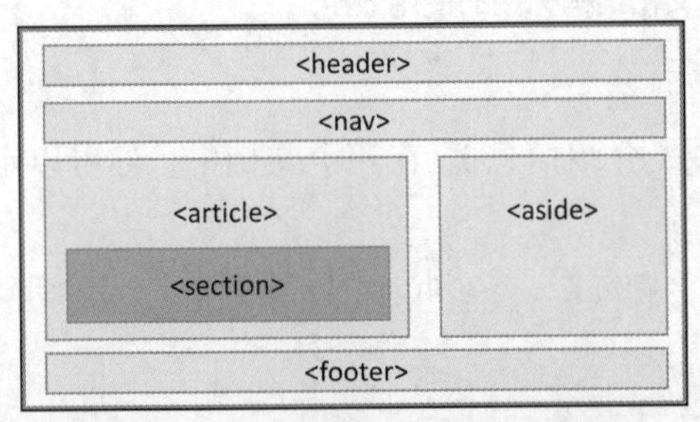

图 2-6 HTML5 语义化结构标签布局

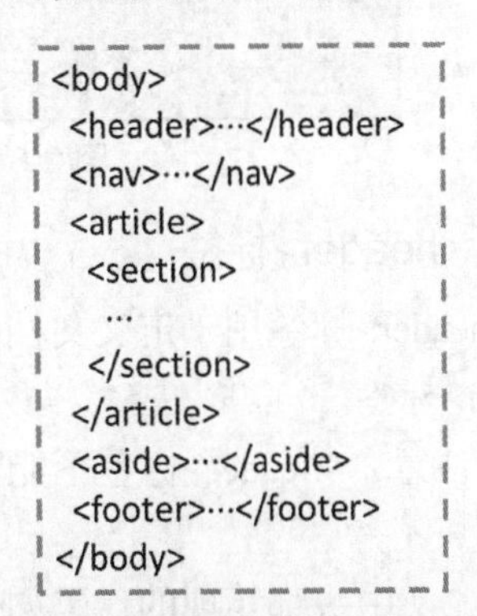

图 2-7 HTML5 语义化结构标签页面的书写方式

下面，列举一些 HTML5 常用的语义化结构标签，如表 2-4 所示。

表 2-4 HTML5 常用的语义化结构标签

标签名	描述
<header>	定义文档的头部区域
<nav>	定义导航链接的部分

续表

标签名	描述
<article>	定义页面独立的内容区域
<section>	定义文档中的节或区段
<aside>	定义页面的侧边栏内容
<figure>	规定独立的流内容（图像、图表、照片、代码等）
<figcaption>	定义<figure>标签的标题
<footer>	定义文档的页脚

下面将通过案例对语义化结构标签的用法进行讲解。代码运行的最终页面效果如图 2-8 所示。

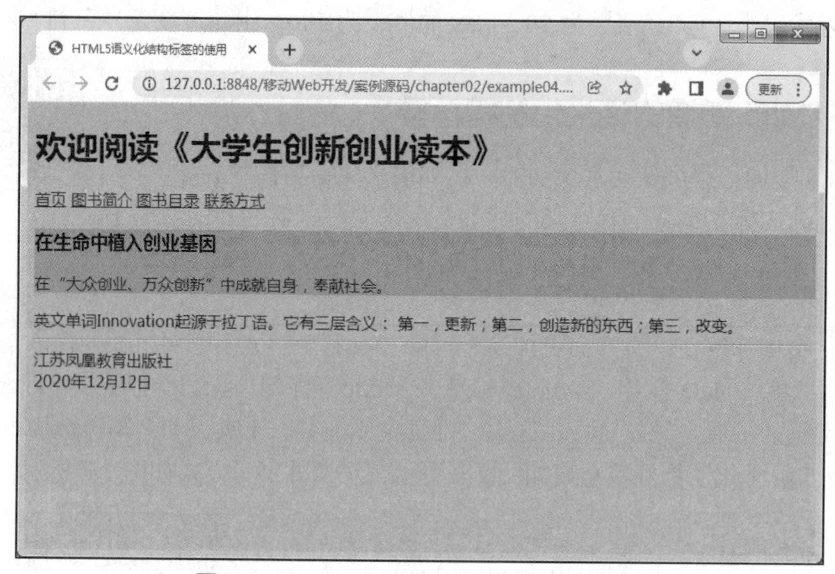

图 2-8　HTML5 语义化结构标签的使用效果

1. <header>标签

<header>标签用于定义文档的头部区域（介绍信息）。在一个文档中，你可以定义多个<header>标签。

请注意，<header>标签不能被放在<footer>标签、<address>标签或者另一个<header>标签内部。

图 2-7 中头部实现的代码如例 2-4 所示。

例 2-4　example04.html

```
1  <header>
2     <h1>欢迎阅读《大学生创新创业读本》</h1>
3  </header>
```

2. <nav>标签

<nav>标签用于定义导航链接的部分。在不同设备上可以控制导航链接是否显示，以适

应不同屏幕的需求。

实现图 2-8 中的导航部分，需要在 example04.html 中添加<nav>标签的代码，如下所示。

```
1 <nav>
2         <a href="#">首页</a>
3         <a href="#">图书简介</a>
4         <a href="#">图书目录</a>
5         <a href="#">联系方式</a>
6 </nav>
```

3.<article>标签

<article>标签用于定义一篇文章或网页中的主体内容，一般为文字集中显示的区域。

实现图 2-8 中的正文部分，需要在 example04.html 中添加<article>标签的代码，如下所示。

```
1 <article>
2  英文单词 Innovation 起源于拉丁语。它有三层含义：第一，更新；第二，创造新的东西；第三，改变。
3 </article>
```

4. <section>标签

<section>标签用于定义文档中的节，比如章节、页眉、页脚或文档中的其他部分。<section>标签包含了一组内容及其标题。

实现图 2-8 中的橙色背景块部分，需要在 example04.html 中添加<section>标签的代码，如下所示。

```
1  <section>
2    <h1>在生命中植入创业基因</h1>
3    <p>在“大众创业、万众创新”中成就自身，奉献社会。</p>
4  </section>
```

5. <footer>标签

<footer>标签用于定义区段或文档的页脚。通常，该元素包含作者的姓名、文档的版权信息、联系方式等。

实现图 2-8 中的页脚部分，需要在 example04.html 中添加<footer>标签的代码，如下所示。

```
1 <footer>
2      江苏凤凰教育出版社<br>
3      2020 年 12 月 12 日
4 </footer>
```

6. <section>标签和<article>标签的区别

在 HTML5 中，<section>标签和<article>标签的侧重点不同，<section>标签强调的是分块，而<article>标签强调的是独立性。例如，<section>标签就像报纸中的版块，而<article>标签就像某个版块中的一篇文章。

关于<section>标签的使用，要注意以下 3 点。

（1）不要在没有标题的内容区块使用<section>标签。

（2）不要将<section>标签作为设置页面的容器，应使用<div>标签。

（3）如果<article>标签更适合，尽量不要使用<section>标签。

注意：HTML 中的标签与元素

在 HTML 中，标签用尖括号标识，<title>即是标签；元素由开始标签、结束标签和中间的内容 3 部分组成，如“<title>欢迎访问大学生创新创业网</title>”，title 是元素名。

扫码观看
微课视频

2.5 HTML5 新增的属性

HTML5 添加了很多新属性，常用的属性主要有 contenteditable、hidden 和 spellcheck。这些为全局属性，任何元素都可以使用。HTML5 新增的属性如表 2-5 所示。

表 2-5　HTML5 新增的属性

属性	说明
contenteditable	规定是否可编辑元素的内容
hidden	规定元素是否被隐藏
spellcheck	对用户输入的文本内容进行拼写和语法检查

1. contenteditable 属性

contenteditable 属性规定是否可编辑元素的内容，前提是该元素必须可以获得光标焦点并且其内容不是只读的。

该属性有两个值，true 表示可编辑，false 表示不可编辑。

下面通过一个案例对 contenteditable 属性的用法进行演示，如例 2-5 所示。

例 2-5　example05.html

```
1  <table border="1" width="300px" contenteditable="true">
2   <tr>
3        <td>序号</td>
4        <td>资源名称</td>
5        <td>资源大小</td>
6   </tr>
7   <tr>
8        <td>1</td>
9        <td>移动 Web 开发讲义</td>
10       <td>10MB</td>
11  </tr>
12  <tr>
13       <td>2</td>
14       <td>移动 Web 开发视频</td>
15       <td>800MB</td>
16  </tr>
17 </table>
```

运行例 2-5，效果如图 2-9 所示。在浏览器中修改图 2-9 中的内容，效果如图 2-10 所示。

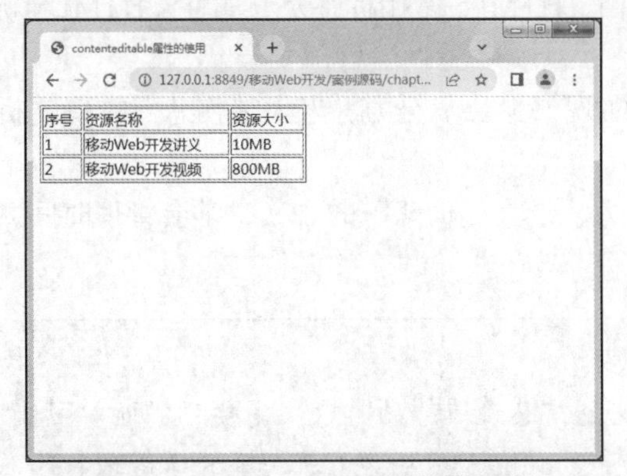

图 2-9 contenteditable 属性的使用效果 1

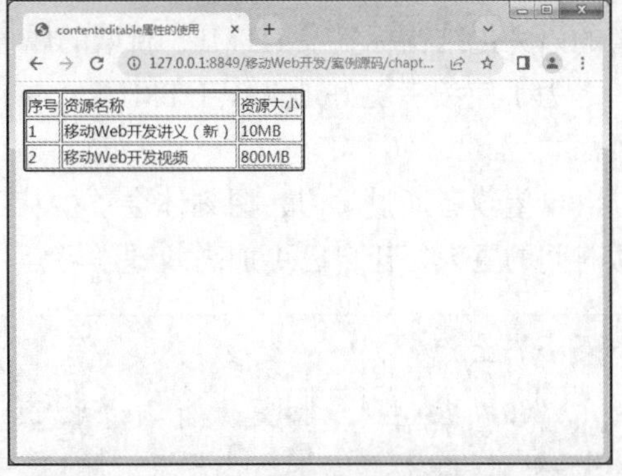

图 2-10 contenteditable 属性的使用效果 2

2. hidden 属性

hidden 属性规定元素是否被隐藏。在 HTML5 中，大多数元素都支持 hidden 属性。

该属性有两个值：hidden 和默认值。hidden 取值为 hidden 时，元素会被隐藏，反之则会显示。元素中的内容是通过浏览器创建的，页面加载后允许使用 JavaScript 代码将该属性取消。

3. spellcheck 属性

spellcheck 属性主要用于 input 元素和 textarea 元素，对用户输入的文本内容进行拼写和语法检查。该属性有两个值，即 true（默认值）和 false。值为 true 时，检测输入框中的值，反之不检测。

下面通过一个案例对 spellcheck 属性的用法进行演示，如例 2-6 所示。

例 2-6 example06.html

```
1  <p>检测拼写错误：</p>
2  <textarea  rows="10" cols="30" spellcheck="true" >我是 Jan，我喜欢移动 Wem 开发。
3  </textarea>
```

按<Alt+P>组合键打开边改边看模式，Jan 输入正确，正常显示；Wem 书写错误，下面会出现红色波浪线。效果如图 2-11 所示。

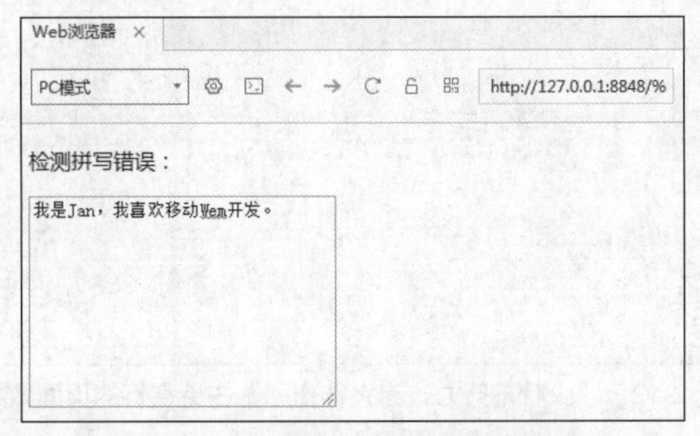

图 2-11 spellcheck 属性的使用效果

2.6 单元案例——“少壮不努力，老大徒伤悲”古诗赏析页面

本单元前几节重点讲解了 HTML5 网页文档、HTML5 常用标签及其属性、HTML5 新增的语义化结构标签及 HTML5 新增的属性。

为了使读者更好地认识 HTML5，本节将实现“少壮不努力，老大徒伤悲”古诗赏析页面。

希望读者通过学习，深刻体会“少壮不努力，老大徒伤悲”的含义，学会管理时间，做时间的主人，让自己更加高效地学习。

小贴士

做时间的主人，就是做自己的主人。在这个信息大爆炸的时代，需要不停地学习更多的知识，才能适应时代的发展。相信大家可以付诸行动，从现在开始，科学管理时间，做时间的主人。

2.6.1 页面效果分析

“少壮不努力，老大徒伤悲”古诗赏析页面效果和页面结构如图 2-12 和图 2-13 所示。这个页面展示的是古诗《长歌行》的作品赏析。该页面的具体实现如下。

（1）古诗赏析页面整体可以分成 3 块，第一块是导航，用<nav>标签来写。第二块是正文部分，用<article>标签来写。正文分成 5 个小块，每块结构一样，都是由一个<a>标签，然后加中间内容，再加一个<a>标签组成。第三块是页脚，用<footer>标签来写。

（2）鼠标指针移到文字上会变成手形图标，说明对应内容是超链接，用<a>标签来写。单击导航，可以跳转到对应块，再单击文字“top”，又可以返回导航。

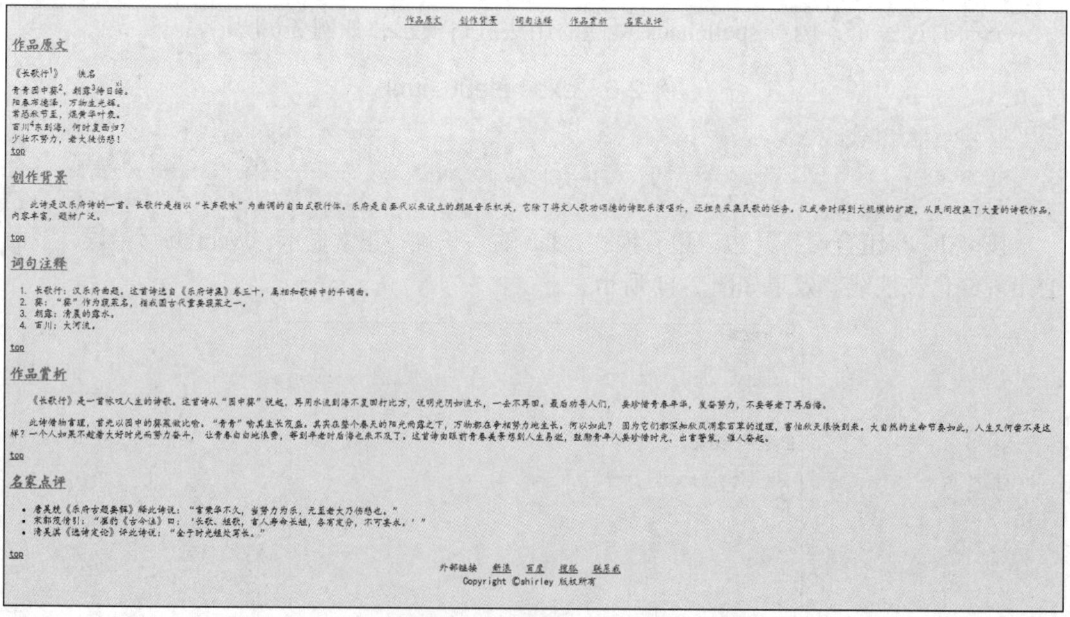

图 2-12 “少壮不努力，老大徒伤悲”古诗赏析的页面效果

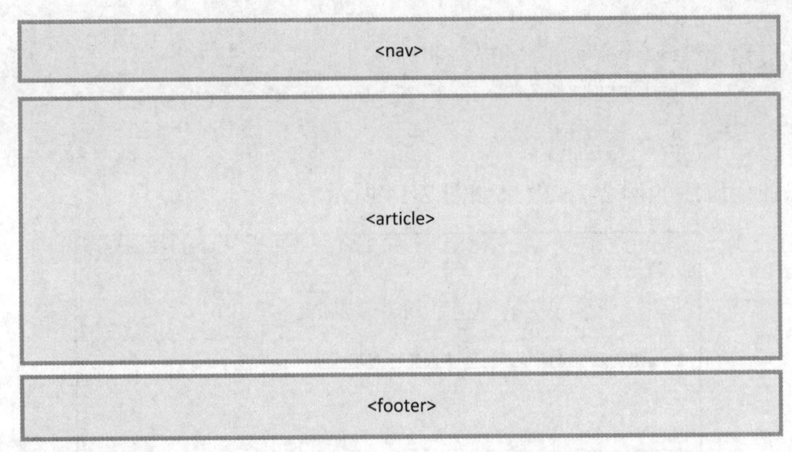

图 2-13 “少壮不努力，老大徒伤悲”古诗赏析的页面结构

2.6.2 页面实现

根据上面的分析，可以使用相应的 HTML5 标签来搭建网页结构，如例 2-7 所示。

例 2-7 example07.html

```
1  <!DOCTYPE html>
2  <html>
3    <head>
4        <meta charset="utf-8">
5        <title>古诗赏析</title>
6    </head>
7    <body>
8        <nav>
9            <!-- 导航 -->
10       </nav>
11       <article>
12           <!-- 正文内容 -->
13       </article>
14       <footer>
15           <!– 页脚 -->
16       </footer>
17   </body>
18 </html>
```

在上面的代码中，第 8、11、14 行代码分别定义了页面的导航信息、正文内容和页脚信息。接下来分步实现页面的制作。

1. 设计导航信息

在 example07.html 中添加<nav>标签的结构代码，具体如下：

```
1      <nav>
2        <a name="navig">
3           <a href="#works">作品原文</a>
4           <a href="#author">创作背景</a>
```

```
5              <a href="#exp">词句注释</a>
6              <a href="#comments">作品赏析</a>
7              <a href="#art">名家点评</a>
8          </a>
9        </nav>
```

运行添加代码后的例 2-7，效果如图 2-14 所示。

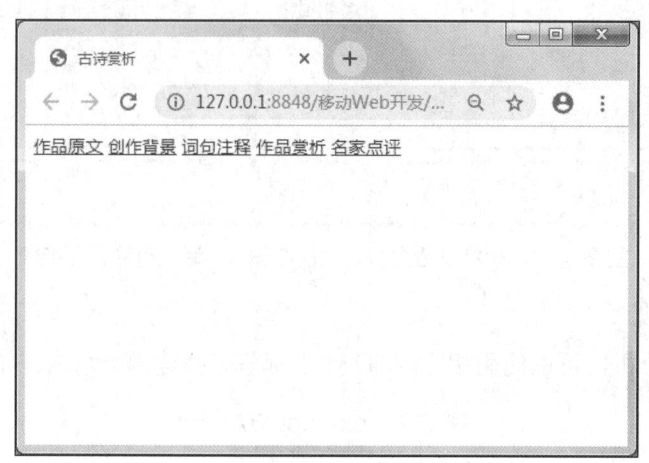

图 2-14　导航效果

2. 设计正文内容

在 example07.html 中添加<article>标签的结构代码。<article>标签分成 5 个小块，每块结构一样，都是由一个<a>标签，中间加内容，再加一个</a>标签组成的，具体如下：

```
1  <article>
2        <!-- 作品原文块 -->
3        <a  name="works">
4            <h1>作品原文</h1>
5        </a>
6      《长歌行<sup>1</sup>》   佚名<br>
7        青青园中葵<sup>2</sup>，朝露<sup>3</sup>待日<ruby>晞<rt>xi</rt></ruby>。<br>
8        阳春布德泽，万物生光辉。<br>
9        常恐秋节至，焜黄华叶衰。<br>
10       百川<sup>4</sup>东到海，何时复西归？<br>
11       少壮不努力，老大徒伤悲！<br>
12       <a href="#navig">top</a>
13       <!-- 创作背景块 -->
14       <a name="author">
15           <h1>创作背景</h1>
16       </a>
17       <p>此诗是汉乐府诗的一首。长歌行是指以“长声歌咏”为曲调的自由式歌行体。乐府是自秦代以来设立
18 的朝廷音乐机关，它除了将文人歌功颂德的诗配乐演唱外，还担负采集民歌的任务。汉武帝时得到大规模的扩建，
19 从民间搜集了大量的诗歌作品，内容丰富，题材广泛。</p>
20       <a href="#navig">top</a>
21       <!-- 词句注释块 -->
22       <a name="exp">
```

```
23          <h1>词句注释</h1>
24      </a>
25      <ol>
26          <li>长歌行：汉乐府曲题。这首诗选自《乐府诗集》卷三十，属相和歌辞中的平调曲。</li>
27          <li>葵：“葵”作为蔬菜名，指我国古代重要蔬菜之一。</li>
28          <li>朝露：清晨的露水。</li>
29          <li>百川：大河流。</li>
30      </ol>
31      <a href="#navig">top</a>
32      <!-- 作品赏析块 -->
33      <a name="comments">
34          <h1>作品赏析</h1>
35      </a>
36      <p>《长歌行》是一首咏叹人生的诗歌。这首诗从“园中葵”说起，再用水流到海不复回打比方，说明光
37  阴如流水，一去不再回。最后劝导人们，要珍惜青春年华，发奋努力，不要等老了再后悔。</p>
38      <p>此诗借物言理，首先以园中的葵菜做比喻。“青青”喻其生长茂盛。其实在整个春天的阳光雨露之下，
39  万物都在争相努力地生长。何以如此？因为它们都深知秋风凋零百草的道理，害怕秋天很快到来。大自然的生
40  命节奏如此，人生又何尝不是这样？一个人如果不趁着大好时光而努力奋斗，让青春白白地浪费，等到年老时后
41  悔也来不及了。这首诗由眼前青春美景想到人生易逝，鼓励青年人要珍惜时光，出言警策，催人奋起。</p>
42      <a href="#navig">top</a>
43      <!-- 名家点评块 -->
44      <a name="art">
45          <h1>名家点评</h1>
46      </a>
47      <ul>
48          <li>唐吴兢《乐府古题要解》释此诗说：“言荣华不久，当努力为乐，无至老大乃伤悲也。”</li>
49          <li>宋郭茂倩引：“崔豹《古今注》曰：‘长歌、短歌，言人寿命长短，各有定分，不可妄求。’”
50  </li>
51          <li>清吴淇《选诗定论》评此诗说：“全于时光短处写长。”</li>
52      </ul>
53      <a href="#navig">top</a>
54  </article>
```

保存 example07.html，刷新页面。

3. 设计页脚信息

在 example07.html 中添加<footer>标签的结构代码。具体如下：

```
1  <footer>
2          外部链接  
3          <a href="http://www.si***.com" target="_blank">新浪</a>  
4          <a href="http://www.bai***.com">百度</a>  
5          <a href="http://www.sou***.com">搜狐</a>  
6          <a href="mailto:shirlyon***@163.com">联系我</a><br />
7          Copyright &copy;shirley 版权所有
8  </footer>
```

保存 example07.html，刷新页面，效果如图 2-15 所示。

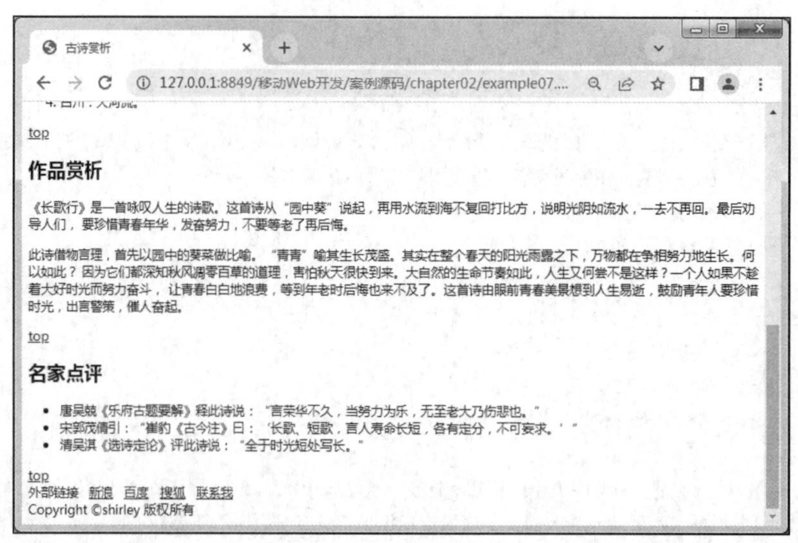

图 2-15　页脚效果

2.6.3　页面功能设计

（1）注释符设计。

要在古诗中添加注释符，用<sup>标签。分别为长歌行、葵、朝露添加注释符。晞字加拼音，写法是将晞和拼音用<ruby>标签，拼音用<rt>标签标识。同样，为百川添加注释符，也用<sup>标签。

（2）跳转功能设计。

实现单击“top”返回导航。先在正文<article>标签的最后面放一对<a>标签，内容是 top。那么，如何指定导航呢？它的名字为 navig，也就是要跳到名字为 navig 的位置。所以 href 中的写法应该是#navig。同时，单击导航中的“作品原文”，可跳到对应的块，作品原文块的 name 是 works，所以“作品原文”菜单的 href 值为#works。创作背景块、词句注释块、作品赏析块和名家点评块的 name 分别是 author、exp、comments、art，所以回到导航，设置 href 值，分别是#author、#exp、#comments、#art。

最后，还要设置页面的高度，因为只有当页面的内容超过一屏时，才需要用到跳转，通过 style 属性设置 body 的 height 值为 2000px。

2.6.4　页面样式设计

利用 CSS 可以设置每一块标题的颜色，给文字加下画线，使导航居中，导航菜单之间设置距离。

（1）导航样式。

设置 h1 的颜色，通过 text-decoration 属性加下画线，通过 text-align:center 属性设置导航居中，通过 margin-right 属性设置导航菜单之间的距离。

（2）段落样式。

设置首行缩进，写法是在 p 中，通过 text-indent 属性设置。

（3）页脚样式。

通过 text-align:center 属性设置页脚的内容居中。

在 example07.html 中添加样式代码，写在头文件部分，代码具体如下：

```
1	<style type="text/css">
2	    body{
3	        background: #FAEBD7;
4	        font-family: 楷体;
5	        height: 2000px;
6	    }
7	    h1{
8	        color: #CD583f;
9	        text-decoration: underline;
10	        font-size: 24px;
11	    }
12	    h2{
13	        color: #CD583F;
14	        font-size: 20px;
15	    }
16	    nav{
17	        text-align: center;
18	    }
19	    nav a {
20	        margin-right: 20px;
21	    }
22	    p{
23	        text-indent: 2em;
24	    }
25	    footer{
26	        text-align: center;
27	    }
28	</style>
```

保存 example07.html，刷新页面，完成古诗赏析页面的设计。

2.7 单元小结

本单元首先介绍了 HTML5 的优势、网页文档结构及 HTML5 常用的标签及其属性，然后讲解了 HTML5 新增的语义化结构标签和新增的属性，最后综合运用所学知识制作了古诗赏析页面。

通过本单元的学习，读者应该能够理解 HTML5 语义化结构标签的用法，掌握 HTML5 的文本标签，能够实现常见的各种页面效果。

2.8 动手实践

【思考】

1. HTML5 新增的语义化结构标签有哪些？分别实现什么功能？
2. 在 HTML5 新增的语义化结构标签中，<section>标签和<article>标签的区别是什么？
3. <header>标签能否在页面上多次出现？

【实践】

请使用图片素材制作科技新闻页面，在其中介绍 Windows 11 的最新资讯。页面效果如图 2-16 和图 2-17 所示。

具体要求如下。

1. 网页标题为“科技新闻网”。
2. 单击文字“微软‘你的手机’”，下面的新闻内容将展开，如图 2-17 所示。
3. 文字“Windows 11”高亮显示。
4. 显示媒体评分和网络评分。

图 2-16　科技新闻网

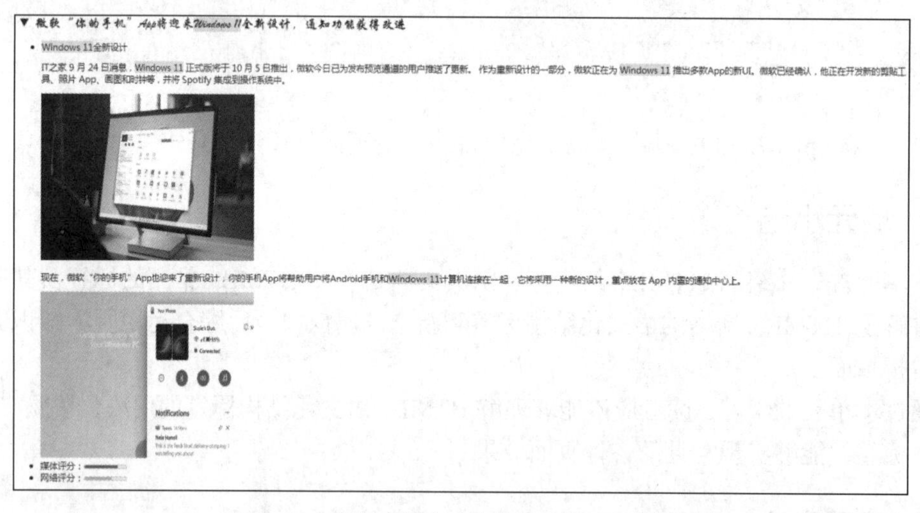

图 2-17　单击“微软‘你的手机’”展开效果

单元 3 CSS3 基础

随着网页制作技术的不断发展，陈旧的 CSS 特性和标准已经无法满足现今的交互设计需求，开发者往往需要更多的字体选择、更多的样式效果、更绚丽的图形动画。CSS3 的出现，在不需要改变原有设计结构的情况下，增加了许多新特性，为用户创造新的具有冲击力的设计提供了更多方法。本单元主要对 CSS3 发展史、样式规则、引入方法和常用的选择器等知识进行详细的讲解。

知识目标

★ 掌握 CSS3 的发展史及主流浏览器的支持情况。
★ 掌握 CSS3 的样式规则和引入方法。
★ 掌握 CSS3 新增的属性选择器和伪类选择器。

能力目标

★ 掌握主流浏览器对 CSS3 的支持情况。
★ 能熟练地应用 CSS3 的样式规则和引入方法。
★ 能熟练地使用 CSS3 新增的属性选择器和伪类选择器。

3.1 结构与表现分离

在网页设计中，使用 HTML 标签属性对网页进行修饰的方式存在很大的局限和不足，如网站维护困难、不利于代码阅读等。如果希望网页美观大方，便于维护，就需要使用 CSS 实现结构与表现的分离。

对使用过 DIV+CSS 技术的读者来说，CSS 并不陌生。层叠样式表（Cascading Style Sheets，CSS）是用于控制网页样式并允许将样式信息与网页内容分离的一种标记性语言。它以 HTML 为基础，提供了丰富的功能，如字体、颜色、背景的控制及整体排版等，而且可以针对不同的浏览器设置不同的样式。灵活运用 CSS 技术能够让原有的网站变得趣味盎然。图 3-1 所示页面未使用 CSS 设置网页样式，图 3-2 所示的页面使用了 CSS 设置网页样式，显而易见，图 3-2 所示的页面更美观整齐。

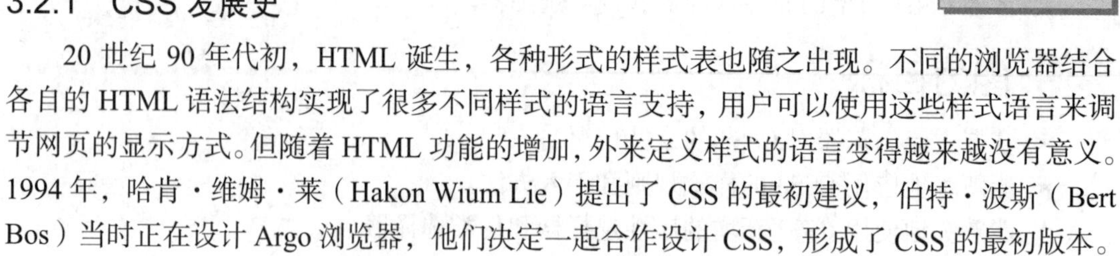

图 3-1　未使用 CSS 设置网页样式

图 3-2　使用 CSS 设置网页样式

如今，大多数网页都是遵循 Web 标准开发的，即用 HTML 编写网页结构和内容，用 CSS 控制版面布局、文本或图片的显示样式等。HTML 和 CSS 的关系就像人的骨骼和衣服，相辅相成，缺一不可。

扫码观看
微课视频

3.2 CSS 发展史及 CSS3 性能预览

3.2.1 CSS 发展史

20 世纪 90 年代初，HTML 诞生，各种形式的样式表也随之出现。不同的浏览器结合各自的 HTML 语法结构实现了很多不同样式的语言支持，用户可以使用这些样式语言来调节网页的显示方式。但随着 HTML 功能的增加，外来定义样式的语言变得越来越没有意义。1994 年，哈肯·维姆·莱（Hakon Wium Lie）提出了 CSS 的最初建议，伯特·波斯（Bert Bos）当时正在设计 Argo 浏览器，他们决定一起合作设计 CSS，形成了 CSS 的最初版本。CSS 发展至今出现了 4 个主要的版本，对它们的具体介绍如下。

1. CSS1

1996 年 12 月，W3C 发布了第一个有关样式的标准 CSS1。CSS1 提供了有关字体、颜色、位置和文本属性的基本信息，得到了浏览器的广泛支持。CSS1 较为全面地规定了文档的显示样式，大致可分为选择器、样式属性、伪类和保存方式等几个重要部分。

（1）选择器。要使用 CSS1 对 HTML 页面中的元素实现一对一、一对多或者多对一的控制，需要使用 CSS1 选择器。CSS1 选择器大致分为派生选择器、ID 选择器和类选择器几种，用来定义希望应用样式的 HTML 元素或者标签。

（2）样式属性。样式属性主要包括 Font（字体）、Text（文本）、Background（背景）、Position（定位）、Dimensions（尺寸）、Layout（布局）、Margins（外边框）、Border（边框）、Padding（内边框）、List（列表）、Table（表格）和 Scrollbar（滚动条）等，用于定义网页的一些样式变化。每个属性都有值，属性和值用冒号分开并由花括号标识，这样就组成了一个完整的样式声明。

（3）伪类。一般情况下，样式的应用都需要用户指定应用样式的 HTML 节点，需要动态设置节点的不同状态，这需要用伪类来完成。在 CSS1 中主要定义了针对锚对象 a 的 link、 hover、active、visited 和针对节点的 first-letter、first-line 等几个伪类。

（4）保存方式。通过 CSS 编写的样式代码，用户可以直接存储在 HTML 网页中，也可以将样式代码存储为独立的样式表文件，文件扩展名为.css。

CSS 的引入大大增强了文档的可读性，文档的结构设计也更加灵活。

2. CSS2

1998 年 5 月，W3C 发布了 CSS2。CSS2 规范是基于 CSS1 设计的，扩充并改进了很多更加强大的属性。

（1）选择器。CSS2 提供了更多强大的选择器，用来定位 HTML 节点或标签。

（2）位置模型。CSS2 进一步增强了 CSS1 定义的位置（position）属性，增加了 relative、absolute 和 fixed 等。

（3）布局、表格样式。CSS2 对 display 属性进行了扩充，用户可以使用该属性指定元素是否会显示及如何显式，也可以使用该属性配合位置和浮动进行页面布局。另外，用户还可以将一个非表格的结构化文档显示为一个表格样式。

（4）媒体类型。CSS2 引入了媒体类型，用户可对不同的媒体类型定义不同的样式。

（5）伪类。CSS2 扩充了伪类的使用范围，使得伪类从锚对象 a 扩充到所有标签或类上；同时 CSS2 还增加了:focus、:lang 等几个新的伪类。

（6）光标样式。CSS2 增加了 cursor 属性，用于指定设备应该显示的光标类型。

CSS2 的新功能进一步实现了表现和结构的分离，提高了页面的浏览速度，增强了 CSS2 和 HTML 的表现能力。

3. CSS 2.1

2004 年 2 月，CSS 2.1 正式推出。它在 CSS2 的基础上略微做了改动，删除了许多不被浏览器支持的属性。

4. CSS3

早在 2001 年，W3C 就着手准备开发 CSS3 规范。到目前为止，完整的、权威的 CSS3 规范还没有尘埃落定，但是各主流浏览器已经开始支持其中的绝大部分特性。

3.2.2 CSS3 性能预览

CSS3 是 CSS 技术的最新升级版本，它是由 Adobe Systems、Apple、Google、HP、IBM、Microsoft、Sun 等许多 Web 界巨头联合组成的名为 CSS Working Group 的组织共同协商策划的。CSS3 顺应了 Web 前端发展潮流，对之前的版本进行了扩充和改进。

1. 模块化开发

CSS3 规范的一个新的特点是遵循模块化开发。发布时间并不是一个时间点，而是一个时间段。规范被分为若干个相互独立的模块。一方面，分成若干较小的模块较利于规范及时更新和发布，及时调整模块的内容。另一方面，由于受支持设备和浏览器厂商的限制，设备或者厂商可以有选择地支持部分模块。部分 CSS3 模块简介如表 3-1 所示。

表 3-1 部分 CSS3 模块简介

时间	模块	概述
2002 年 5 月	Line 模块	定义文本行模型
2002 年 11 月	Lists 模块	定义列表相关样式
2002 年 11 月	Border 模块	新增背景边框功能（后被合并到 Background 模块中）
2003 年 5 月	Generated and Replace Content 模块	定义 CSS3 生成及更换内容功能
2003 年 8 月	Presentation Levels 模块	定义演示效果功能
2003 年 8 月	Syntax 模块	重新定义 CSS 语法规则
2004 年 2 月	Hyperlink Presentation 模块	重新定义超链接的表示规则
2004 年 12 月	Speech 模块	定义语音样式规则
2005 年 12 月	Cascading and Inheritance 模块	重新定义 CSS 的层叠和继承规则
2007 年 8 月	Basic Box 模块	定义 CSS 的基本盒子模型
2007 年 9 月	Grid Positioning 模块	定义 CSS 的网格定义规则
2009 年 3 月	Animations 模块	定义 CSS3 的动画模型
2009 年 3 月	3D Transforms 模块	定义 CSS3 3D 转换模型
2009 年 6 月	Fonts 模块	定义 CSS 字体模型
2009 年 7 月	Image Value 模块	定义图像内容显示模型
2009 年 7 月	Flexible Box Layout 模块	定义灵活的框布局模型
2009 年 12 月	Transitions 模块	定义动画过渡效果
2009 年 12 月	2D Transforms 模块	定义 CSS3 2D 转换模型
2010 年 4 月	Template Layout 模块	定义模板布局模型
2010 年 4 月	Generated Content for Page Media 模块	定义分页媒体内容模型
2010 年 10 月	Text 模块	定义文本模型
2010 年 10 月	Background and Borders 模块	重新定义边框和背景模型

CSS3 给我们带来了众多新的模块，但并不是所有的浏览器都完全支持所有的内容。图 3-3 列举了各主流浏览器对 CSS3 部分模块的支持情况。

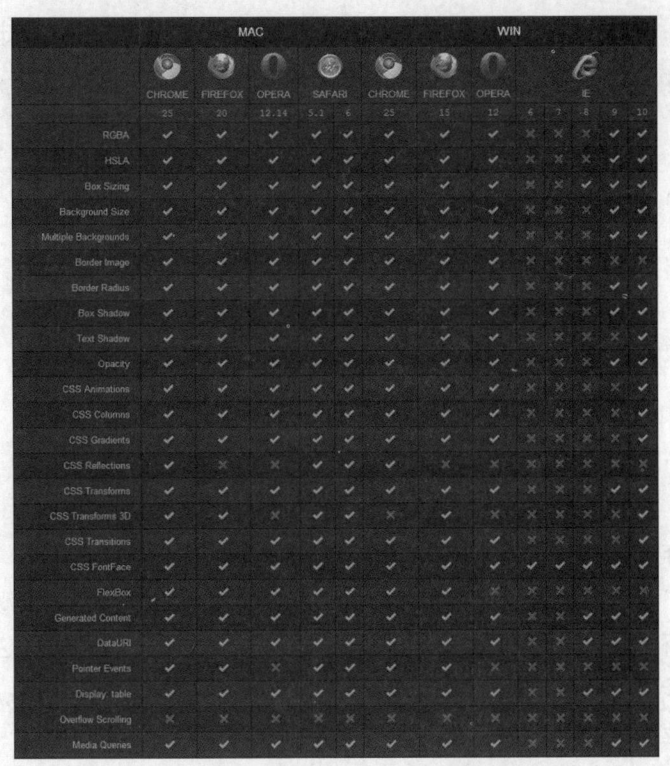

	MAC CHROME 25	MAC FIREFOX 20	MAC OPERA 12.14	MAC SAFARI 5.1	MAC SAFARI 6	WIN CHROME 25	WIN FIREFOX 15	WIN OPERA 12	IE 6	IE 7	IE 8	IE 9	IE 10
RGBA	✔	✔	✔	✔	✔	✔	✔	✔	✘	✘	✘	✔	✔
HSLA	✔	✔	✔	✔	✔	✔	✔	✔	✘	✘	✘	✔	✔
Box Sizing	✔	✔	✔	✔	✔	✔	✔	✔	✘	✘	✔	✔	✔
Background Size	✔	✔	✔	✔	✔	✔	✔	✔	✘	✘	✘	✔	✔
Multiple Backgrounds	✔	✔	✔	✔	✔	✔	✔	✔	✘	✘	✘	✔	✔
Border Image	✔	✔	✔	✔	✔	✔	✔	✔	✘	✘	✘	✘	✘
Border Radius	✔	✔	✔	✔	✔	✔	✔	✔	✘	✘	✘	✔	✔
Box Shadow	✔	✔	✔	✔	✔	✔	✔	✔	✘	✘	✘	✔	✔
Text Shadow	✔	✔	✔	✔	✔	✔	✔	✔	✘	✘	✘	✘	✔
Opacity	✔	✔	✔	✔	✔	✔	✔	✔	✘	✘	✘	✔	✔
CSS Animations	✔	✔	✔	✔	✔	✔	✔	✔	✘	✘	✘	✘	✔
CSS Columns	✔	✔	✔	✔	✔	✔	✔	✔	✘	✘	✘	✘	✔
CSS Gradients	✔	✔	✔	✔	✔	✔	✔	✔	✘	✘	✘	✘	✔
CSS Reflections	✔	✘	✘	✔	✔	✔	✘	✘	✘	✘	✘	✘	✘
CSS Transforms	✔	✔	✔	✔	✔	✔	✔	✔	✘	✘	✘	✔	✔
CSS Transforms 3D	✔	✔	✘	✔	✔	✘	✔	✘	✘	✘	✘	✘	✔
CSS Transitions	✔	✔	✔	✔	✔	✔	✔	✔	✘	✘	✘	✘	✔
CSS FontFace	✔	✔	✔	✔	✔	✔	✔	✔	✔	✔	✔	✔	✔
FlexBox	✔	✔	✔	✔	✔	✔	✔	✘	✘	✘	✘	✘	✘
Generated Content	✔	✔	✔	✔	✔	✔	✔	✔	✘	✘	✔	✔	✔
DataURI	✔	✔	✔	✔	✔	✔	✔	✔	✘	✘	✔	✔	✔
Pointer Events	✔	✔	✘	✔	✔	✔	✔	✘	✘	✘	✘	✘	✘
Display: table	✔	✔	✔	✔	✔	✔	✔	✔	✘	✘	✔	✔	✔
Overflow Scrolling	✘	✘	✘	✘	✘	✘	✘	✘	✘	✘	✘	✘	✘
Media Queries	✔	✔	✔	✔	✔	✔	✔	✔	✘	✘	✘	✔	✔

图 3-3　各主流浏览器对 CSS3 部分模块的支持情况

各浏览器厂商对CSS3各属性的支持程度不一样，为了让用户更好地体验CSS3新特征，在 CSS3 标准尚未明确的情况下，各厂商定义了各自支持的属性，并在属性前添加私有前缀加以区分。通常把这些加上私有前缀的属性称为“私有属性”。表 3-2 列举了各主流浏览器的私有前缀。

表 3-2　各主流浏览器的私有前缀

内核类型	相关浏览器	私有前缀
Trident	IE8/IE9/IE10	-ms-
WebKit	Chrome/Safari	-webkit-
Gecko	Firefox	-moz-
Blink	Opera	-o-

注意

（1）运用 CSS3 私有属性时，要遵从一定的书写顺序，即先写私有的 CSS3 属性，再写标准的 CSS3 属性。

（2）当一个 CSS3 属性成为标准属性，并且被主流浏览器的最新版普遍兼容的时候，就可以省略私有的 CSS3 属性。

2. 更强大的选择器

CSS3 在加强原有的选择器的基础上，新增了兄弟选择器 E~F、属性选择器（E[attr^=value]{rules}、E[attr$=value]{rules}、E[attr*=value]{rules}）和多个伪类选择器，能更灵活

地匹配页面元素。图 3-4 展示了用 CSS3 新增的伪类选择器 E:nth-child(n)定位最新的几条新闻，并使用:before 为其添加 NEW 标记。

党的十九届五中全会和《规划》建议总体精神解读		
党的十九届五中全会精神解读——“十四五”规…	01:18:48	徐洪才
NEW 从小康奔向现代化的奋进宣言——党的…	01:30:15	杨禹
持续提升国家治理效能	01:29:04	马宝成
NEW 以制度型开放促进高质量发展	01:23:05	张建平
“十四五”经济发展目标与构建新发展格局	01:20:56	张鹏
坚持创新驱动发展激发人才创新活力	01:57:32	吴江
NEW “十四五”规划中关于文化建设需要把握的…	01:20:34	张国祚

图 3-4　使用 CSS3 新增伪类选择器灵活定位元素

3. 更多的样式选择

CSS3 新增了很多样式，比如过渡、动画、圆角、图片边框、文字阴影等，使得很多以前需要使用图片和脚本来实现的效果，只需要短短几行代码就能完成。这不仅简化了前端开发人员的设计过程，还加快了页面的载入速度。

4. 支持跨平台、跨设备

CSS3 改进了 CSS2 的媒体查询模块，通过添加不同的媒体类型的表达式来检查媒体是否符合对应条件，从而调用不同的样式表。也就是说，用户能根据设备不同的宽度与高度、朝向（横屏、竖屏）、分辨率等设计不同的样式规则，在不改变内容的情况下，保证 Web 页面在不同的分辨率和设备下都能正常显示。图 3-5 展示了同一个页面在 PC 的大屏幕和移动设备上不同的呈现效果。

图 3-5　“去哪儿网”首页在 PC 的大屏幕和移动设备上不同的呈现效果

3.3 CSS3 核心基础

3.3.1 CSS 的样式规则

使用 HTML 时，需要遵从一定的规范，使用 CSS 时也是这样。想要熟练地使用 CSS 对网页进行修饰，首先要了解 CSS 的样式规则。具体格式如下。

```
选择器{属性 1:属性值 1; 属性 2:属性值 2; 属性 3:属性值 3;}
```

在上面的样式规则中，选择器用于指定 CSS 样式作用的 HTML 对象，花括号内是为该对象设置的具体样式。其中，属性和属性值以“键值对”的形式出现，属性是为指定的对象设置的样式属性，如字号大小、文本颜色等。属性和属性值之间用“:”连接，多个“键值对”之间用“;”进行区分。

为了让大家更好地理解 CSS 的样式规则，通过 CSS 对标题标签<h2>进行控制。

```
h2 {font-size:20px; color:red; }
```

上面的代码就是一个完整的 CSS 样式。其中，h2 为选择器，表示 CSS 样式作用的 HTML 对象为<h2>标签，font-size 和 color 为 CSS 属性，分别表示字号大小和颜色，20px 和 red 是它们的属性值。这条 CSS 代码将页面中所有的二级标题字号大小设置为 20px，颜色设置为红色。

在设置 CSS 样式时，除了要遵循 CSS 的样式规则，还必须注意 CSS 代码结构的几个特点。

（1）CSS 样式中的选择器严格区分大小写，属性和属性值不区分大小写，按照书写习惯，一般选择器、属性和属性值都采用小写的方式表示。

（2）多个属性之间必须用英文状态下的分号隔开，最后一个属性后的分号可以省略，但是为了便于增加新样式最好保留。

（3）如果属性值由多个单词组成且中间包含空格，则必须为这个属性值加上英文状态下的引号。例如：

```
p {font-family: "Times New Roman";}
```

（4）在编写 CSS 代码时，为了提高代码的可读性，通常会加上 CSS 注释。CSS 注释可以写在“/**/”中间，例如：

```
/* CSS 注释写在这里，文本不会显示在浏览器窗口中 */
```

（5）CSS 代码的空格是不被解析的，花括号及分号前后的空格可有可无。一般使用空格键、<Tab>键、<Enter>键等对样式代码进行排版，即所谓的格式化 CSS 代码，以提高代码的可读性，例如：

```
1  h2 {
2      font-size: 20px;        /*定义字号大小属性*/
3      color: red;             /*定义颜色属性*/
4  }
```

这段代码和之前例子中的代码作用是一样的，但是该书写方式的可读性更高。

3.3.2 引入 CSS

要想使用 CSS 修饰网页，就需要在 HTML 文档中引入 CSS。引入 CSS 的常用方式有 3 种，具体如下。

1. 行内式

行内式也称为内联样式，通过 HTML 标签的 style 属性来设置元素的样式。任何 HTML

标签都拥有 style 属性，用来设置行内式。其基本语法格式如下。

```
<标签名 style="属性 1:属性值 1;属性 2:属性值 2;属性 3:属性值 3;">内容</标签名>
```

在该语法格式中，属性和属性值的书写规范与 CSS 的样式规则相同。行内式只对其所在的标签及嵌套在其中的子标签起作用。下面通过案例来学习行内式 CSS 样式的使用方法，如例 3-1 所示。

例 3-1　example01.html

```
1   <!DOCTYPE html>
2   <html>
3   <head>
4       <meta charset="utf-8">
5       <title>行内式 CSS 样式</title>
6   </head>
7   <body>
8   <h2 style="font-size:20px; color:red;">使用行内式 CSS 样式修饰二级标题的字号大小和颜色<h2>
9   </body>
10  </html>
```

在例 3-1 中，使用<h2>标签的 style 属性设置行内式 CSS 样式，用来修饰二级标题的字号大小和颜色。运行例 3-1，效果如图 3-6 所示。

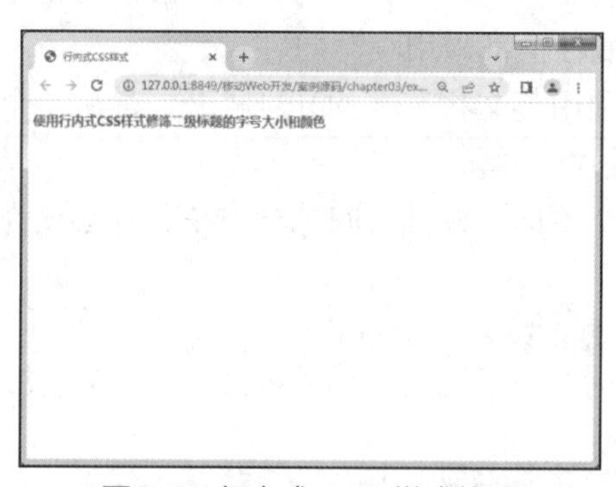

图 3-6　行内式 CSS 样式效果

通过例 3-1 可以看出，行内式也是通过标签的属性来控制样式的，这样并没有做到结构与表现的分离，所以一般很少使用。行内式只有在样式规则较少且只在该元素上使用一次，或者需要临时修改某个样式规则时使用。

2. 内嵌式

内嵌式将 CSS 代码用<style>标签定义，集中写在 HTML 文档的<head>标签中，其基本语法格式如下。

```
1   <head>
2       <style type="text/css">
3           选择器{属性 1:属性值 1; 属性 2:属性值 2; 属性 3:属性值 3;}
4       </style>
5   </head>
```

由于浏览器是从上到下解析代码的，<style>标签一般放在<head>标签中的<title>标签之后，便于提前下载和解析 CSS 代码，以避免网页内容下载后没有样式修饰带来的尴尬。

在语法格式中，设置<style>标签的 type 的属性值为“text/css”，提示浏览器<style>标签包含的是 CSS 代码。

下面通过一个案例来学习如何在 HTML 文档中使用内嵌式 CSS 样式，如例 3-2 所示。

例 3-2 example02.html

```
1  <!DOCTYPE html>
2  <html>
3  <head>
4      <meta charset="utf-8">
5      <title>内嵌式 CSS 样式</title>
6      <style type="text/css">
7          h2 {text-align:center;}    /*定义标题标签居中对齐*/
8          p{                         /*定义段落标签的样式*/
9              font-size:16px;
10             color:red;
11             text-decoration:underline;
12             }
13     </style>
14 </head>
15 <body>
16     <h2>内嵌式 CSS 样式<h2>
17     <p>使用&lt;style&gt;标签可定义内嵌式 CSS 样式</p>
18 </body>
19 </html>
```

例 3-2 在 HTML 文档的头部使用<style>标签定义内嵌式 CSS 样式，分别修饰二级标题标签<h2>的对齐方式和段落标签<p>的文本样式。运行例 3-2，效果如图 3-7 所示。

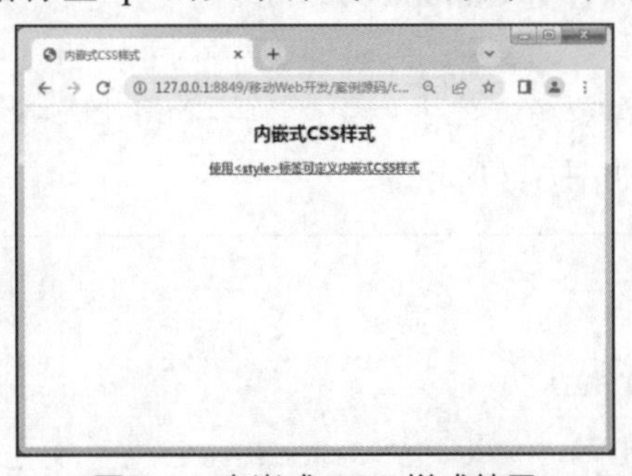

图 3-7 内嵌式 CSS 样式效果

内嵌式 CSS 样式只对其所在的 HTML 页面有效，因此，只设计一个页面时，可以考虑使用内嵌式。但如果开发一个网站，不建议使用这种方式，因为内嵌式不能充分发挥 CSS 代码的复用优势。

3. 链入式

链入式是将所有的样式放在一个或多个以.css为扩展名的外部样式表文件（即 CSS 文件）中，通过<link>标签将外部 CSS 文件链接到 HTML 文档中，其基本语法格式如下。

```
1  <head>
2      <link href="CSS 文件的路径" type="text/css" rel="stylesheet" />
```

```
3  </head>
```

在该语法格式中，<link />标签需要放在<head>标签中，并且必须指定<link />标签的 3 个属性，具体如下。

- href：定义所链接外部 CSS 文件的 URL，可以是相对路径，也可以是绝对路径。
- type：定义所链接文件的类型，一般为“text/css”，表示链接的外部文件为 CSS 文件。
- rel：定义当前文档与被链接文件之间的关系，一般为“stylesheet”，表示被链接的文件是一个 CSS 文件。

下面通过一个案例分步演示如何通过链入式引入 CSS。

（1）创建 HTML 文档。

创建一个 HTML 文档，并在该文档中添加一个标题和一个段落文本，如例 3-3 所示。

例 3-3　example03.html

```
1   <!DOCTYPE html>
2   <html>
3   <head>
4       <meta charset="utf-8">
5       <title>链入式 CSS 样式</title>
6   </head>
7   <body>
8   <h2>链入式 CSS 样式<h2>
9   <p>通过&lt;link&gt;标签可以将扩展名为.css 的外部样式表文件链接到 HTML 文档中。</p>
10  </body>
11  </html>
```

将创建的 HTML 文档保存为 example03.html。

（2）创建 CSS 文件。

打开 HBuilder 工具，在菜单栏单击“文件”→“新建”→“css 文件”，页面中会弹出“新建 css 文件”对话框，如图 3-8 所示。

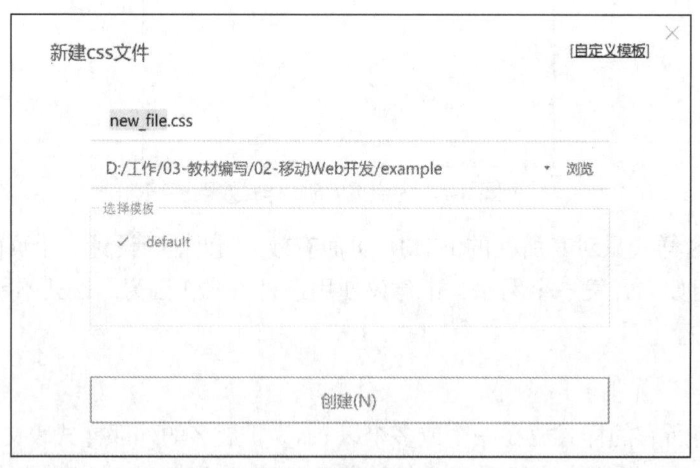

图 3-8　新建 CSS 文件

将文件命名为“style.css”，保存在 example03.html 所在的文件夹中。

（3）书写 CSS 样式。

在新建的 style.css 中输入以下代码，并保存 CSS 文件。

```
1  h2 {text-align:center;}           /*定义标题标签居中对齐*/
2  p{                                 /*定义段落标签的样式*/
3      font-size:16px;
4      color:red;
5      text-decoration:underline;
6  }
```

（4）链接 CSS。

在例 3-3 的<head>标签中，添加<link/>标签，将 style.css 外部 CSS 文件链接到 example03.html 中，具体代码如下。

```
<link href="style.css " type="text/css" rel="stylesheet" />
```

保存 example03.html，并将其在浏览器中运行，效果如图 3-9 所示。

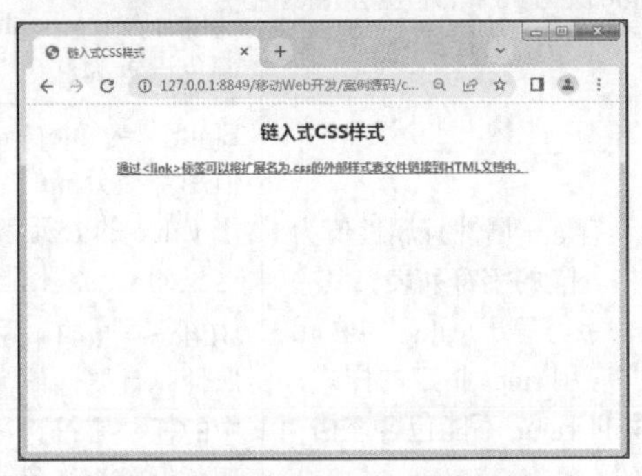

图 3-9　链入式 CSS 样式效果

链入式最大的好处是同一个 CSS 文件可以被不同的 HTML 页面链接使用，同时一个 HTML 页面也可以通过多个<link />标签链接多个 CSS。

链入式是使用频率最高，也是最实用的引入 CSS 的方式。它将 HTML 代码与 CSS 代码分离为两个或多个文件，实现了结构和表现的完全分离，使得网页的前期制作和后期维护都更加方便。

3.4 CSS3 选择器

要将 CSS 样式应用于特定的 HTML 元素，首先需要找到目标元素。在 CSS 中，执行这一任务的样式规则部分被称为选择器。网页开发人员可以通过使用选择器统一管理网页的元素样式，进而提升开发效率、降低维护难度。

CSS1 和 CSS2 定义了大部分常用选择器，如标签选择器、类选择器、ID 选择器、通配符选择器、标签指定式选择器、后代选择器和并集选择器等。这些选择器能满足设计师常规设计的需求，但是它们没有进行系统化整理，也没有形成独立的板块，不利于扩展。CSS3 在兼容之前版本的基础上，增加并完善了选择器的功能，以便更灵活地匹配页面元素。

3.4.1 CSS3 属性选择器

属性选择器是基于元素的属性和属性值来匹配元素的。在 CSS2 版本中定义了 4 种属性选择器，其应用格式如表 3-3 所示。

表 3-3　CSS2 属性选择器应用格式

应用格式	说明	应用示例
E[attr]{rules}	选择具有 attr 属性的 E 元素，并应用 rules 指定的样式	• *[title]{color:red;}将选择所有包含 title 属性的元素，将其文字颜色设置为红色； • a[href]{color:red;}将选择所有包含 href 属性的 a 元素，将其文字颜色设置为红色； • a[href][title]{color:red;}将选择所有包含 href 和 title 属性的 a 元素，将其文字颜色设置为红色
E[attr=value]{rules}	选择具有 attr 属性且属性值等于 value 的 E 元素，并应用 rules 指定的样式	a[href="https://www.bai**.com/"]{color:red;}将选择所有包含 href 属性，且属性值为"https://www.baidu.com/"的 a 元素，将其文字颜色设置为红色
E[attr~=value]{rules}	选择具有 attr 属性且属性值为用空格分隔的字符列表，其中的任一字符等于 value 的 E 元素，并应用 rules 指定的样式，这里的 value 不能包含空格	E[attr~=value]{sule}选择具有 afftr 属性且属性值用空格分隔的字符列表，其中的任一字符等于 value 的 E 元素，并应用 rules 指定的样式，这里的 value 不能包含空格。 a[title~="to"] {color:red;}将选择所有包含 title 属性，且属性值为用空格分隔的字符列表，其中的任一字符为"to"的 a 元素，并将其文字颜色设置为红色。比如<a title="link to web2">web2</a>会被该选择器选中
E[attr|=value]{rules}	选择具有 attr 属性且属性值为用连字符分隔的字符列表，且以 value 开始的 E 元素，并应用 rules 指定的样式	a[lang|="en"]{color:red;}将选择所有包含 lang 属性，且属性值为用连字符分隔、分隔符一侧包含"en"的所有 a 元素，将其文字颜色设置为红色。比如<a href="index.html" lang="en">index</a>和<a href="web1.html" lang="en-us"> web1</a>都会被该选择器选中

下面我们通过一个简单的案例介绍 CSS2 中属性选择器的用法，如例 3-4 所示。

例 3-4　example04.html

```
1   <!DOCTYPE html>
2   <html>
3       <head>
4           <meta charset="utf-8">
5           <title>CSS2 属性选择器</title>
6           <style>
7               a[href]{text-decoration: none;}
8               a[href="index.html"]{color: red;}
9               a[title~="to"]{background:#ccc; color:white;}
10              a[lang|="en"]{font-size: 30px;}
```

```
11          </style>
12      </head>
13      <body>
14          <a href="index.html" lang="en">index</a>
15          <a href="web1.html" lang="en-us">web1</a>
16          <a href="web2.html" title="link to web2" lang="zh">web2</a>
17      </body>
18  </html>
```

运行例 3-4，效果如图 3-10 所示。

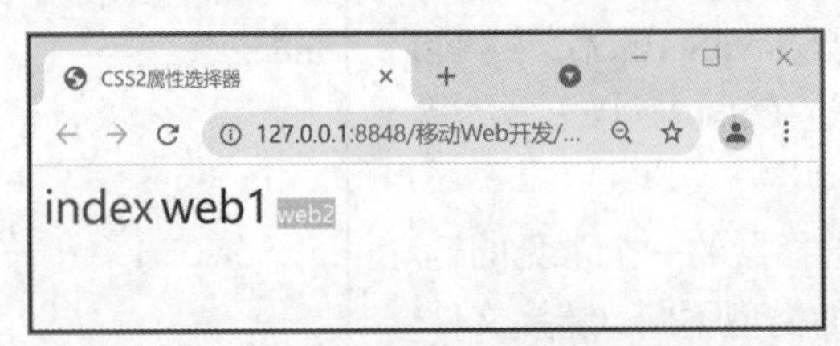

图 3-10 CSS2 属性选择器的应用效果

CSS3 在 CSS2 的基础上，新增了 3 种属性选择器。通过新增的属性选择器，开发人员可以通过通配符的形式选择指定元素。新增的属性选择器应用格式如表 3-4 所示。

表 3-4 CSS3 新增的属性选择器应用格式

应用格式	说明	应用示例
E[attr^=value]{rules}	选择具有 attr 属性且属性值以 value 开头的 E 元素，并应用 rules 指定的样式	a[href^="web"]{color:red;}将选择所有包含 href 属性，且属性值以“web”开头的 a 元素，将其文字颜色设置为红色
E[attr$=value]{rules}	选择具有 attr 属性且属性值以 value 结尾的 E 元素，并应用 rules 指定的样式	a[href$="com"]{color:red;}将选择所有包含 href 属性，且属性值以“com”结尾的 a 元素，将其文字颜色设置为红色
E[attr*=value]{rules}	选择具有 attr 属性且属性值任意位置包含 value 的 E 元素，并应用 rules 指定的样式	a[href*="web"]{color:red;}将选择所有包含 href 属性，且属性值包含“web”的 a 元素，将其文字颜色设置为红色

下面通过一个简单的案例了解 CSS3 中新增的属性选择器的基本用法，如例 3-5 所示。

例 3-5 example05.html

```
1   <!DOCTYPE html>
2   <html>
3       <head>
4           <meta charset="utf-8">
5           <title>CSS3 属性选择器</title>
6           <style>
7               a[href]{text-decoration: none;}
8               a[href^="index"]{font-size:1.5em;}
9               a[href$=".html"]{font-weight: bold;}
10              a[href*="web"]{background:#ccc; color:white;}
11          </style>
```

```
12      </head>
13      <body>
14          <a href="index.html" lang="en">index</a>
15          <a href="web1.html" lang="en-us">web1</a>
16          <a title="link to web2" lang="zh">web2</a>
17      </body>
18  </html>
```

运行例 3-5，效果如图 3-11 所示。

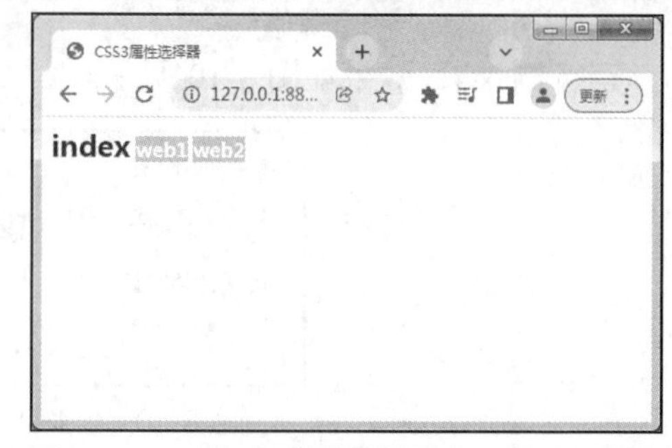

图 3-11　CSS3 新增的属性选择器的应用效果

综合运用属性选择器，能更灵活地匹配页面元素，一部分之前需要 JavaScript 代码才能完成的工作现在可以通过 CSS 来实现，大幅提高了开发人员的工作效率。

例 3-6 展示了属性选择器的一个常见的运用场景。由于链接文件的类型不同，链接文件的扩展名也不同。根据扩展名的不同，分别为不同链接文件类型的超链接增加不同的图标显示，这样能方便浏览者知道所选择的超链接类型。使用属性选择器匹配 a 元素中 href 属性值的最后几个字符，即可设计为不同类型的超链接添加不同的显示图标。完整代码如下。

例 3-6　example06.html

```
1   <!DOCTYPE html>
2   <html>
3       <head>
4           <meta charset="utf-8">
5           <title>CSS3 属性选择器</title>
6           <style>
7               a[href^="http"]{
8                   background: url(img/window.gif) no-repeat left center;
9                   padding-left: 18px;
10              }
11              a[href$="pdf"]{
12                  background: url(img/icon_pdf.gif) no-repeat left center;
13                  padding-left: 18px;
14              }
15              a[href$="ppt"]{
16                  background: url(img/icon_ppt.gif) no-repeat left center;
17                  padding-left: 18px;
18              }
19              a[href$="xls"]{
20                  background: url(img/icon_xls.gif) no-repeat left center;
21                  padding-left: 18px;
22              }
23              a[href$="rar"]{
24                  background: url(img/icon_rar.gif) no-repeat left center;
25                  padding-left: 18px;
```

```
26              }
27              a[href$="gif"] {
28                  background: url(img/icon_img.gif) no-repeat left center;
29                  padding-left: 18px;
30              }
31              a[href$="jpg"] {
32                  background: url(img/icon_img.gif) no-repeat left center;
33                  padding-left: 18px;
34              }
35              a[href$="png"] {
36                  background: url(img/icon_img.gif) no-repeat left center;
37                  padding-left: 18px;
38              }
39              a[href$="txt"] {
40                  background: url(img/icon_txt.gif) no-repeat left center;
41                  padding-left: 18px;
42              }
43          </style>
44      </head>
45      <body>
46          <p><a href="http://www.bai**.com/name.pdf">PDF 文件</a> </p>
47          <p><a href="http://www.bai**.com/name.ppt">PPT 文件</a> </p>
48          <p><a href="http://www.bai**.com/name.xls">XLS 文件</a> </p>
49          <p><a href="http://www.bai**.com/name.rar">RAR 文件</a> </p>
50          <p><a href="http://www.bai**.com/name.gif">GIF 文件</a> </p>
51          <p><a href="http://www.bai**.com/name.jpg">JPG 文件</a> </p>
52          <p><a href="http://www.bai**.com/name.png">PNG 文件</a> </p>
53          <p><a href="http://www.bai**.com/name.txt">TXT 文件</a> </p>
54          <p><a href="http://www.bai**.com/#anchor">#锚点超链接</a></p>
55          <p><a href="http://www.bai**.com/">百度</a></p>
56          <p><a href="http://www.bai**.com/name2.png">PNG 文件</a> </p>
57      </body>
58  </html>
```

运行例 3-6，效果如图 3-12 所示。使用属性选择器根据链接文件类型设置不同超链接的图标的好处在于，后面添加新的 a 元素时，系统都会自动判断链接文件类型并添加相应的图标。

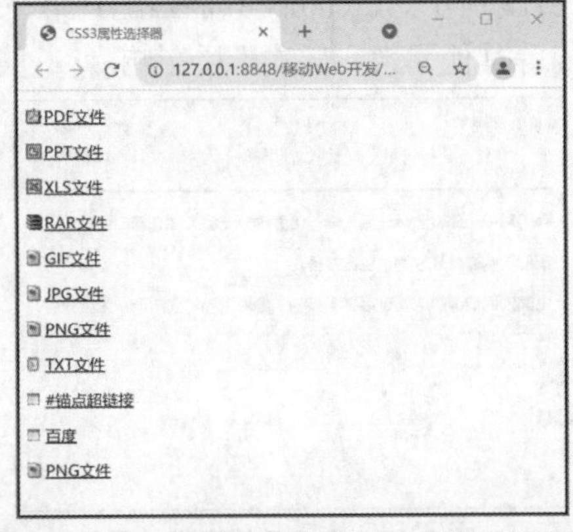

图 3-12 使用属性选择器设计超链接图标

3.4.2　CSS3 结构伪类选择器

结构伪类是 CSS3 新设计的选择器，其利用文档结构树实现元素过滤，通过文档结构的关系来匹配特定的元素，从而减少文档内的 class 属性和 id 属性的定义，使得文档更加简洁。

扫码观看微课视频

1. E:root

选择匹配 E 所在文档的根元素。在 HTML 文档中，根元素就是 html 元素，此时该选择器与 html 类型选择器匹配的内容相同。

2. E:empty

选择匹配 E 的元素，且该元素不包含子节点。

注意

文本也属于节点。

下面通过一个案例对 E:empty 的用法进行演示，如例 3-7 所示。

例 3-7　example07.html

```
1  <!DOCTYPE html>
2  <html>
3      <head>
4          <meta charset="utf-8">
5          <title>E:empty的用法</title>
6          <style>
7              p:empty {border:1px solid black;}
8          </style>
9      </head>
10     <body>
11         <div>
12             <p></p>
13             <p>我们对中国建设国际一流大学、培养国际一流人才充满自信。</p>
14             <p>我们的胸襟是开放的，包容并蓄。</p>
15             <p>中国人民取得的成就是很了不起的，要<span>为世界树立典范，为全球经济注入动力</span>。</p>
16         </div>
17     </body>
18 </html>
```

运行例 3-7，效果如图 3-13 所示。E:empty 只能匹配到第一个没有任何内容的 p 元素。其他 p 元素含有文本或 span 等其他元素，样式不受影响。

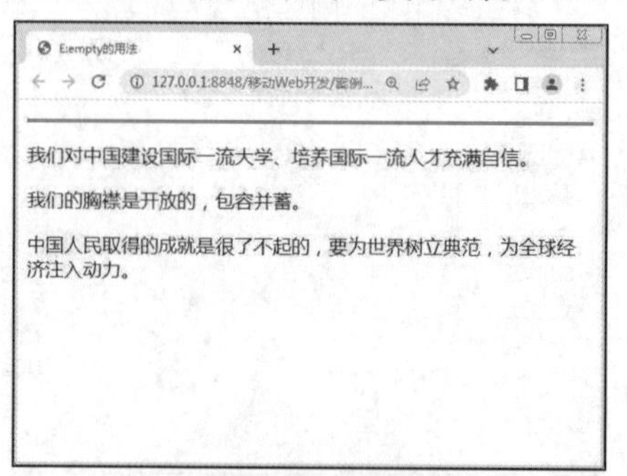

图 3-13　例 3-7 的运行效果

3. E:nth-child(n)

选择所有在其父元素中第 n 个位置的匹配 E 的子元素。

注意

参数 n 可以是数字（1、2、3）、关键字（odd、even）和公式（2n、2n+3），参数的索引起始值为 1，而不是 0。举例如下。

- tr:nth-child(3)匹配所有表格里排第 3 行的 tr 元素。
- tr:nth-child(2n+1)匹配所有表格的奇数行。
- tr:nth-child(2n)匹配所有表格的偶数行。
- tr:nth-child(odd)匹配所有表格的奇数行。
- tr:nth-child(even)匹配所有表格的偶数行。

E:nth-child(n)在实践中应用非常广泛，比如设计表格的隔行分色样式，提高浏览数据的速度和准确度。这在传统设计方法中主要通过定义样式类，然后把该类应用到所有奇数行或偶数行内实现，既增加了工作量，又给文档添加了很多不必要的属性。借助结构伪类选择器，使用 E:nth-child(n)选择器，能快速为偶数行或奇数行定义分色背景，提高开发效率。E:nth-child(n)的案例如例 3-8 所示。

例 3-8　example08.html

```
1   <!DOCTYPE html>
2   <html>
3       <head>
4           <meta charset="utf-8">
5           <title>表格隔行分色</title>
6           <style>
7               table {
8                   width: 100%;
9                   font-size: 12px;
10                  table-layout: fixed;
11                  empty-cells: show;
12                  border-collapse: collapse;
13                  margin: 0 auto;
14                  border: 1px solid #cad9ea;
15                  color: #666;
16              }
17              th {
18                  height: 30px;
19                  overflow: hidden;
20              }
21              td {
22                  height: 20px;
23              }
24              td,th {
25                  border: 1px solid #cad9ea;
26                  padding: 0 1em 0;
```

```
27                  text-align: center;
28              }
29              tr:nth-child(even) {
30                  background-color: #f5fafe;
31              }
32              tr:hover {
33                  background-color: #6cf;
34              }
35          </style>
36      </head>
37      <body>
38          <table>
39              <tr>
40                  <th>排名</th>
41                  <th>校名</th>
42                  <th>总得分</th>
43                  <th>人才培养总得分</th>
44                  <th>研究生培养得分</th>
45                  <th>本科生培养得分</th>
46                  <th>科学研究总得分</th>
47                  <th>自然科学研究得分</th>
48                  <th>社会科学研究得分</th>
49                  <th>所属省（市）</th>
50                  <th>分省（市）排名</th>
51                  <th>学校类型</th>
52              </tr>
53              <tr>
54                  <td>1</td>
55                  <td>清华大学</td>
56                  <td>296.77</td>
57                  <td>128.92</td>
58                  <td>93.83</td>
59                  <td>35.09</td>
60                  <td>167.85</td>
61                  <td>148.47</td>
62                  <td>19.38</td>
63                  <td width="16">京</td>
64                  <td width="12">1</td>
65                  <td>理工</td>
66              </tr>
67              <tr>
68                  <td>2</td>
69                  <td>北京大学</td>
70                  <td>222.02</td>
71                  <td>102.11</td>
72                  <td>66.08</td>
73                  <td>36.03</td>
```

```
74                  <td>119.91</td>
75                  <td>86.78</td>
76                  <td>33.13</td>
77                  <td>京</td>
78                  <td>2</td>
79                  <td>综合</td>
80              </tr>
81              <tr>
82                  <td>3</td>
83                  <td>浙江大学</td>
84                  <td>205.65</td>
85                  <td>94.67</td>
86                  <td>60.32</td>
87                  <td>34.35</td>
88                  <td>110.97</td>
89                  <td>92.32</td>
90                  <td>18.66</td>
91                  <td>浙</td>
92                  <td>1</td>
93                  <td>综合</td>
94              </tr>
95              <tr>
96                  <td>4</td>
97                  <td>上海交通大学</td>
98                  <td>150.98</td>
99                  <td>67.08</td>
100                 <td>47.13</td>
101                 <td>19.95</td>
102                 <td>83.89</td>
103                 <td>77.49</td>
104                 <td>6.41</td>
105                 <td>沪</td>
106                 <td>1</td>
107                 <td>综合</td>
108             </tr>
109             <tr>
110                 <td>5</td>
111                 <td>南京大学</td>
112                 <td>136.49</td>
113                 <td>62.84</td>
114                 <td>40.21</td>
115                 <td>22.63</td>
116                 <td>73.65</td>
117                 <td>53.87</td>
118                 <td>19.78</td>
119                 <td>苏</td>
120                 <td>1</td>
```

```
121                     <td>综合</td>
122                 </tr>
123                 <tr>
124                     <td>6</td>
125                     <td>复旦大学</td>
126                     <td>136.36</td>
127                     <td>63.57</td>
128                     <td>40.26</td>
129                     <td>23.31</td>
130                     <td>72.78</td>
131                     <td>51.47</td>
132                     <td>21.31</td>
133                     <td>沪</td>
134                     <td>2</td>
135                     <td>综合</td>
136                 </tr>
137                 <tr>
138                     <td>7</td>
139                     <td>华中科技大学</td>
140                     <td>110.08</td>
141                     <td>54.76</td>
142                     <td>30.26</td>
143                     <td>24.50</td>
144                     <td>55.32</td>
145                     <td>47.45</td>
146                     <td>7.87</td>
147                     <td>鄂</td>
148                     <td>1</td>
149                     <td>理工</td>
150                 </tr>
151                 <tr>
152                     <td>8</td>
153                     <td>武汉大学</td>
154                     <td>103.82</td>
155                     <td>50.21</td>
156                     <td>29.37</td>
157                     <td>20.84</td>
158                     <td>53.61</td>
159                     <td>36.17</td>
160                     <td>17.44</td>
161                     <td>鄂</td>
162                     <td>2</td>
163                     <td>综合</td>
164                 </tr>
165                 <tr>
166                     <td>9</td>
167                     <td>吉林大学</td>
```

```
168                         <td>96.44</td>
169                         <td>48.61</td>
170                         <td>25.74</td>
171                         <td>22.87</td>
172                         <td>47.83</td>
173                         <td>38.13</td>
174                         <td>9.70</td>
175                         <td>吉</td>
176                         <td>1</td>
177                         <td>综合</td>
178                     </tr>
179                     <tr>
180                         <td>10</td>
181                         <td>西安交通大学</td>
182                         <td>92.82</td>
183                         <td>47.22</td>
184                         <td>24.54</td>
185                         <td>22.68</td>
186                         <td>45.60</td>
187                         <td>35.47</td>
188                         <td>10.13</td>
189                         <td>陕</td>
190                         <td>1</td>
191                         <td>综合</td>
192                     </tr>
193                 </table>
194         </body>
195 </html>
```

运行例 3-8，效果如图 3-14 所示。tr:nth-child(even)匹配到表格的偶数行，将背景设置为#f5fafe，达到隔行分色的显示效果。

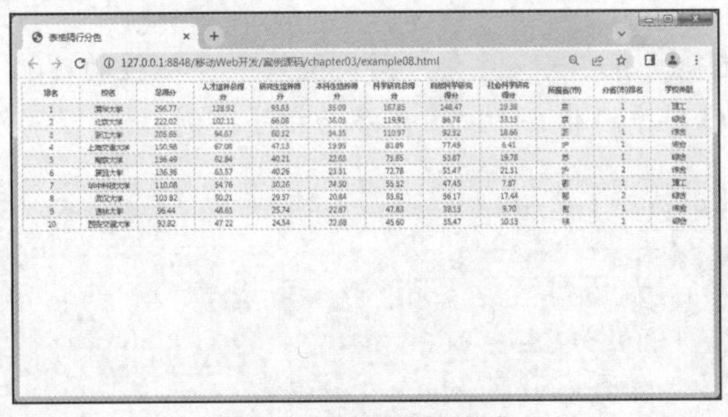

图 3-14 表格隔行分色

4. E:nth-last-child(n)

选择所有在其父元素中倒数第 n 个位置的匹配 E 的子元素。

注意

该选择器与 E:nth-child(n)是计算顺序相反的选择器，语法和用法相同。

5. E:first-child

选择位于其父元素中第一个位置，且匹配 E 的子元素，相当于 E:nth-child(1)。例如，h1:first-child 匹配<div><h1></h1><p></p><p></p></div>中的 h1 元素。

6. E:last-child

选择位于其父元素中最后一个位置，且匹配 E 的子元素，相当于 E:nth-last-child(1)。例如，p:last-child 匹配<div><h1></h1><p></p><p></p></div>中的第二个 p 元素。

7. E:only-child

选择其父元素只包含一个子元素，且该子元素匹配 E 的子元素。例如，p:only-child 匹配<div><p></p></div>中的 p 元素，但不匹配<div><h1></h1><p></p></div>中的 p 元素。

8. E:nth-of-type(n)

选择所有在其父元素中同类型第 n 个位置的匹配 E 的子元素。参数 n 可以是数字（1、2、3）、关键字（odd、even）和公式（2n、2n+3），参数的索引起始值为 1。

注意：E:nth-child(n)对比 E:nth-of-type(n)

E:nth-child(n)选择所有在其父元素中第 n 个位置的匹配 E 的子元素。所有元素先排序，再匹配目标元素 E。例如：

```
1  <div>
2      <h3>自强</h3>
3      <h4>要谦虚谨慎，同时要自强不息</h4>
4      <p>我们对中国建设国际一流大学、培养国际一流人才充满自信。</p>
5      <p>我们的胸襟是开放的，包容并蓄。</p>
6      <p>中国人民取得的成就是很了不起的。</p>
7  </div>
```

使用 p:nth-child(2){color:red;}进行元素匹配时，所有元素按位置排序，找到要求的第二个元素为 h4，然后进行元素匹配，此时 h4 元素与要求的 p 元素不匹配，所以字体颜色不变。

E:nth-of-type(n)选择所有在其父元素中同类型第 n 个位置的匹配 E 的子元素。所有 E 子元素被分离出来单独排序，非 E 子元素不参与排序。例如：

```
1  <div>
2      <h3>自强</h3>
3      <h4>要谦虚谨慎，同时要自强不息</h4>
4      <p>我们对中国建设国际一流大学、培养国际一流人才充满自信。</p>
5      <p>我们的胸襟是开放的，包容并蓄。</p>
6      <p>中国人民取得的成就是很了不起的。</p>
7  </div>
```

使用 p:nth-of-type(2){color:red;}进行元素匹配时，所有 p 元素单独排序，之后匹配第二个 p 元素，字体颜色变为红色。

9. E:nth-last-of-type(n)

选择所有在其父元素中同类型倒数第 n 个位置的匹配 E 的子元素。

注意：E:nth-child(n) VS E:nth-of-type(n)

该选择器与 E:nth-of-type(n)是计算顺序相反的选择器，语法和用法相同。

10. E:first-of-type

选择在其父元素中匹配 E 的第一个同类型的子元素，相当于 E:nth-of-type(1)。例如，p:first-of-type 匹配<div><h1></h1><p></p><p></p></div>中的第一个 p 元素。

11. E:last-of-type

选择在其父元素中匹配 E 的最后一个同类型的子元素，相当于 E:nth-last-of-type(1)。例如，p:last-of-type 匹配<div><h1></h1><p></p><p></p></div>中的第二个 p 元素。

12. E:only-of-type

选择其父元素只包含一个同类型子元素，且该子元素匹配 E 的子元素。例如，p:only-of-type 匹配<div><p></p></div>中的 p 元素，也匹配<div><h1></h1><p></p></div>中的 p 元素。

目前，各主流浏览器对结构伪类选择器的支持存在较大的分歧。IE8 及其以下版本浏览器完全不支持结构伪类选择器。Firefox 从 3.5 版本开始全面支持结构伪类选择器，但在 Firefox 3.5 之前的版本中对它的支持不是很完善。Opera、Safari 和 Chrome 对于结构伪类选择器的支持比较完善。

3.4.3 CSS3 UI 元素状态伪类选择器

扫码观看
微课视频

在 CSS3 的选择器中，除了结构伪类选择器外，还有 UI 元素状态伪类选择器。所谓伪类并不是真正意义上的类，它的名称是由系统定义的，通常由标签名、类名或 ID 加“:”构成。这些选择器的共同特征是：指定的样式只有当元素处于某种状态下时才起作用，在默认状态下不起作用。

CSS3 共定义了 11 种 UI 元素状态伪类选择器，分别是 E:hover、E:active、E:focus、E:enabled、E:disabled、E:read-only、E:read-write、E:checked、E:default、E:indeterminate 和 E: selection。

1. 鼠标相关的 UI 元素状态伪类选择器

定义超链接时，为了提高用户体验，经常需要为超链接指定不同的状态，使得超链接在单击前、单击后和鼠标指针悬停时的样式不同。在 CSS 中，通过链接伪类可以实现不同的链接状态。超链接标签<a>的伪类有 4 种，具体如表 3-5 所示。

表 3-5 超链接标签<a>的伪类

超链接标签<a>的伪类	含义
a:link{ CSS 样式规则; }	未访问时超链接的状态
a:visited{ CSS 样式规则; }	访问后超链接的状态
a:hover{ CSS 样式规则; }	鼠标指针经过、悬停时超链接的状态
a:active{ CSS 样式规则; }	单击鼠标时超链接的状态

CSS3 在超链接标签<a>的伪类的基础上进行了扩展，新增了 3 个选择器。这 3 个伪类选择器可以应用于 div、input 等多种元素。具体说明如下。

（1）E:hover：用于设定当鼠标指针悬停于所选择元素时使用的样式。

（2）E:active：用于设定当用鼠标单击所选择元素时使用的样式。

（3）E:focus：用于设定当所选择元素获取焦点时使用的样式。

下面通过一个案例来介绍这 3 个选择器的具体应用，如例 3-9 所示。

例 3-9　example09.html

```
1  <!DOCTYPE html>
2  <html>
3      <head>
4          <meta charset="utf-8">
5          <title>鼠标相关 UI 伪类</title>
6          <style>
7              div{padding: 15px;}
8              /*当鼠标指针悬停于 div 元素上时，为 div 元素添加边框*/
9              div:hover{border: 1px solid blue;}
10             /*当用鼠标指针单击 div 元素时，将 div 元素背景设置为绿色*/
11             div:active{background: green;}
12             /*当 input 元素获取焦点时，将 input 元素背景设置为浅灰色*/
13             input:focus{background-color: lightgrey;}
14         </style>
15     </head>
16     <body>
17         <div>
18             请输入你的姓名：<input type="text" />
19         </div>
20     </body>
21 </html>
```

运行例 3-9，效果如图 3-15 所示。

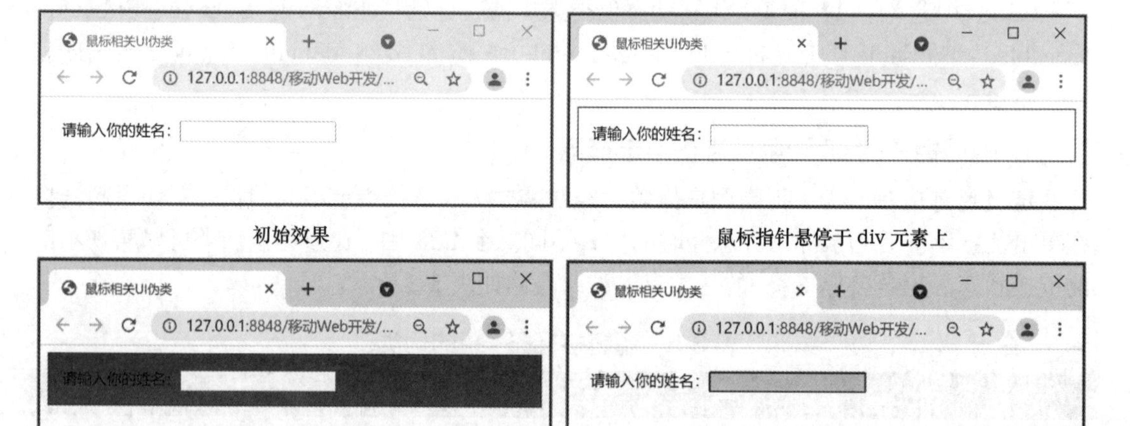

图 3-15　运行效果

2. 其他 UI 元素状态伪类选择器

UI 元素状态伪类选择器是 CSS3 新设计的选择器，UI 是 User Interface（用户界面）的简写，UI 元素的状态一般包括可用、不可用、选中、未选中、获取焦点、失去焦点、锁定和待机等。表 3-6 介绍了常用的状态伪类选择器。

表 3-6 CSS3 常用 UI 元素状态伪类选择器

选择器	说明
E:enabled	用于指定所选择元素处于可用状态时应用的样式
E:disabled	用于指定所选择元素处于不可用状态时应用的样式
E:read-only	用于指定所选择元素处于只读状态时应用的样式
E:read-write	用于指定所选择元素处于非只读状态时应用的样式
E:checked	用于指定单选按钮元素或复选框元素处于选中状态时应用的样式
E:default	用于指定页面打开时默认处于选中状态的单选按钮元素或复选框元素应用的样式
E:indeterminate	用于指定页面打开时如果一组单选按钮中任一单选按钮被选中时整组单选按钮元素应用的样式
E:selection	用于指定所选择元素处于选中状态时应用的样式

在网页中，与用户的交互行为，如注册、留言等，都需要表单的辅助，而 UI 元素一般指包含在 form 元素内的表单元素。表单设计的好坏会直接影响用户体验。通常来说，表单的设计追求简洁、美观和易用。设计合理的表单结构，离不开表单元素的配合。通过设计表单元素在不同状态下不同的样式，可以优化表单呈现效果。表单设计如例 3-10 所示。

例 3-10 example10.html

```
1   <!DOCTYPE html>
2   <html>
3       <head>
4           <meta charset="utf-8">
5           <title> CSS3 UI 伪类选择器</title>
6           <style type="text/css">
7               h1 {
8                    font-size: 20px;
9               }
10              #login {
11                  width: 400px;
12                  padding: 1em 2em 0 2em;
13                  font-size: 12px;
14              }
15              label {
16                  line-height: 26px;
17                  display: block;
18                  font-weight: bold;
19              }
20              #name,#password {
21                  border: 1px solid #ccc;
22                  width: 160px;
23                  height: 22px;
24                  padding-left: 20px;
25                  margin: 6px 0;
26                  line-height: 20px;
```

```
27              }
28              .button {
29                  margin: 6px 0;
30              }
31              #name {
32                  background: #eee url(img/name1.gif) no-repeat 2px 2px;
33              }
34              #name:focus {
35                  background: url(img/name.gif) no-repeat 2px 2px;
36                  border: 1px solid black;
37              }
38              #password {
39                  background: #eee url(img/password1.gif) no-repeat 2px 2px;
40              }
41              #password:focus {
42                  background: url(img/password.gif) no-repeat 2px 2px;
43                  border: 1px solid black;
44              }
45          </style>
46      </head>
47      <body>
48          <fieldset id="login">
49              <legend>登 录</legend>
50              <form action="" method="POST" class="form">
51                  <label for="name">用户名
52                      <input name="name" type="text" id="name" value="" />
53                  </label>
54                  <label for="password">密   码
55                      <input name="password" type="text" id="password" value="" />
56                  </label>
57                  <input type="image" class="button" src="img/login1.gif" />
58              </form>
59          </fieldset>
60      </body>
61  </html>
```

运行例 3-10，效果如图 3-16 所示。其中，label 元素通过 for 属性绑定到表单控件上，for 的属性值设置为表单控件的 name 属性值。通过 E:focus 选择器设计表单控件获取焦点时的高亮效果，方便用户定位。

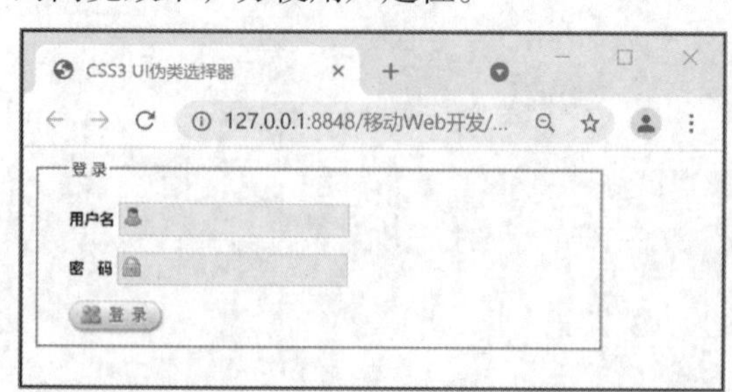

默认状态

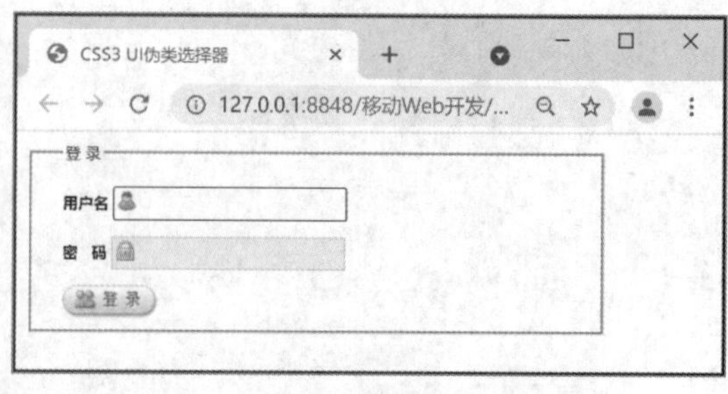

获取焦点时的状态

图 3-16　表单元素在不同状态下的样式

3.5 单元案例——学院网站首页

本单元前几节重点讲解了 CSS3 发展史、样式规则和新增的选择器。为了使读者更好地认识 CSS3，本节将仿写软件与大数据学院的网站首页。

> **小贴士**
>
> 关注校园热点，传承校园文化。现在的大学校园不仅是知识的殿堂、人才的培养基地，也是文化孕育的摇篮。学生应关注校园文化，了解学院动态，积极参加校内各种文化活动，拓展自己的视野。

3.5.1 搭建项目

一个网站，通常由 HTML 网页文件、CSS 文件和多媒体资源等构成。在菜单栏中单击“文件”，选择“新建”，选择“项目”，并选择“基本 HTML 项目”，创建本单元项目，如图 3-17 所示。

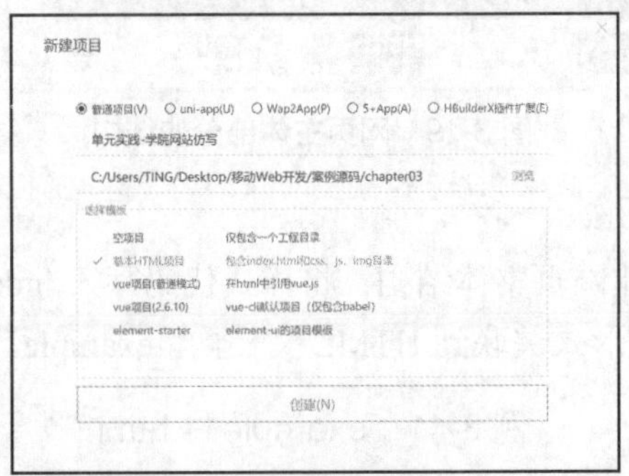

图 3-17 创建项目

1. 页面效果分析

软件与大数据学院网站首页分成 4 个子模块，首先是网页的头部，包含标题和 Logo，用<header>标签来写；然后是导航栏，用<nav>标签来写；将学院新闻、通知公告、合作企业等内容嵌套在一个大盒子里，使用<div>标签来写，作为网页的主体部分；最后一块是页脚，用<footer>标签来写。页面效果和页面结构如图 3-18 所示。

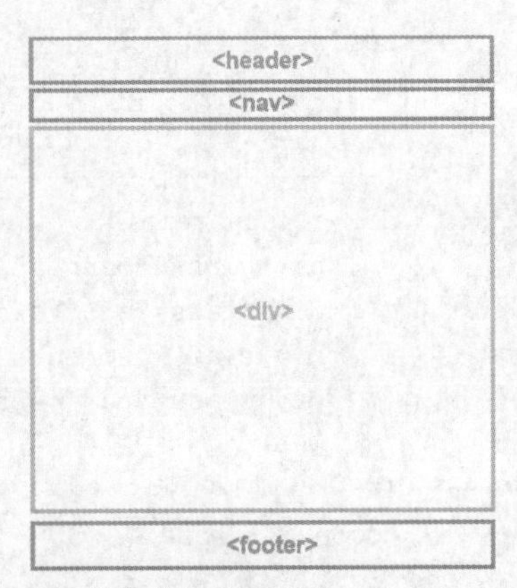

图 3-18 软件与大数据学院网站首页（页面效果和页面结构）

网页的主体部分比较复杂，根据信息不同划分为 4 个模块，每个模块都用<div>标签进行表示。网页主体部分的结构如图 3-19 所示。

图 3-19　网页主体部分的结构

2. 搭建网页整体结构

根据上面的分析，搭建网页整体结构，将样式代码写入 index.css 中，保存到默认生成的 css 文件夹下，以链入式形式关联到 HTML 文档内。example11.html 内容如例 3-11 所示。

例 3-11　example11.html

```
1  <!DOCTYPE html>
2  <html>
3      <head>
4          <meta charset="utf-8">
5          <title>软件与大数据学院</title>
6          <link href="css/index.css" rel="stylesheet" type="text/css"/>
7      </head>
8      <body>
9          <!-------网页头部--------->
10         <header></header>
11         <!------- 导航栏 --------->
12         <nav></nav>
13         <!-------主体内容--------->
14         <div class="main">
15             <div class="banner"></div>
16             <div class="ads"></div>
17             <div class="notices"></div>
18             <div class="partners"></div>
19         </div>
20         <!-------网页页脚--------->
21         <footer></footer>
22     </body>
23 </html>
```

3. 定义通用样式

为了清除各浏览器的默认样式，使得网页在各浏览器中显示的效果一致，需要对 CSS 样式进行初始化并声明一些通用样式。在 index.css 样式文件中编写通用样式，具体如下。

```
1  /*通用样式*/
2  *{
3      padding: 0;
4      margin: 0;
5      font-family: "microsoft yahei";
6  }
7  ul{list-style: none;}
8  a{text-decoration: none;}
```

3.5.2 主要模块开发

完成项目的搭建和准备工作后，依次完成首页的各个模块。

1. 网页头部

网页头部和页脚结构比较简单，使用<img>标签在头部插入 Logo 图片，在 example11.html 中添加以下代码。

```
1  <!--------网页头部-------->
2  <header>
3      <img src="img/logo.jpg"/>
4  </header>
```

设置网页头部的宽度、高度和背景颜色。通过 margin-left 属性调整 Logo 图片盒子的左边距，具体代码如下所示。

```
1  header{
2      width: 100%;
3      min-width: 1200px;
4      height: 140px;
5      background: #0362B3;
6  }
7  header img{
8      margin-left: 50px;
9  }
```

2. 导航栏

导航栏是网页常规的组成部分。通常，我们使用列表定义导航栏，一个 li 元素表示一个导航项。在 example11.html 中添加导航栏的实现代码。

```
1  <nav>
2      <ul>
3          <li><a href="#">网站首页</a></li>
4          <li><a href="#">部门概况</a></li>
5          <li><a href="#">党建工会</a></li>
6          <li><a href="#">学团工作</a></li>
7          <li><a href="#">专业建设</a></li>
8          <li><a href="#">教学管理</a></li>
9          <li><a href="#">实训中心</a></li>
10         <li><a href="#">校企合作</a></li>
```

```
11          <li><a href="#">招生就业</a></li>
12          <li><a href="#">科技培训</a></li>
13      </ul>
14  </nav>
```

导航项需要设置为同行显示，可以使用 float 设置所有导航项左浮动，也可以使用 CSS3 新增的 columns 多列布局属性完成相同的功能。因为导航栏由 10 个项目组成，所以将导航栏列表的 columns 属性设置为 10，表示分为 10 列，也就是一行显示 10 个 li 元素。通过伪类 hover 设置导航项的鼠标指针悬停效果。具体样式代码如下。

```
1  nav{
2      width: 100%;
3      min-width: 1200px;
4      background-color: #217ac6;
5  }
6  nav ul{
7      width: 1200px;
8      margin:0 auto;
9      columns: 10;            /*列表分为 10 列，即一行显示 10 个 li 元素*/
10     column-gap: 0;          /*列间距为 0*/
11 }
12 nav ul li{
13     padding: 15px;
14     text-align: center;
15 }
16 nav li a{
17     color:white;
18 }
19 nav li:hover{              /*鼠标指针悬停在 li 元素上的强调效果*/
20     background: #ff852e;
21 }
```

网页头部、导航栏完成效果如图 3-20 所示。

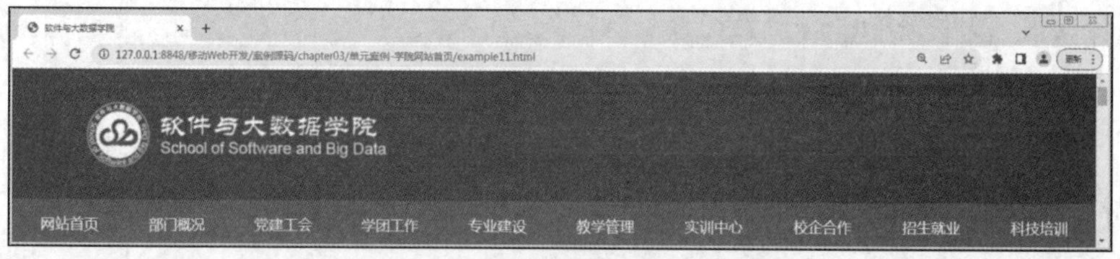

图 3-20　网页头部、导航栏完成效果

3. banner 模块

banner 模块由左右两个部分组成。左边直接使用<img>标签插入图片；右边的学院新闻模块分为标题栏和新闻列表两个部分。值得注意的是，学院新闻模块和后面要编写的通知公告模块的样式基本相同，为了保证 CSS 代码的复用性，在定义学院新闻模块的 HTML 结构时就定义好相关的类名，之后所有的标题栏和新闻列表都用相同的类名。具体代码如下。

```
1   <div class="banner">
2       <div class="left">
3           <img src="img/news.jpg"/>
4       </div>
5       <div class="right">
6           <div class="news_title">
7               <span>学院新闻</span>
8               <a href="#">+更多+</a>
9           </div>
10          <ul class="news_list">
11              <li><a href="#">软件与大数据学院开展 2021 年新春招生研讨会</a></li>
12              <li><a href="#">软件与大数据学院举办新生班级奖助培训会</a></li>
13              <li><a href="#">软件与大数据学院助力学子安全返乡</a></li>
14              <li><a href="#">软件与大数据学院开展心理健康知识竞赛</a></li>
15              <li><a href="#">“与心理相约，以微笑待人”软件与大数据学院开展心理
16                  委员成长活动</a></li>
17              <li><a href="#">爱与责任，助力河北——软件与大数据学院关心慰问河
18                  北籍在校学生</a></li>
19          </ul>
20      </div>
21  </div>
```

设置主体部分的宽度为 1200px，通过 margin:40px auto 将其设置为水平居中显示。banner 模块的两个组成部分为左右同行显示，通过 float:left 将左边的新闻大图设置为左浮动。

考虑到学院新闻模块和后面要完成的通知公告模块的样式基本相同，我们先设置标题栏和新闻列表的通用样式。通过.news_title 设置标题栏的高度、行高、背景和字体样式。设置其中“更多”超链接右浮动和右外边距。通过.news_list 设置每个 li 元素的高度、内边距和段落样式。最后调整模块的整体宽度，并通过 li:nth-child(1)、li:nth-child(2)、li:nth-child(3) 找到最新的 3 条新闻，添加 NEW 标记。具体代码如下。

```
1   /*主体部分 main*/
2   .main{
3       width: 1200px;
4       margin: 40px auto;
5   }
6   /*banner 模块*/
7   .banner{
8       height: 360px;
9   }
10  /*banner 左部 新闻大图*/
11  .banner .left{
12      width: 700px;
13      height: 360px;
14      float: left;        /*设置为左浮动*/
15  }
16  .banner .left img{
17      width: 700px;
```

```
18      height: 360px;
19  }
20  /*banner 右部 新闻栏目*/
21  /*新闻标题栏样式*/
22  .news_title{
23      height: 50px;
24      line-height: 50px;
25      background: #0362b3;
26      color:white;
27      font-weight: bold;
28      font-size: 16px;
29  }
30  .news_title a{
31      color:white;
32      float: right;                    /*设置为右浮动*/
33      margin-right: 10px;              /*右外边距为 10px*/
34  }
35  .news_title span{
36      margin-left: 10px;
37  }
38  /*新闻列表样式*/
39  .news_list{
40      border:1px solid #c7c7c7;
41  }
42  .news_list li{
43      height: 50px;
44      line-height: 50px;
45      padding: 0 8px;
46      border-bottom: 1px dotted #dbdbdb;
47      white-space: nowrap;             /*强制内容同行显示*/
48      overflow: hidden;                /*溢出文本隐藏*/
49      text-overflow: ellipsis;         /*超出文本处显示省略标记*/
50  }
51  .news_list li a{
52      color: #333;
53  }
54  .banner .right{
55      width: 460px;
56      float: right;
57  }
58  .banner .right .news_list li:nth-child(1)::before{  /*第一条新闻添加 NEW 标记*/
59      content:url(../img/new.jpg);
60  }
61  .banner .right .news_list li:nth-child(2)::before{  /*第二条新闻添加 NEW 标记*/
62      content:url(../img/new.jpg);
63  }
64  .banner .right .news_list li:nth-child(3)::before{  /*第三条新闻添加 NEW 标记*/
```

```
65      content:url(../img/new.jpg);
66  }
```

完成效果如图 3-21 所示。

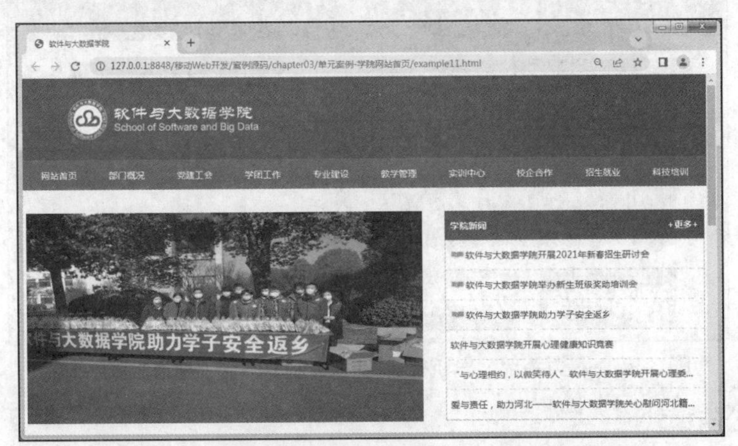

图 3-21　网页头部、导航栏和 banner 模块完成效果

4. 广告模块

广告模块由 4 张图片组成，每张图片都作为超链接链接到相关页面，因此直接在盒子中添加超链接元素，每个超链接元素中放置一张图片。具体代码如下。

```
1  <div class="ads">
2      <a href="#"><img src="img/01.jpg"/></a>
3      <a href="#"><img src="img/02.jpg"/></a>
4      <a href="#"><img src="img/05.jpg"/></a>
5      <a href="#"><img src="img/06.jpg"/></a>
6  </div>
```

将超链接 a 元素的 display 属性设置为 block，这样才能为 a 元素设置宽度和高度。广告模块的 4 张图片同行显示，与导航项同行显示相同，通过.ads 为 div 元素添加 columns 属性，值为 4，表示一行显示 4 个子元素。设置 column-gap 的值调整列间距。

```
1  /*广告模块*/
2  .ads{
3      margin-top: 40px;
4      columns:4;               /*分为 4 列，即一行显示 4 个子元素*/
5      column-gap: 40px;        /*列间距为 40px*/
6  }
7  .ads a{
8      display: block;          /*转换成块元素*/
9      width: 270px;
10     height: 120px;
11 }
12 .ads a img{
13     width: 270px;
14     height: 120px;
15 }
```

完成效果如图 3-22 所示。

图 3-22　网页头部、导航栏、banner 模块、广告模块完成效果

5. 通知公告模块

通知公告模块由 3 个栏目构成，每一个栏目用一个<div>标签表示，为了方便设置它们的样式，给它们统一添加 notice 类。这 3 个栏目的基本组成和之前写的学院新闻模块基本相同，因此，HTML代码也很类似。在编写页面代码时，注意添加之前使用过的.news_title 和.news_list 到对应的元素上，这样就能复用之前写好的样式代码，避免代码重复。具体代码如下。

```
1   <div class="notices">
2       <div class="notice">
3           <div class="news_title">
4               <span>通知公告</span>
5               <a href="#">+更多+</a>
6           </div>
7           <ul class="news_list">
8               <li><a href="#">2020 年寒假放假通知</a></li>
9               <li><a href="#">2020 年事业单位工作人员考核优秀人员推荐通知</a></li>
10              <li><a href="#">2020 年下半年常州地区软考成绩复查通知</a></li>
11              <li><a href="#">关于 2020 级精英班选拔的通知</a></li>
12              <li><a href="#">关于发放华为认证考试券的通知</a></li>
13          </ul>
14      </div>
15      <div class="notice">
16          <div class="news_title">
17              <span>党建工会</span>
18              <a href="#">+更多+</a>
19          </div>
20          <ul class="news_list">
21              <li><a href="#">“团结协作，运动快乐”——软件与大数据学院分工会第二届
22                  趣味运动会顺利举行</a></li>
23              <li><a href="#">软件与大数据学院组织观看大型电视纪录片《为了和平》
24                  </a></li>
25              <li><a href="#">软件与大数据学院党总支召开 2020 年度党支部书记述职评议
```

```
26                    大会</a></li>
27                <li><a href="#">我校隆重举行“信念如磐 笃行致远”道德讲堂</a></li>
28                <li><a href="#">软件与大数据学院召开 2020 年统战工作座谈会</a></li>
29            </ul>
30        </div>
31        <div class="notice">
32            <div class="news_title">
33                <span>党政公开</span>
34                <a href="#">+更多+</a>
35            </div>
36            <ul class="news_list">
37                <li><a href="#">关于 2020 年度软件与大数据学院优秀教学奖结果公示
38                    </a></li>
39                <li><a href="#">关于 2020 年度教育管理与服务先进个人公示</a></li>
40                <li><a href="#">关于 2020 年度考核优秀等次推荐人员公示</a></li>
41                <li><a href="#">2020-2021-1 学期学生权威证书报销公示</a></li>
42                <li><a href="#">2020 年下半年专业负责人、骨干教师等专项补贴发放公示
43                    </a></li>
44            </ul>
45        </div>
46    </div>
```

因为使用了之前定义好的样式，通知公告模块中 3 个栏目的基本样式已经自动设置好了。3 个栏目需要同行显示，在.notices 中添加 columns:3，设置一行显示 3 个栏目。

```
1  /*通知公告模块*/
2  .notices{
3      margin-top: 40px;
4      columns:3;        /*分为 3 列，即一行显示 3 个子元素*/
5  }
```

完成效果如图 3-23 所示。

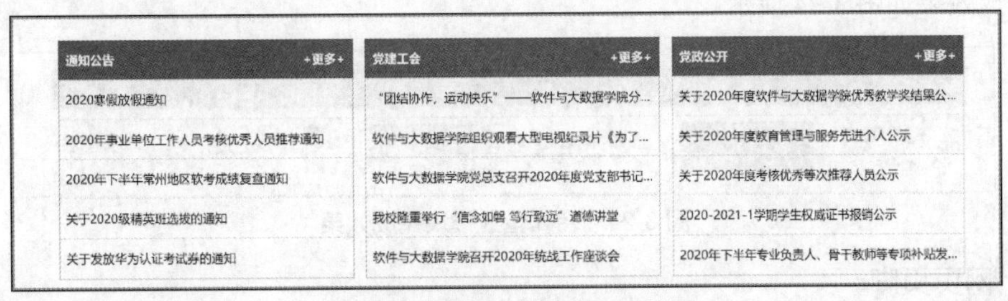

图 3-23 通知公告模块完成效果

6. 合作企业模块

合作企业模块由标题栏和合作企业列表两部分组成。标题栏的样式和之前写过的学院新闻标题栏的样式完全相同，可以直接复用 HTML 和 CSS 代码。用 ul 列表形式添加所有合作企业的图片，每个企业是一个 li 元素。具体代码如下。

```
1  <div class="partners">
2      <div class="news_title">
3          <span>合作企业</span>
```

```
4           <a href="#">+更多+</a>
5       </div>
6       <ul>
7           <li><a href="#"><img src="img/p1.png"/></a></li>
8           <li><a href="#"><img src="img/p2.jpg"/></a></li>
9           <li><a href="#"><img src="img/p3.png"/></a></li>
10          <li><a href="#"><img src="img/p4.png"/></a></li>
11          <li><a href="#"><img src="img/p5.png"/></a></li>
12          <li><a href="#"><img src="img/p6.png"/></a></li>
13      </ul>
14  </div>
```

页面上显示了 6 个企业，将 ul 列表的 columns 属性设置为 6，列间距调整为 30px。设置 li 元素中的图片居中显示，图片宽度为 173px，高度为 63px，添加元素边框。

```
1   /*合作企业模块*/
2   .partners{
3       margin-top: 40px;
4   }
5   .partners ul{
6       margin:20px 0;
7       columns:6;                  /*分为 6 列，即一行显示 6 个子元素*/
8       column-gap: 30px;           /*列间距为 30px*/
9   }
10  .partners ul li{
11      text-align: center;         /*水平居中*/
12  }
13  .partners ul li img{
14      width: 173px;
15      height: 63px;
16      border:1px solid #ddd;    }
```

完成效果如图 3-24 所示。

图 3-24　合作企业模块完成效果

7. 网页页脚

网页页脚用来显示学院基本信息，在<footer>标签中添加段落 p 显示内容。

```
1   <!-------网页页脚-------->
2   <footer>
3       <p>常州信息职业技术学院 软件与大数据学院 版权所有</p>
4       <p>地址：常州市武进区鸣新中路 22 号 邮编：213164  办公室：实训楼 A410
5       电话/传真：0519-86338199</p>
6   </footer>
```

设置 footer 元素的宽度、高度和背景颜色等基本样式。用伪类:last-child 找到最后一个段落，将字体大小调整为 12px，margin-top 调整为 20px。

```
1  /*网页页脚*/
2  footer{
3       width: 100%;
4       min-width: 1200px;
5       height: 100px;
6       background: #063359;
7       text-align: center;
8       color:white;
9       padding-top: 30px;
10 }
11 footer p:last-child{
12      font-size: 12px;
13      margin-top: 20px;   }
```

网页完成效果如图 3-25 所示。

图 3-25　网页完成效果

3.6 单元小结

本单元首先介绍了 CSS3 的发展史、样式规则和引用方式。然后重点介绍了 CSS3 中选择器常用属性选择器、结构伪类选择器和 UI 伪元素选择器的用法。最后综合运用所学知识仿写了软件与大数据学院网站首页。

通过本单元的学习，读者应该对 CSS3 有一定的了解，充分掌握 CSS3 引用方式，并能应用常用选择器灵活定位页面元素。

3.7 动手实践

【思考】

1. CSS3 有哪些新增的性能？这些新增性能应用在哪些地方？

2. CSS3 有哪些新增的属性选择器？分别有什么作用？

3. E:nth-child(n)和 E:nth-of-type(n)有哪些异同点？

【实践】

请制作个人简历页面，如图 3-26 所示。包含但不限于个人介绍、工作经历、教育背景、掌握技能、主修课程、个人荣誉等内容。具体要求如下。

1. 网页使用两栏布局，模块划分清晰。

2. 图文并茂，重点信息突出。

3. 工作经历、教育背景、掌握技能、个人荣誉等涉及多条记录，使用无序列表进行组织。

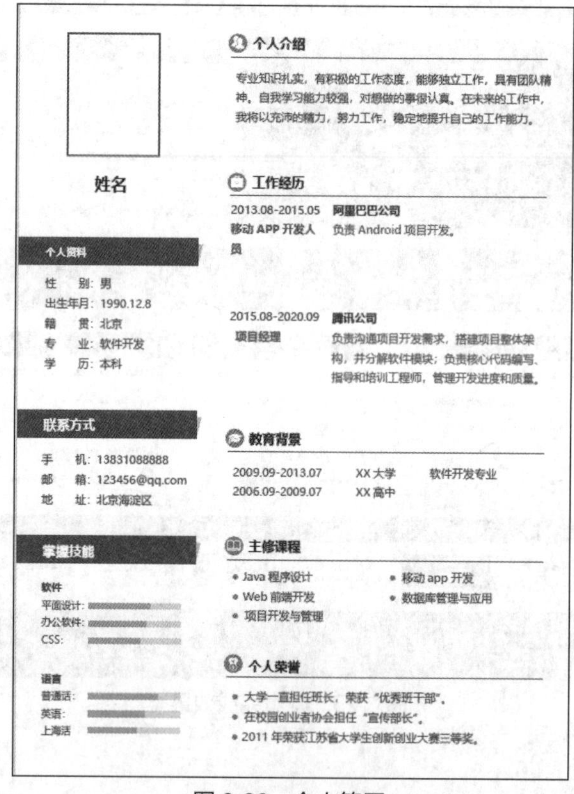

图 3-26　个人简历

单元 4 CSS3 常用样式

CSS3 提供了许多功能强大的样式，在页面中使用一些常用的样式，比如盒子模型、弹性盒布局、渐变属性、圆角边框、盒子阴影与盒子倒影等，能显著地美化我们的应用程序，提升用户体验，也能极大地提升程序的性能。本单元主要对 CSS3 中的几种常用样式进行讲解。

知识目标

★ 掌握盒子模型的相关属性。

★ 掌握弹性盒布局的使用方法。

★ 掌握背景属性的设置方法，以及盒子阴影和盒子倒影的设置方法。

★ 掌握圆角边框的设置方法。

能力目标

★ 能制作常见的盒子模型效果。

★ 能对页面元素进行合理布局。

★ 能设置背景颜色和图像。

★ 能设置渐变效果。

4.1 盒子模型概述

4.1.1 认识盒子模型

学习盒子模型首先需要了解其概念。把 HTML 页面中的元素看作一个矩形的盒子，也就是一个装内容的容器。每个矩形的盒子都由元素的内容（Content）、内边距（Padding）、边框（Border）和外边距（Margin）组成，每个矩形盒子都是一个盒子模型。

为了更形象地认识 CSS 中的盒子模型，首先我们从生活中常见的手机盒子的构成说起，如图 4-1 所示。

图 4-1　手机盒子的构成

一个完整的手机盒子通常包含手机、填充泡沫和装手机的纸盒。如果把手机想象成HTML 元素，那么手机盒子就是盒子模型，手机为盒子模型的内容，填充泡沫的厚度为盒子模型的内边距，手机盒子的厚度为盒子模型的边框，如图 4-1 所示。当多个手机盒子放在一起时，它们之间的距离就是盒子模型的外边距，如图 4-2 所示。

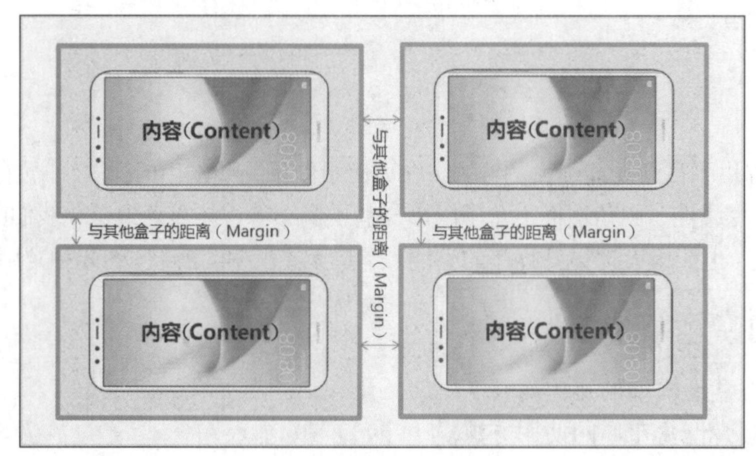

图 4-2　多个手机盒子

下面通过一个具体的案例来认识到底什么是盒子模型。新建 HTMIL 页面，并在页面中添加一个段落，然后通过盒子模型的相关属性对段落进行控制，如例 4-1 所示。

例 4-1　example01.html

```
1  <!DOCTYPE html>
2  <html>
3   <head>
4       <meta charset="utf-8">
5       <title>盒子模型</title>
6       <style type="text/css">
7           p{
8               width: 200px;              /*盒子模型的宽度*/
9               height: 160px;             /*盒子模型的高度*/
10              border: 20px dashed blue;  /*盒子模型的边框*/
11              background: #DDD;          /*盒子模型的背景颜色*/
12              padding: 30px;             /*盒子模型的内边距*/
13              margin: 40px;              /*盒子模型的外边距*/
14          }
15      </style>
16  </head>
17  <body>
18      <p>我是段落里的文本内容，这个盒子模型的宽度是 200px，高度是 160px，盒子模型的边
19   框是粗细为 20px 的蓝色虚线边框，内边距是 30px，外边距是 40px，背景色是浅
20   灰色。</p>
21  </body>
22  </html>
```

在例 4-1 中，通过盒子模型的属性对段落文本进行控制。

运行例 4-1，效果如图 4-3 所示。

在上面的例子中，<p>标签就是一个盒子模型，其结构如图 4-4 所示。

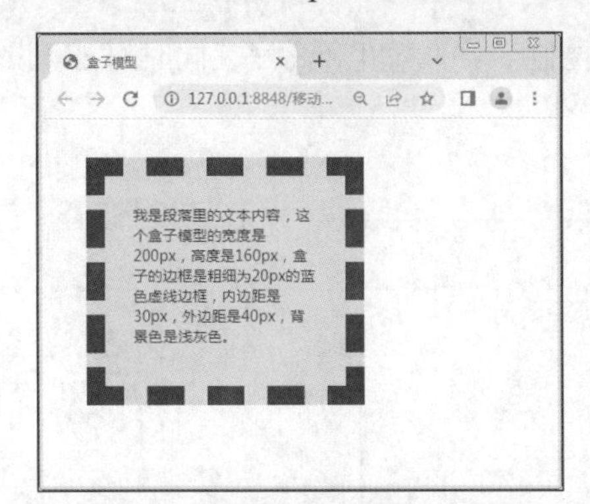

图 4-3　浏览器中的盒子模型效果

图 4-4　盒子模型的结构

网页中所有的元素和对象都是由图 4-4 所示的结构组成的，并呈现出矩形的盒子模型效果。在浏览器看来，网页就是多个盒子模型嵌套排列的结果。其中，内边距出现在内容区域的周围，当给元素添加背景色或背景图像时，该元素的背景色或背景图像也将出现在内边距中；外边距是该元素与相邻元素之间的距离，如果给元素定义边框属性，边框将出现在内边距和外边距之间。

需要注意的是，虽然盒子模型拥有内边距、边框、外边距、宽度和高度这些基本属性，但是并不要求每个元素都必须定义这些属性。

4.1.2　盒子模型的宽度与高度

网页是由多个盒子模型排列而成的，每个盒子模型都有一定的大小，在 CSS 中使用宽度属性 width 和高度属性 height 可以对盒子模型的大小进行控制。width 和 height 属性的值可以为不同单位的数值或相对于父元素的百分比，实际应用中最常用的是像素值。

下面通过 width 和 height 属性来控制网页中的段落文本，如例 4-2 所示。

例 4-2　example02.html

```
1  <!DOCTYPE html>
2  <html>
3   <head>
4       <meta charset="utf-8">
5       <title>盒子模型的宽度与高度</title>
6       <style type="text/css">
7           div{
8               width: 200px;              /*盒子模型的宽度*/
9               height: 100px;             /*盒子模型的高度*/
10              border: 10px dashed blue;  /*盒子模型的边框*/
11              background: #DDD;          /*盒子模型的背景颜色*/
12              }
13      </style>
14  </head>
15  <body>
```

```
16      <div>我在学习盒子模型的宽度和高度属性。</div>
17  </body>
18  </html>
```

在例 4-2 中，分别通过 width 和 height 属性控制 div 的宽度和高度，同时对 div 设置盒子模型的其他属性，如边框和背景颜色。

运行例 4-2，效果如图 4-5 所示。

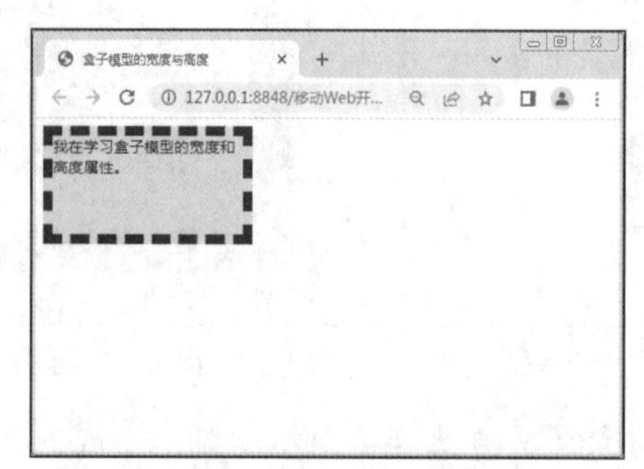

图 4-5　控制盒子模型的宽度与高度

在例 4-2 所示的盒子模型中，如果问盒子模型的宽度是多少，读者可能会不假思索地说是 200px。实际上这个答案不完全正确，因为在 CSS 规范中，元素的 width 和 height 属性仅指块级元素内容的宽度和高度，其周围的内边距、边框和外边距是另外计算的。大多数浏览器都采用 W3C 规范，符合 CSS 规范的盒子模型的总宽度和总高度的计算原则如下。

（1）盒子模型的总宽度= width+左右内边距之和+左右边框宽度之和+左右外边距之和。

（2）盒子模型的总高度= height+上下内边距之和+上下边框高度之和+上下外边距之和。

注意

宽度属性 width 和高度属性 height 仅适用于块级元素，对行内元素（<img>标签和<input />标签除外）无效。

4.2 盒子模型的相关属性

在理解了盒子模型的结构后，若想要根据自己的意愿控制页面中每个盒子模型的样式，还需要掌握盒子模型的相关属性，本节将对这些属性进行详细讲解。

4.2.1　边框属性

在网页设计中，常常需要给元素设置边框效果。CSS 中的边框属性包括边框样式、边框宽度、边框颜色及边框的综合。同时为了进一步满足设计的需求，CSS3 中还增加了许多新的属性，如圆角边框及图片边框等属性，具体如表 4-1 所示。

表 4-1　边框属性

设置内容	样式属性	常用属性值
边框样式	border-style:上边 [右边 下边 左边];	none（无，默认）、solid（单实线）、dashed（虚线）、dotted（点线）、double（双实线）
边框宽度	border-width:上边 [右边 下边 左边];	像素值

续表

设置内容	样式属性	常用属性值
边框颜色	border-color:上边 [右边 下边 左边];	颜色值、十六进制#RRGGBB、rgb(r, g ,b)、rgb(r%, g%, b%)
综合设置边框	border:四边宽度 四边样式 四边颜色;	
圆角边框	border-radius:水平半径参数/垂直半径参数;	像素值或百分比
图片边框	border-image:图片路径 裁切方式/边框宽度/边框扩展距离 重复方式;	

表 4-1 列出了常用的边框属性，下面对表 4-1 中的边框属性进行具体讲解。

1. 边框样式（border-style）

在 CSS 的边框属性中，border-style 属性用于设置边框样式，其基本语法格式为：

```
border-style:上边 [右边 下边 左边];
```

在设置边框样式时既可以针对 4 条边框分别设置，也可以综合设置 4 条边框的样式。border-style 属性的常用属性值有 4 个，分别用于定义不同的显示样式，具体如下。

- solid：边框为单实线。
- dashed：边框为虚线。
- dotted：边框为点线。
- double：边框为双实线。

使用 border-style 属性综合设置 4 条边框的样式时，必须按照上、右、下、左的顺时针顺序设置，省略时采用值复制的原则，即一个值表示 4 条边框的样式，两个值表示上下/左右边框的样式，3 个值表示上/左右/下边框的样式。

例如<p>标签只有上边框为虚线，其他 3 条边框为单实线，可以使用 border-style 属性分别设置每条边框的样式：

```
p{border-style:dashed  solid  solid  solid;}
```

下面通过一个案例对如何使用 border-style 属性设置边框样式进行演示。新建 HTML 页面，并在页面中添加 h3 标题和两个段落文本，然后通过 border-style 属性控制它们的边框样式，如例 4-3 所示。

例 4-3　example03.html

```
1  <!DOCTYPE html>
2  <html>
3  <head>
4      <meta charset="utf-8">
5      <title>边框样式</title>
6      <style type="text/css">
7          h3 {border-style: double;}
8          .p1 {border-style: dashed solid;}
9          .p2 {border-style: solid dotted dashed;}
10     </style>
11 </head>
```

```
12 <body>
13     <h3>边框样式——4 条边框为双实线</h3>
14     <p class="p1">边框样式——上下边框为点线、左右边框为单实线</p>
15     <p class="p2">边框样式——上边框为单实线、左右边框为点线、下边框为虚线</p>
16 </body>
17 </html>
```

在例 4-3 中，使用 border-style 属性设置 h3 标题和两个段落文本的边框样式。

运行例 4-3，效果如图 4-6 所示。

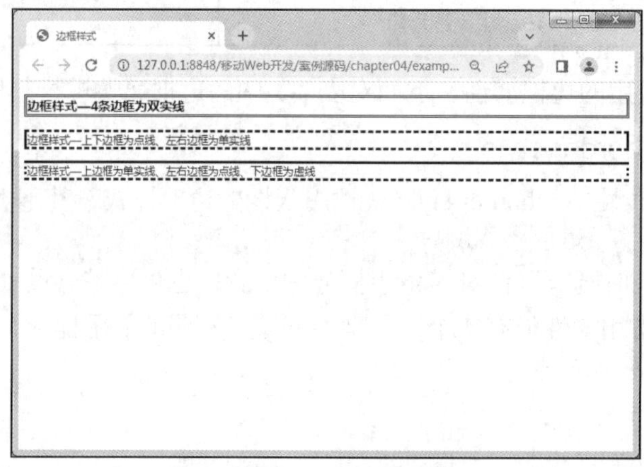

图 4-6　边框样式的效果

需要注意的是，由于兼容性问题，在不同的浏览器中点线和虚线的显示样式可能会略有差异。

2. 边框宽度（border-width）

border-width 属性用于设置边框宽度，其基本语法格式为：

```
border-width:上边 [右边 下边 左边];
```

在上面的语法格式中，border-width 属性常用属性值的取值单位为 px。并且同样遵循值复制的原则，其属性值可以设置 1～4 个，即一个值表示 4 条边框的宽度，两个值表示上下/左右边框的宽度，3 个值表示上/左右/下边框的宽度，4 个值表示上/右/下/左边框的宽度。

下面通过一个案例对如何使用 border-width 属性设置边框宽度进行演示。新建 HTML 页面，并在页面中添加 3 个段落文本，然后通过 border-width 属性对段落的边框宽度进行控制，如例 4-4 所示。

例 4-4　example04.html

```
1 <!DOCTYPE html>
2 <html>
3 <head>
4     <meta charset="utf-8">
5     <title>边框宽度</title>
6     <style type="text/css">
7         .p1{border-width:8px;}
8         .p2{border-width:8px 1px;}
9         .p3{border-width:8px 4px 1px;}
```

```
10          /*p{border-style:solid;} */
11      </style>
12  </head>
13  <body>
14      <p class="p1">上下左右的边框宽度都为 8px。</p>
15      <p class="p2">上下边框宽度为 8px，左右边框宽度为 1px。</p>
16      <p class="p3">上边框宽度为 8px，左右边框宽度为 4px，下边框宽度为 1px。</p>
17  </body>
18  </html>
```

在例 4-4 中，对 border-width 属性分别定义了 1 个属性值、2 个属性值和 3 个属性值来进行对比。

运行例 4-4，效果如图 4-7 所示。

在图 4-7 中，段落文本并没有显示预期的边框效果。这是因为在设置边框宽度时，必须同时设置边框的样式，如果未设置边框的样式或将 border-style 属性设置为 none，则不论边框宽度设置为多少都没有效果。

在例 4-4 所示的 CSS 代码中，为<p>标签添加边框样式，代码为：

```
p{border-style:solid;}
```

保存 HTML 文档，刷新网页，效果如图 4-8 所示。

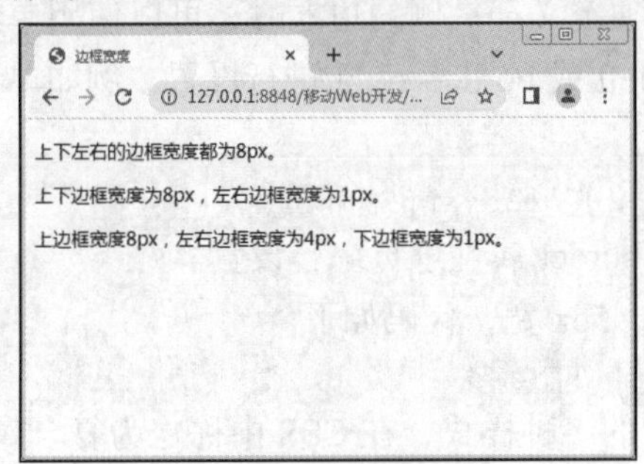

图 4-7　设置边框宽度

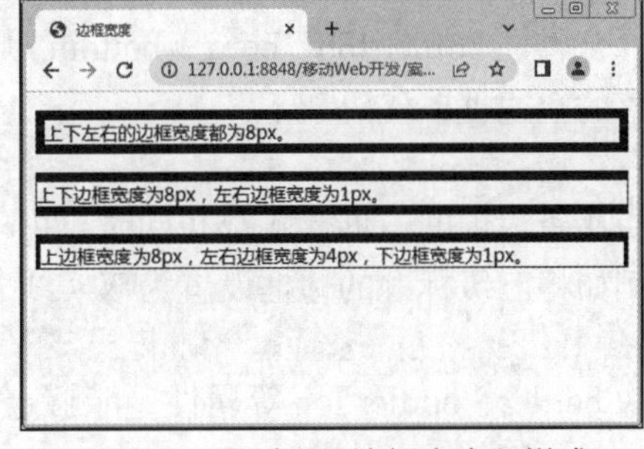

图 4-8　同时设置边框宽度和样式

在图 4-8 中，段落文本显示了预期的边框效果。

3. 边框颜色（border-color）

border-color 属性用于设置边框的颜色，其基本语法格式为：

```
border-color:上边 [右边 下边 左边];
```

在上面的语法格式中，border-color 属性的属性值可为预定义的颜色值、十六进制#RRGGBB（最常用）或 RGB 函数 rgb(r, g, b)。border-color 属性的属性值同样可以设置为 1 个、2 个、3 个、4 个，且遵循值复制的原则。

例如设置段落的边框样式为实线，上下边框为灰色，左右边框为蓝色，代码如下。

```
1  p{
2  border-style:solid;
3  border-color:#CCC  #0000FF;   /*设置边框颜色：上下边框为灰色、左右边框为蓝色*/
4  }
```

值得一提的是，在 CSS3 中对 border-color 属性进行了增强，运用该属性可以制作渐变等绚丽的边框效果。CSS3 在原 border-color 属性的基础上派生了 4 个属性。

- border-top-color。

- border-right-color。
- border-bottom-color。
- border-left-color。

上面 4 个属性的属性值同样可为预定义的颜色值、十六进制#RRGGBB 或 RGB 函数 rgb(r, g, b)。

注意

设置边框颜色时必须设置边框的样式，如果未设置边框样式或将 border-style 属性设置为 none，则其他的边框属性均无效。

4. 综合设置边框（border）

使用 border-style、border-width、border-color 属性虽然可以实现丰富的边框效果，但是采用这种方式书写的代码烦琐，且不便于阅读。为此，CSS 提供了更简单的边框设置方式，其基本语法格式如下。

```
border:宽度 样式 颜色;
```

在上面的设置方式中，宽度、样式、颜色的顺序不分先后，可以只指定需要设置的属性，省略的部分将取默认值（样式不能省略）。

当每一侧的边框样式都不相同，或者只需单独定义某一侧的边框时，可以使用单侧边框的复合属性 border-top、border-bottom、border-left 或 border- right 进行设置。例如单独定义段落的上边框，代码如下。

```
p{border-top:2px  dashed  #CCC;}          /*定义上边框，各个值顺序随意*/
```

当 4 条边框的边框样式都相同时，可以使用 border 属性进行综合设置。

例如将三级标题的边框设置为双实线、绿色、5px 宽，代码如下。

```
h3 {border:5px  double  #00FF00;}         /*综合设置边框*/
```

像 border、border-top 等属性，能够定义元素的多种样式，在 CSS 中称之为复合属性。常用的复合属性有 font、border、margin、padding 和 background 等。在实际工作中，常使用复合属性设置边框，这样可以简化代码，提高页面的运行速度。

下面对标题和图像分别应用 border 复合属性设置边框，如例 4-5 所示。

例 4-5　example05.html

```
1   <!DOCTYPE html>
2   <html>
3   <head>
4       <meta charset="utf-8">
5       <title>综合设置边框</title>
6       <style type="text/css">
7           h3 {
8               border-top: 5px dotted #00F;         /*应用单侧复合属性设置各边框*/
9               border-right: 10px double #F00;
10              border-bottom: 5px dashed #CCC;
11              border-left: 10px solid orange;
12          }
13          img {
```

```
14            border: 15px dotted #CCC;         /*应用复合属性设置各边框相同*/
15        }
16    </style>
17 </head>
18 <body>
19    <h3>I love books.</h3>
20    <img src="img/book1.jpg" />
21 </body>
22 </html>
```

在例 4-5 中，首先使用边框的单侧复合属性设置三级标题，使其各侧的边框显示出不同的样式，然后使用复合属性 border，为图像设置 4 条相同的边框。

运行例 4-5，效果如图 4-9 所示。

图 4-9　综合设置边框效果

5. 圆角边框（border-radius）

在网页设计中，经常需要设置圆角边框，运用 CSS3 中的 border-radius 属性可以将矩形边框圆角化，其基本语法格式为：

```
border-radius:参数 1/参数 2;
```

在上面的语法格式中，border-radius 属性的属性值包含 2 个参数，它们的取值可以为像素值或百分比。其中，“参数 1”表示圆角的水平半径，“参数 2”表示圆角的垂直半径，两个参数之间用“/”隔开。

border-radius 属性同样遵循值复制的原则，可以为其水平半径（参数 1）和垂直半径（参数 2）设置 1～4 个参数值，用来表示四角圆角半径的大小，具体解释如下。

- 当为参数 1 和参数 2 设置一个参数值时，该参数值代表 4 个角的圆角半径。
- 当为参数 1 和参数 2 设置两个参数值时，第一个参数值代表左上和右下圆角半径，第二个参数值代表右上和左下圆角半径。
- 当为参数 1 和参数 2 设置 3 个参数值时，第一个参数值代表左上圆角半径，第二个参数值代表右上和左下圆角半径，第三个参数值代表右下圆角半径。

- 当为参数 1 和参数 2 设置 4 个参数值时，第一个参数值代表左上圆角半径，第二个参数值代表右上圆角半径，第三个参数值代表右下圆角半径，第四个参数值代表左下圆角半径。

需要注意的是，当应用值复制原则设置圆角边框时，如果参数 2 省略，则会默认其参数值等于参数 1 的参数值。此时圆角的水平半径和垂直半径相等。

下面通过一个案例对如何使用 border-radius 属性设置圆角边框进行演示，如例 4-6 所示。

例 4-6　example06.html

```
1  <!DOCTYPE html>
2  <html>
3   <head>
4       <meta charset="utf-8">
5       <title>圆角边框</title>
6       <style type="text/css">
7           div{
8               width: 100px;
9               height: 100px;
10              margin: 10px;
11              background-color: lightblue;
12              text-align: center;
13              float: left;
14          }
15          .b1 {border-radius: 30px; }
16          .b2 {border-radius: 50px; }
17          .b3 {border-radius: 50px 20px; }
18          .b4 {border-radius: 50px 30px 10px; }
19          .b5 {border-radius: 50px 30px 20px 10px; }
20          .b6 {border-radius: 50px/20px; }
21          .b7 {border-radius: 50% 0; }
22          .b8 {border-radius: 50% 0 0; }
23      </style>
24  </head>
25  <body>
26      <div class="b1">1</div>
27      <div class="b2">2</div>
28      <div class="b3">3</div>
29      <div class="b4">4</div>
30      <div class="b5">5</div>
31      <div class="b6">6</div>
32      <div class="b7">7</div>
33      <div class="b8">8</div>
34  </body>
35  </html>
```

例 4-6 中，共定义了 8 个 div，设置第一个 div 的 4 个圆角半径为 30px；第二个 div 的 4 个圆角半径为 50px；第三个 div 的左上和右下圆角半径为 50px，右上和左下圆角半径为

20px；第四个 div 的左上圆角半径为 50px，右上和左下圆角半径为 30px，右下圆角半径为 10px；第五个 div 的左上圆角半径为 50px，右上圆角半径为 30px，右下圆角半径为 20px，左下的圆角半径为 10px；第六个 div 4 个角的水平半径都为 50px，垂直半径都为 20px；第七个 div 的左上和右下圆角半径为 50%，右上和左下圆角半径为 0，即不设置圆角；第八个 div 的左上圆角半径为 50%，其他 3 个圆角半径都为 0，即不设置圆角。

运行例 4-6，效果如图 4-10 所示。

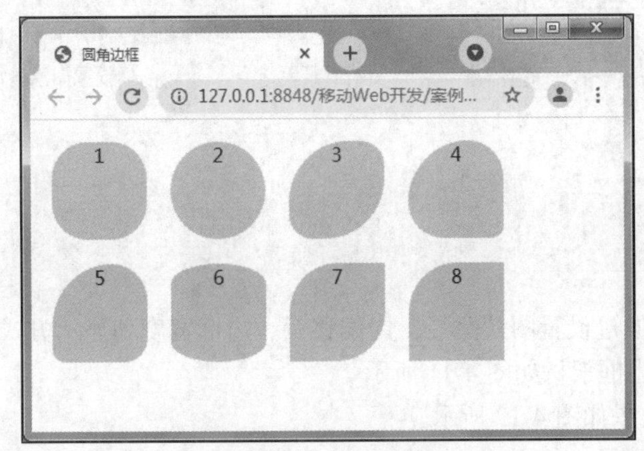

图 4-10 圆角边框

6. 图片边框（border-image）

在网页设计中，有时需要对区域整体添加一个图片边框，运用 CSS3 中的 border-image 属性可以轻松实现这个效果。border-image 属性是一个复合属性，包括 border-image-source、border-image-slice、border-image-width、border-image-outset 及 border-image-repeat 等属性。border-image 属性中各属性的说明如表 4-2 所示。

表 4-2 border-image 属性中各属性的说明

属性	说明
border-image-source	指定图片的路径
border-image-slice	指定边框图片顶部、右侧、底部、左侧的内偏移量
border-image-width	指定边框宽度
border-image-outset	指定边框图片向盒子模型外部延伸的距离
border-image-repeat	指定背景图片的平铺方式

下面通过一个案例来演示图片边框的设置方法，如例 4-7 所示。

例 4-7 example07.html

```
1  <!DOCTYPE html>
2  <html>
3   <head>
4       <meta charset="utf-8">
5       <title>图片边框</title>
```

```
6        <style type="text/css">
7            div{
8                width: 300px;
9                height: 300px;
10               border-style: solid;
11               border-image-source: url(img/numbers.png);      /*设置边框图片路径*/
12               border-image-slice: 33%;  /*边框图片顶部、右侧、底部、左侧内偏移量*/
13               border-width: 41px;                      /*设置边框宽度*/
14               border-image-outset: 0;                  /*设置边框图片区域超出边框量*/
15               border-image-repeat: repeat;             /*设置图片显示方式为“重复”*/
16       </style>
17   </head>
18   <body>
19       <div></div>
20   </body>
21   </html>
```

在例 4-7 中，通过设置图片路径、内偏移量、边框宽度和显示方式等定义了一个图片边框的盒子，图片边框素材如图 4-11 所示。

运行例 4-7，效果如图 4-12 所示。

图 4-11　边框图片素材

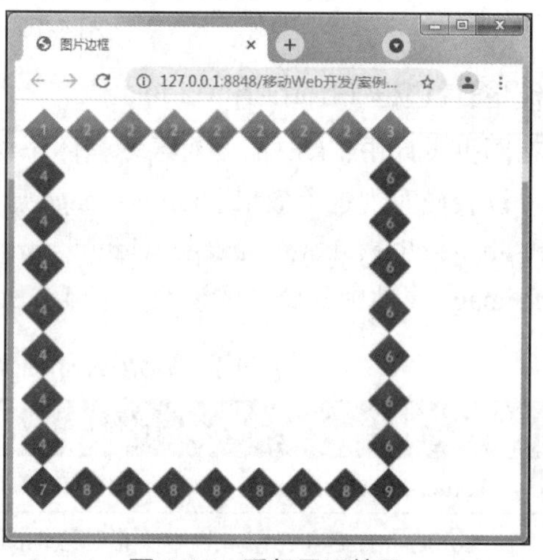

图 4-12　重复显示效果

对比图 4-11 和图 4-12 容易发现，图片边框素材的四角位置（数字 1、3、7、9 标示位置）和盒子边框四角位置的数字是吻合的。也就是说，在使用 border-image 属性设置图片边框时，会将素材分割成 9 个区域，即图 4-11 所示的数字 1～9。在显示时，将“1”“3”“7”“9”作为四角位置的图片，将“2”“4”“6”“8”作为四边的图片，如果尺寸不够，则按照指定的方式自动填充。

例如，将例 4-7 的第 15 行代码中图片的显示方式改为“拉伸填充”，具体代码如下。

```
border-image-repeat:stretch;
```

保存 HTML 文档，刷新页面，效果如图 4-13 所示。

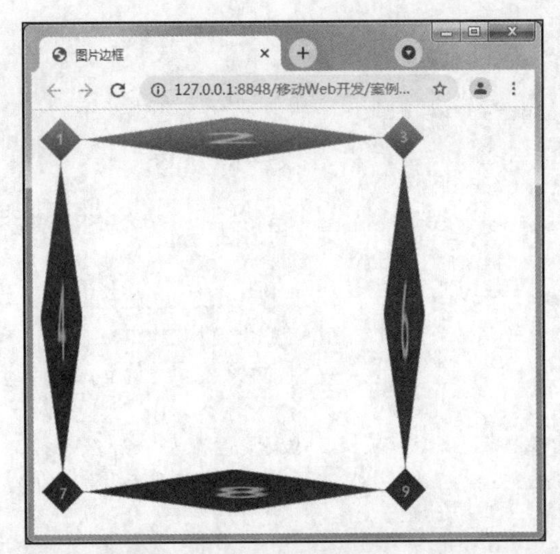

图 4-13 拉伸填充的显示效果

通过图4-13容易看出，“2”“4”“6”“8”区域中的图片被拉伸填充到边框区域。与边框样式和宽度相同，图片边框也可以进行综合设置。如例 4-7 中设置图片边框的第 11～15 行代码可以用以下代码进行替换。

```
border-image:url(img/numbers.png)   33%/41px   repeat;
```

在上面的示例代码中，“33%”表示边框的内偏移量，“41px”表示边框的宽度，两者要用“/”隔开。

4.2.2 内边距属性

在网页设计中，为了调整内容在盒子中的显示位置，常常需要给元素设置内边距。所谓内边距，指的是元素内容与边框之间的距离，也常称为内填充。在 CSS 中，padding 属性用于设置内边距，同 border 属性一样，padding 属性也是复合属性，其相关属性设置如下。

- padding-top:上内边距;
- padding-right:右内边距;
- padding-bottom:下内边距;
- padding-left:左内边距;
- padding:上内边距 [右内边距 下内边距 左内边距];

在上面的设置中，padding 相关属性的取值可为 auto（自动，默认值）、不同单位的数值、相对于父元素（或浏览器）宽度的百分比（%），实际工作中最常用的是像素值，不允许使用负值。

同 border 相关属性一样，使用复合属性 padding 定义内边距时，是按顺时针顺序采用值复制原则的，一个值为 4 条边框的内边距、两个值为上下/左右内边距，三个值为上/左右/下内边距。

下面通过一个案例来演示 padding 相关属性的用法和效果。新建 HTML 页面，在页面中添加一幅图像和一个段落，然后使用 padding 相关属性，控制它们的显示位置，如例 4-8 所示。

例 4-8 example08.html

```
1   <!DOCTYPE html>
```

```
2   <html>
3   <head>
4       <meta charset="utf-8">
5       <title>内边距</title>
6       <style type="text/css">
7           .border {border:8px  double  #F60;}      /*为图像和段落设置边框*/
8           img{
9               padding:50px;          /*图像 4 个方向内边距相同*/
10              padding-bottom:0;      /*单独设置下内边距*/
11          }                          /*上面两行代码等价于 padding:50px 50px 0;*/
12          p{
13              width:290px;           /*段落宽度为 290px*/
14              padding:5%;}           /*段落内边距为父元素宽度的 5%*/
15      </style>
16  </head>
17  <body>
18      <img class="border" src="img/book1.jpg" alt="我喜欢书" />
19      <p class="border">段落内边距为父元素宽度的 5%。</p>
20  </body>
21  </html>
```

在例 4-8 中，使用 padding 相关属性设置图像和段落的内边距，其中，段落内边距使用百分比表示。

运行例 4-8，效果如图 4-14 所示。

图 4-14　设置内边距

由于段落的内边距设置了百分比，当拖动浏览器窗口改变其宽度时，段落的内边距会随之发生变化（此时<p>标签的父元素为<body>标签）。

注意

如果设置内外边距为百分比，则上下或左右的内外边距，都是相对于父元素 width 的百分比，随父元素 width 的变化而变化，和 height 无关。

4.2.3 外边距属性

网页是由多个盒子排列而成的，要想拉开盒子与盒子之间的距离，合理地布局网页，就需要为盒子设置外边距。所谓外边距，指的是元素边框与相邻元素之间的距离。在 CSS 中，margin 属性用于设置外边距，它是一个复合属性，与 padding 属性的用法类似，其相关属性的设置如下。

- margin-top:上外边距;
- margin-right:右外边距;
- margin-bottom:下外边距;
- margin-left:左外边距;
- margin:上外边距 [右外边距 下外边距 左外边距];

margin 相关属性，以及复合属性 margin 取 1～4 个值的情况与 padding 属性相同。但是外边距可以使用负值，使相邻元素发生重叠。

当对块级元素应用宽度属性 width，并将左右的外边距都设置为 auto 时，可使块级元素水平居中，在实际工作中，常用这种方式进行网页布局，示例代码如下。

```
.header{width:800px; margin:0 auto;}
```

下面通过一个案例来演示 margin 相关属性的用法和效果。新建 HTML 页面，在页面中添加一幅图像和对应介绍，然后使用 margin 相关属性，对图像和段落进行排版，如例 4-9 所示。

例 4-9 example09.html

```
1  <!DOCTYPE html>
2  <html>
3  <head>
4      <meta charset="utf-8">
5      <title>外边距</title>
6      <style type="text/css">
7          img{
8              width: 150px;
9              border: 5px  dotted  orange;
10             float: left;                    /*设置图像左浮动*/
11             margin-right: 50px;             /*设置图像的右外边距*/
12             margin-left: 30px;              /*设置图像的左外边距*/
13             /*上面两行代码等价于 margin:0  50px  0  30px;*/
14         }
15         p {text-indent: 2em;}
16     </style>
17  </head>
18  <body>
19     <img src="img/book1.jpg" alt="我喜欢书" />
20     <h2>我喜欢书</h2>
```

```
21        <p>当我烦恼的时候，我捧起书，书就像一把梳子，将我的情绪细细地梳理，使烦恼渐
22  渐散去，好情绪渐渐起来，并带着我走进其描绘的美景中，令我流连忘返。</p>
23  </body>
24  </html>
```

在例 4-9 中，使用浮动属性 float 使图像居左，同时设置图像的左外边距和右外边距，使图像和对应介绍之间拉开一定的距离，实现常见的排版效果。

运行例 4-9，效果如图 4-15 所示。

图 4-15　设置外边距

在图 4-15 中，图像和对应介绍之间拉开了一定的距离，实现了图文混排的效果。但是仔细观察图 4-15 则会发现，浏览器边界与网页内容之间也存在一定的距离，然而我们并没有对 p 或 body 元素应用内边距或外边距，可见这些元素默认就存在内边距和外边距样式。在网页中，默认存在内边距和外边距的元素有 body、h1～h6、p 等。

为了更方便地控制网页中的元素，在制作网页时，通常可以使用如下代码清除元素的默认内边距和外边距。

```
1  *{
2  padding:0;          /*清除内边距*/
3  margin:0;           /*清除外边距*/
4  }
```

清除元素默认内边距和外边距后，网页效果如图 4-16 所示。

图 4-16　清除元素默认内边距和外边距

通过图 4-16 可以看出，清除元素默认内边距和外边距后，浏览器边界与网页内容之间的距离消失了。

4.3 CSS3 的弹性盒布局

弹性盒（Flexible Box 或 Flexbox）布局是 CSS3 提供的一种新的布局模式，是一种当页面需要适应不同的屏幕大小及设备类型时，确保元素拥有恰当行为的一种布局方式。通过弹性盒布局可以轻松地创建响应式网页布局，为盒子增加灵活性。弹性盒布局改进了块模型，既不使用浮动和定位，也不会在弹性容器内与其内容直接合并外边距，是一种非常灵活的布局模式。首先，我们看一下弹性盒的结构，如图 4-17 所示。

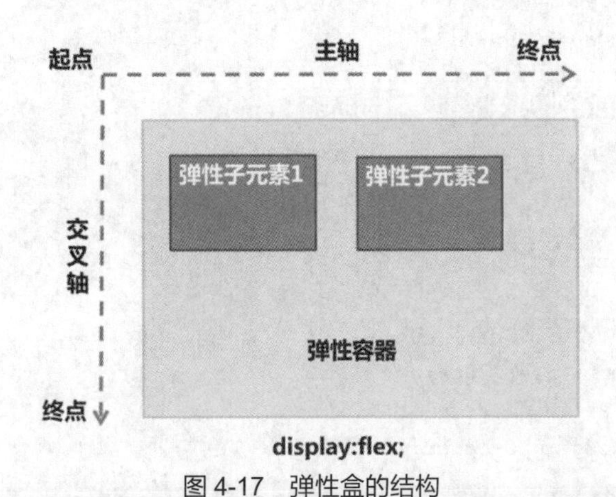

图 4-17　弹性盒的结构

从图 4-17 中可以看出，弹性盒由弹性容器（Flex container）、弹性子元素（Flex item）和轴构成，在默认情况下，弹性子元素的排布方向与竖轴的方向是一致的。

每个弹性容器都有两根轴——主轴和交叉轴，两轴之间互相垂直。每根轴都有起点和终点，这对于元素的对齐非常重要。弹性容器中的所有元素称为“弹性元素”或“弹性子元素”，弹性子元素永远沿主轴排列。

弹性子元素也可以通过“display:flex;”设置成另一个弹性容器，形成嵌套关系。因此一个元素既可以是弹性容器，也可以是弹性子元素。弹性容器的两根轴非常重要，弹性盒布局的所有属性都是作用于轴的。

弹性盒布局是一种一维布局模式，一次只能处理一个维度（一行或者一列）上的元素布局。也就是说，弹性盒布局大部分的属性都是作用于主轴的。

4.3.1　定义弹性容器

对于某个元素，只要声明了 display 属性（display: flex;），那么这个元素就成为弹性容器，具有弹性盒布局的特性。其值可以为 flex 或 inline-flex，值为 inline-flex 表示目标元素为行内元素。弹性容器内可以包含一个或多个弹性子元素。

注意

如果弹性容器及弹性子元素内是正常渲染的。弹性盒只定义了弹性子元素如何在弹性容器内布局。

下面通过一个案例来演示弹性盒布局的用法，如例 4-10 所示。

例 4-10　example10.html

```
1  <!DOCTYPE html>
2  <html>
3   <head>
4   <meta charset="utf-8>
5   <title>弹性盒布局</title>
6       <style>
7            .flex-container {
8                 width: 400px;
9                 height: 100px;
10                background-color: #DDD;
11                display: flex;
12           }
13           .flex-item {
14                margin: 10px;
15                width: 60px;
16                height: 60px;
17                font-size: 30px;
18                text-align: center;
19                background-color: #6495ED;
20           }
21      </style>
22  </head>
23  <body>
24      <div class="flex-container">
25            <div class="flex-item">1</div>
26            <div class="flex-item">2</div>
27            <div class="flex-item">3</div>
28      </div>
29  </body>
30  </html>
```

在例 4-10 中，在父元素 div 的 CSS 样式里，使用“display:flex;”定义该 div 为弹性容器，3 个 div 子元素按照默认的方式从左到右排列。

运行例 4-10，效果如图 4-18 所示。

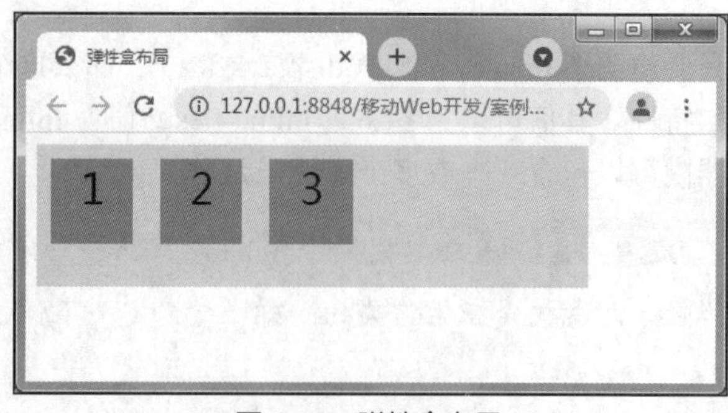

图 4-18　弹性盒布局

4.3.2 弹性容器的属性

1. flex-direction 属性

flex-direction 属性指定了弹性子元素在弹性父容器中的位置。在弹性父容器上可以通过 flex-direction 属性修改主轴的方向。如果主轴方向修改了，那么交叉轴就会相应地旋转 90°，弹性子元素的排列方式也会发生改变，因此可以说，弹性子元素永远沿主轴排列。

flex-direction 属性取值的具体说明如表 4-3 所示。

表 4-3 flex-direction 属性取值的具体说明

属性值	说明
row	弹性子元素按水平方向顺序排列，默认值
row-reverse	弹性子元素按水平方向逆序排列
column	弹性子元素按垂直方向顺序排列
column-reverse	弹性子元素按垂直方向逆序排列

下面通过一个案例对 flex-direction 属性的用法进行演示，如例 4-11 所示。

例 4-11 example11.html

```
1  <!DOCTYPE html>
2  <html>
3   <head>
4       <meta charset="utf-8">
5       <title>flex-direction 属性</title>
6       <style>
7           .flex-container {
8               width: 400px;
9               height: 300px;
10              background-color: #DDD;
11              display: flex;
12              flex-direction:column-reverse;
13          }
14          .flex-item {
15              margin: 10px;
16              width: 60px;
17              height: 60px;
18              font-size: 30px;
19              text-align: center;
20              background-color: #6495ED;
21          }
22      </style>
23  </head>
24  <body>
25      <div class="flex-container">
26          <div class="flex-item">1</div>
```

```
27            <div class="flex-item">2</div>
28            <div class="flex-item">3</div>
29        </div>
30  </body>
31  </html>
```

在例 4-11 中，使用“flex-direction:column-reverse;”，设置 3 个弹性子元素的排列方式为按垂直方向逆序排列。

运行例 4-11，效果如图 4-19 所示。

若修改 flex-direction 属性的值为 row-reverse，运行代码后，效果如图 4-20 所示。

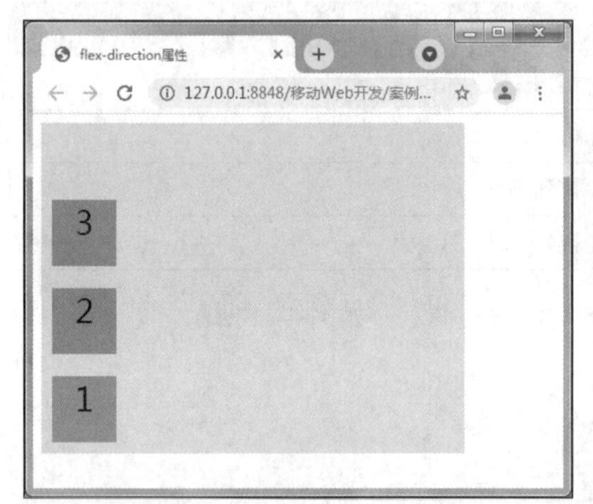

图 4-19　flex-direction 属性的值为 column-reverse

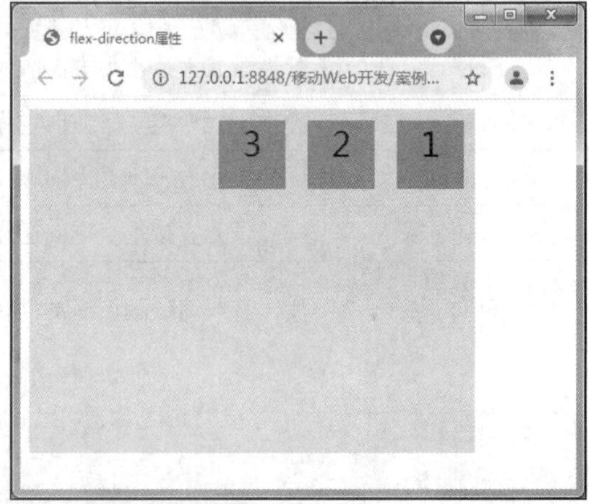

图 4-20　flex-direction 属性的值为 row-reverse

2. flex-wrap 属性

flex-wrap 属性规定是否应该对弹性子元素换行，该属性取值的具体说明如表 4-4 所示。

表 4-4　flex-wrap 属性取值的具体说明

属性值	说明
nowrap	定义弹性容器为单行，该情况下弹性子元素可能会溢出容器
wrap	定义弹性容器为多行，弹性子元素溢出的部分会被放置到新行
wrap-reverse	反转弹性子元素的排列

下面通过一个案例对 flex-wrap 属性的用法进行演示，如例 4-12 所示。

例 4-12　example12.html

```
1  <!DOCTYPE html>
2  <html>
3   <head>
4       <meta charset="utf-8">
5       <title>flex-wrap 属性</title>
6       <style>
7           .flex-container {
8               width: 400px;
9               height: 300px;
```

```
10                  background-color: #DDD;
11                  display: flex;
12                  flex-wrap: wrap;
13            }
14            .flex-item {
15                  margin: 10px;
16                  width: 60px;
17                  height: 60px;
18                  font-size: 30px;
19                  text-align: center;
20                  background-color: #6495ED;
21            }
22      </style>
23  </head>
24  <body>
25      <div class="flex-container">
26           <div class="flex-item">1</div>
27           <div class="flex-item">2</div>
28           <div class="flex-item">3</div>
29           <div class="flex-item">4</div>
30           <div class="flex-item">5</div>
31           <div class="flex-item">6</div>
32           <div class="flex-item">7</div>
33           <div class="flex-item">8</div>
34           <div class="flex-item">9</div>
35           <div class="flex-item">10</div>
36           <div class="flex-item">11</div>
37       </div>
38  </body>
39  </html>
```

在例 4-12 中，使用“flex-wrap: wrap;”设置当弹性子元素在主轴上溢出时，溢出的部分自动换到下一行继续排列。

运行例 4-12，效果如图 4-21 所示。

若修改 flex-wrap 属性的值为 wrap-reverse，运行代码后，效果如图 4-22 所示。

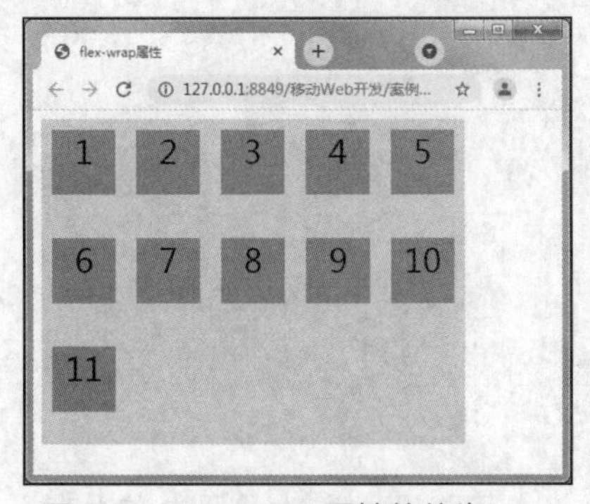

图 4-21 flex-wrap 属性的值为 wrap

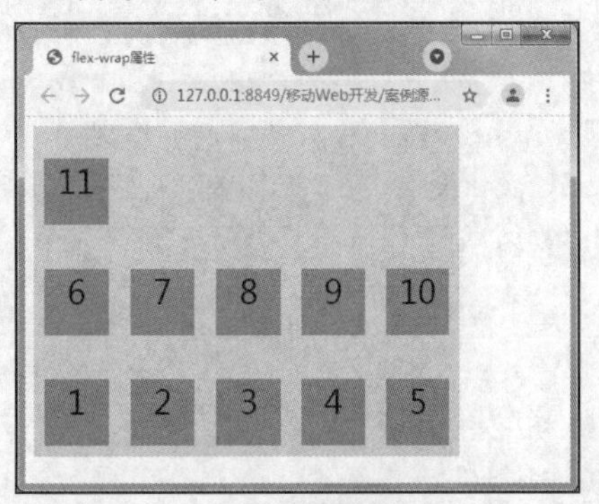

图 4-22 flex-wrap 属性的值为 wrap-reverse

3. flex-flow 属性

flex-flow 属性是用于同时设置 flex-direction 属性和 flex-wrap 属性的简写形式。下面通过一个案例对 flex-flow 属性的用法进行演示，如例 4-13 所示。

例 4-13　example13.html

```
1  <!DOCTYPE html>
2  <html>
3   <head>
4       <meta charset="utf-8">
5       <title>flex-flow 属性</title>
6       <style>
7           .flex-container {
8               width: 400px;
9               height: 300px;
10              background-color: #DDD;
11              display: flex;
12              flex-flow:column-reverse  wrap;
13          }
14          .flex-item {
15              margin: 10px;
16              width: 60px;
17              height: 60px;
18              font-size: 30px;
19              text-align: center;
20              background-color: #6495ED;
21          }
22      </style>
23  </head>
24  <body>
25      <div class="flex-container">
26           <div class="flex-item">1</div>
27           <div class="flex-item">2</div>
28           <div class="flex-item">3</div>
29           <div class="flex-item">4</div>
30           <div class="flex-item">5</div>
31           <div class="flex-item">6</div>
32           <div class="flex-item">7</div>
33           <div class="flex-item">8</div>
34           <div class="flex-item">9</div>
35           <div class="flex-item">10</div>
36           <div class="flex-item">11</div>
37       </div>
38  </body>
39  </html>
```

在例 4-13 中，使用“flex-flow:column-reverse wrap;”设置弹性子元素在垂直方向上从下往上排列，并会自动换列。

运行例 4-13，效果如图 4-23 所示。

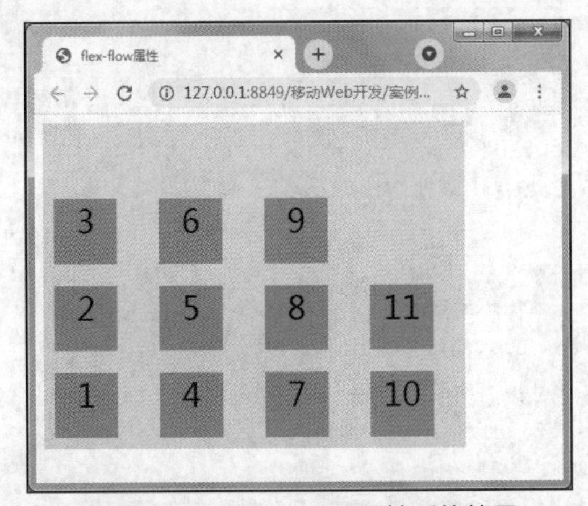

图 4-23　设置 flex-flow 属性后的效果

4. justify-content 属性

justify-content 属性用于设置弹性子元素在主轴方向上的排列形式，其属性取值的具体说明如表 4-5 所示。

表 4-5　justify-content 属性取值的具体说明

属性值	说明
flex-start	弹性子元素将向行起始位置对齐
flex-end	弹性子元素将向行结束位置对齐
center	弹性子元素将向行中间位置对齐
space-between	弹性子元素会平均地分布在行里，第一个弹性子元素的边界与行的起始位置边界对齐，最后一个弹性子元素的边界与行结束位置的边界对齐
space-around	弹性子元素会平均地分布在行里，左右两端的两个间距为弹性子元素间距大小的一半

justify-content 属性的各属性值对应的弹性子元素排列示意如图 4-24 所示。

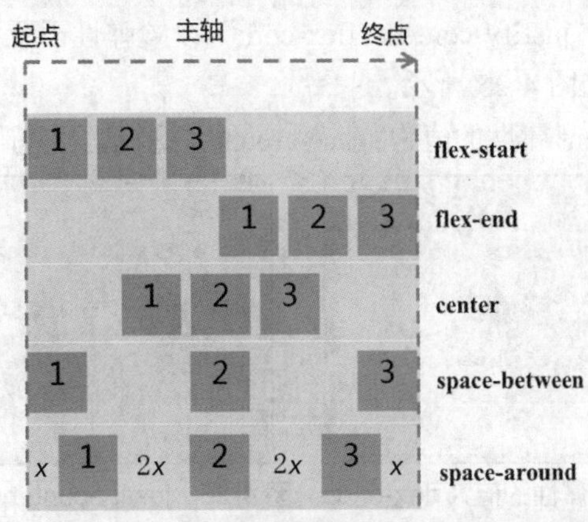

图 4-24　justify-content 属性的各属性值对应的弹性子元素排列示意

下面通过一个案例对 justify-content 属性的用法进行演示，如例 4-14 所示。

例 4-14　example14.html

```
1  <!DOCTYPE html>
2  <html>
3   <head>
4       <meta charset="utf-8">
5       <title>justify-content 属性</title>
6       <style>
7           .flex-container {
8               width: 400px;
9               height: 100px;
10              background-color: #DDD;
11              display: flex;
12              justify-content: flex-end;         /*space-around */
13          }
14          .flex-item {
15              margin: 10px;
16              width: 60px;
17              height: 60px;
18              font-size: 30px;
19              text-align: center;
20              background-color: #6495ED;
21          }
22      </style>
23  </head>
24  <body>
25      <div class="flex-container">
26          <div class="flex-item">1</div>
27          <div class="flex-item">2</div>
28          <div class="flex-item">3</div>
29       </div>
30   </body>
31   </html>
```

在例 4-14 中，使用“justify-content: flex-end;”设置弹性子元素向行结束的位置对齐。运行例 4-14，效果如图 4-25 所示。

如果修改 justify-content 属性的值为 space-around，重新运行代码后，效果如图 4-26 所示。

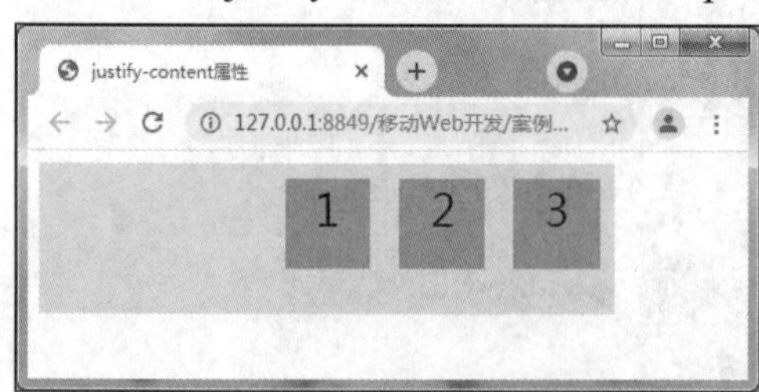

图 4-25　justify-content 属性的值为 flex-end　　图 4-26　justify-content 属性的值为 space-around

5. align-items 属性

align-items 属性用于设置弹性子元素在垂直于主轴（交叉轴）方向上的排列方式，其取值的具体说明如表 4-6 所示。

表 4-6 align-items 属性取值的具体说明

属性值	说明
flex-start	弹性子元素向垂直于主轴的起始位置对齐
flex-end	弹性子元素向垂直于主轴的结束位置对齐
center	弹性子元素向垂直于主轴的中间位置对齐
baseline	弹性子元素位于弹性容器的基线上
stretch	默认值是 stretch，当弹性子元素没有设置具体高度时，会将弹性父容器在交叉轴方向“撑满”

当 align-items 属性的值不为 stretch 时，除了排列方式会改变之外，弹性子元素在交叉轴方向上的尺寸将由弹性子元素内容或弹性子元素自身尺寸（宽度和高度）决定。

下面通过一个案例对 align-items 属性的用法进行演示，如例 4-15 所示。

例 4-15 example15.html

```
1 <!DOCTYPE html>
2 <html>
3  <head>
4       <meta charset="utf-8">
5       <title>align-items 属性</title>
6       <style>
7            .flex-container {
8                 width: 400px;
9                 height: 300px;
10                background-color: #DDD;
11                display:flex;
12                align-items:stretch;
13           }
14           .flex-item {
15                margin: 5px;
16                width: 60px;  /*未设置弹性子元素的高度*/
17                font-size: 30px;
18                text-align: center;
19                background-color: #6495ED;
20           }
21      </style>
22   </head>
23   <body>
24      <div class="flex-container">
25           <div class="flex-item">1</div>
26           <div class="flex-item">2</div>
27           <div class="flex-item">3</div>
28        </div>
29   </body>
30   </html>
```

在例 4-15 中，设置 align-items 属性的值为 stretch，并且没有设置弹性子元素的高度，可以看到 3 个弹性子元素在交叉轴的方向上撑满了弹性父容器，运行例 4-15，效果如图 4-27 所示。

如果修改 align-items 属性的值为 center，则 3 个弹性子元素在交叉轴上居中对齐，运行代码后，效果如图 4-28 所示。

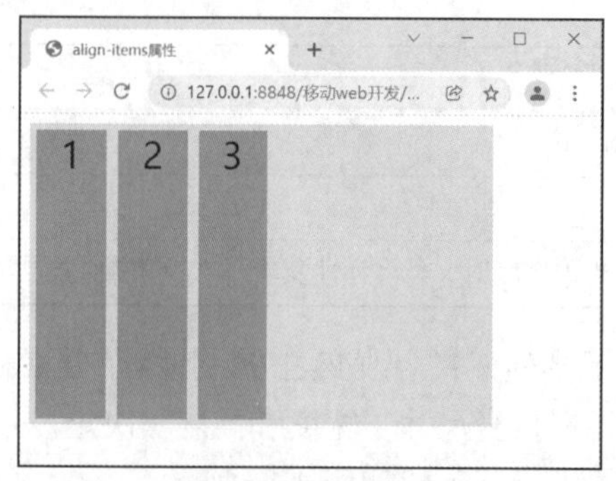

图 4-27　align-items 属性取值为 stretch

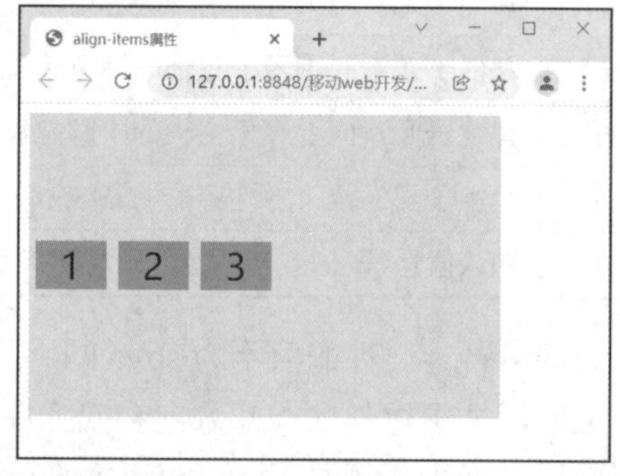

图 4-28　align-items 属性取值为 center

4.3.3　弹性子元素的属性

1. order 属性

order 属性用于设置弹性子元素出现的顺序。下面通过一个案例对 order 属性的用法进行演示，如例 4-16 所示。

例 4-16　example16.html

```
1  <!DOCTYPE html>
2  <html>
3   <head>
4       <meta charset="utf-8">
5       <title>order 属性</title>
6       <style>
7           .flex-container {
8               width: 400px;
9               height:100px;
10              background-color: #DDD;
11              display: flex;
12          }
13          .flex-item {
14              margin: 10px;
15              width: 60px;
16              height: 60px;
17              font-size: 30px;
18              text-align: center;
19              background-color: #6495ED;
20          }
21          #one{order:2;}
22          #two{order:3;}
23          #three{order:1;}
24      </style>
```

```
25  </head>
26  <body>
27      <div class="flex-container">
28           <div class="flex-item" id="one">1</div>
29           <div class="flex-item" id="two">2</div>
30           <div class="flex-item" id="three">3</div>
31      </div>
32  </body>
33  </html>
```

在例 4-16 中，设置 3 个弹性子元素的 order 属性的值分别为 2、3、1，运行后可以看到 3 个弹性子元素在弹性父容器中的排列顺序发生了变化，效果如图 4-29 所示。

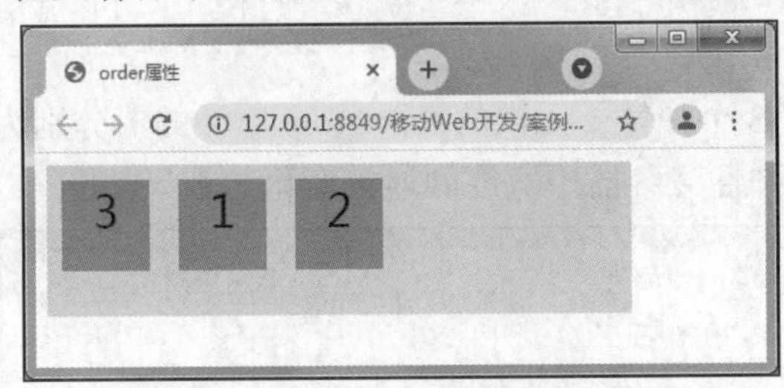

图 4-29　order 属性的应用

2. flex-grow 属性

flex-grow 属性用于定义弹性父容器若在空间分配方向上还有剩余空间时，如何分配这些剩余空间。其值为一个权重（也称扩张因子），默认为 0（纯数值，无单位），剩余空间将会按照这个权重来分配。下面通过一个案例对 flex-grow 属性的用法进行演示，如例 4-17 所示。

例 4-17　example17.html

```
1  <!DOCTYPE html>
2  <html>
3  <head>
4       <meta charset="utf-8">
5       <title>flex-grow 属性</title>
6       <style>
7           .flex-container {
8                width: 400px;
9                height:100px;
10               background-color: #DDD;
11               display: flex;
12          }
13          .flex-item {
14               margin: 10px;
15               width: 60px;
16               height: 60px;
17               font-size: 30px;
18               text-align: center;
19               background-color: #6495ED;
20          }
```

```
21            #one{flex-grow:1;}
22            #two{flex-grow:2;}
23            #three{flex-grow:5;}
24        </style>
25    </head>
26    <body>
27        <div class="flex-container">
28            <div class="flex-item" id="one">1</div>
29            <div class="flex-item" id="two">2</div>
30            <div class="flex-item" id="three">3</div>
31        </div>
32    </body>
33    </html>
```

在例 4-17 中，设置 3 个弹性子元素的 flex-grow 属性的值分别为 1、2、5，运行后可以看到 3 个弹性子元素在弹性父容器中宽度的增长变化，效果如图 4-30 所示。

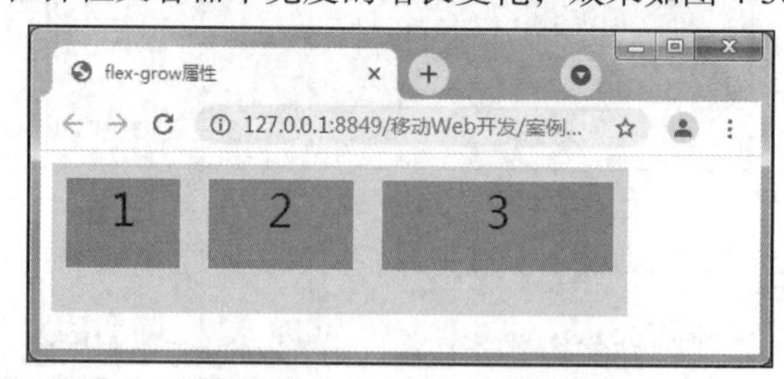

图 4-30　flex-grow 属性的应用

3. flex-shrink 属性

flex-shrink 属性用于当父元素空间不够时，让各个子元素收缩以适应有限的空间。flex-shrink 属性定义了子元素的收缩系数，即子元素宽度变小的权重分量，其值默认为 1。也就是说，当弹性容器的宽度不够分配时，弹性子元素都将等比例缩小，占满整个宽度。下面通过一个案例对 flex-shrink 属性的用法进行演示，如例 4-18 所示。

例 4-18　example18.html

```
1  <!DOCTYPE html>
2  <html>
3   <head>
4       <meta charset="utf-8">
5       <title>flex-shrink 属性</title>
6       <style>
7           .flex-container {
8               width: 400px;
9               height: 220px;
10              background-color: #DDD;
11              display: flex;
12          }
13          .flex-item {
14              margin: 10px;
15              width: 200px;
```

```
16             height: 200px;
17             font-size: 30px;
18             text-align: center;
19             background-color: #6495ED;
20         }
21         #two{flex-shrink: 0;}
22         #three{flex-shrink: 3;}
23     </style>
24 </head>
25 <body>
26     <div class="flex-container">
27         <div class="flex-item" id="one">1</div>
28         <div class="flex-item" id="two">2</div>
29         <div class="flex-item" id="three">3</div>
30     </div>
31 </body>
32 </html>
```

未设置 flex-shrink 属性时，3 个弹性子元素的显示方式如图 4-31 所示。

在例 4-18 中，设置第二个弹性子元素的 flex-shrink 属性的值为 0，第三个弹性子元素的 flex-shrink 属性的值为 3，运行后可以看到第一个弹性子元素没有变化，第二个和第三个弹性子元素的宽度都发生了变化，效果如图 4-32 所示。

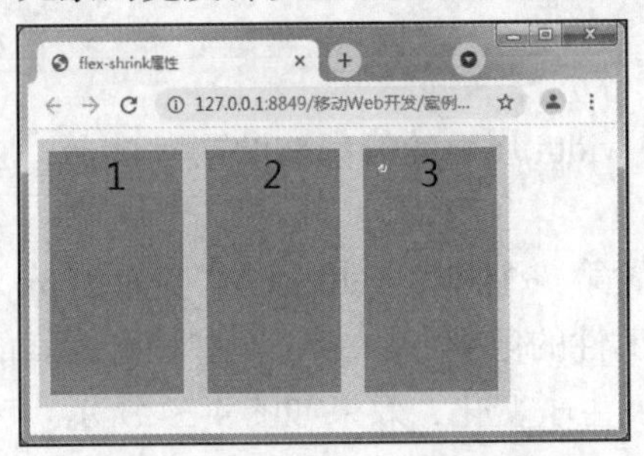

图 4-31 flex-shrink 属性设置前

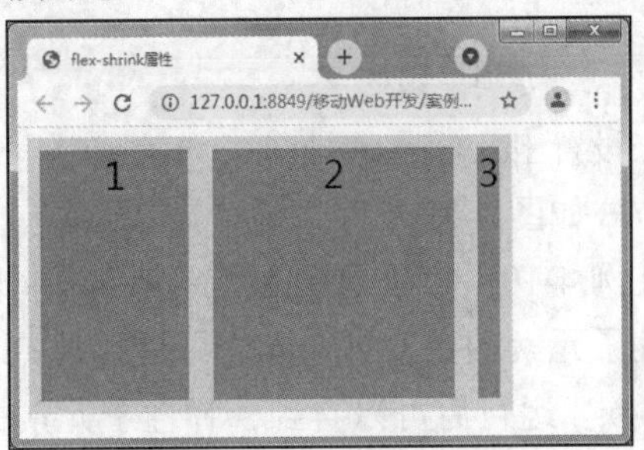

图 4-32 flex-shrink 属性设置后

4. flex-basis 属性

flex-basis 属性用于设置弹性子元素的初始宽度，默认值为 auto。其值设置为 auto 时，弹性子元素的宽度值是为其设置的 width 属性的值，flex-basis 属性的优先级大于 width 属性。下面通过一个案例对 flex-basis 属性的用法进行演示，如例 4-19 所示。

例 4-19 example19.html

```
1 <!DOCTYPE html>
2 <html>
3 <head>
4     <meta charset="utf-8">
5     <title>flex-basis 属性</title>
6     <style>
7         .flex-container {
8             width: 400px;
9             height:100px;
```

```
10                  background-color: #DDD;
11                  display: flex;
12              }
13              .flex-item {
14                  margin: 10px;
15                  width: 60px;
16                  height: 60px;
17                  font-size: 30px;
18                  text-align: center;
19                  background-color: #6495ED;
20              }
21              #one{flex-basis:30px;}
22              #two{flex-basis:auto;}
23              #three{flex-basis:200px;}
24      </style>
25  </head>
26  <body>
27      <div class="flex-container">
28           <div class="flex-item" id="one">1</div>
29           <div class="flex-item" id="two">2</div>
30           <div class="flex-item" id="three">3</div>
31       </div>
32   </body>
33   </html>
```

未设置 flex-basis 属性时，3 个弹性子元素的 width 属性的值都被设置为 60px，它们的显示方式如图 4-33 所示。

在例 4-19 中，分别通过 flex-basis 属性，设置第一个弹性子元素的宽度为 30px，第二个弹性子元素的宽度为 auto，即使用原来 width 属性的值 60px，第三个弹性子元素的宽度为 200px。运行后可以看到，弹性子元素的宽度发生了变化，效果如图 4-34 所示。

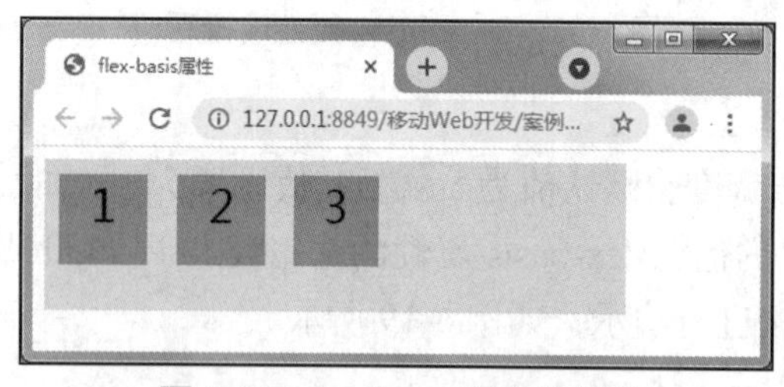

图 4-33　flex-basis 属性设置前

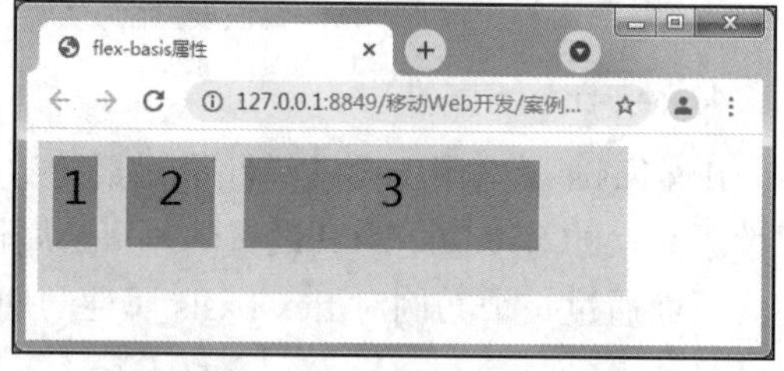

图 4-34　flex-basis 属性设置后

5. flex 属性

flex 属性是 flex-grow、flex-shrink 和 flex-basis 属性的简写属性，能够一次性设置弹性子元素的伸缩属性，使用起来更加简洁、方便。下面通过一个案例对 flex 属性的用法进行演示，如例 4-20 所示。

例 4-20　example20.html

```
1  <!DOCTYPE html>
```

```
2  <html>
3   <head>
4       <meta charset="utf-8">
5       <title>flex 属性</title>
6       <style>
7           .flex-container {
8               width: 400px;
9               height:100px;
10              background-color: #DDD;
11              display: flex;
12          }
13          .flex-item {
14              margin: 10px;
15              width: 60px;
16              height: 60px;
17              font-size: 30px;
18              text-align: center;
19              background-color: #6495ED;
20          }
21          #two {flex:0  0  200px; }
22          #three {flex:1  0  100px; }
23      </style>
24  </head>
25  <body>
26      <div class="flex-container">
27          <div class="flex-item" id="one">1</div>
28          <div class="flex-item" id="two">2</div>
29          <div class="flex-item" id="three">3</div>
30      </div>
31  </body>
32  </html>
```

未设置 flex 属性时，3 个弹性子元素的 width 属性的值都被设置为 60px，它们的显示方式如图 4-35 所示。

在例 4-20 中，通过 flex 属性设置第二个弹性子元素不可增长（0）、不可收缩（0），且初始宽度为 200px；设置第三个弹性子元素可增长（1）、不可收缩（0），且初始宽度为 100px。运行后可以看到，3 个弹性子元素的宽度发生了变化，效果如图 4-36 所示。

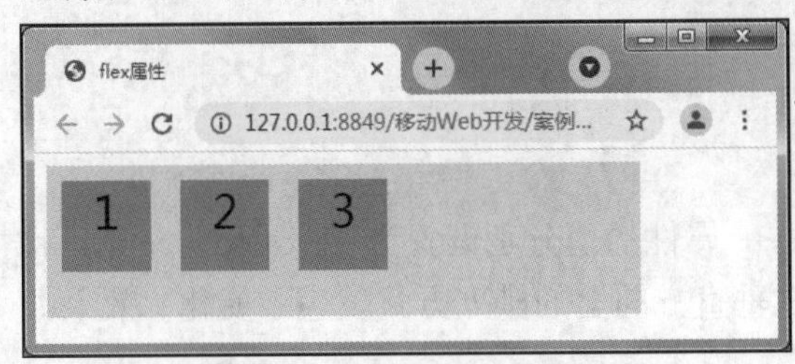

图 4-35 flex 属性设置前

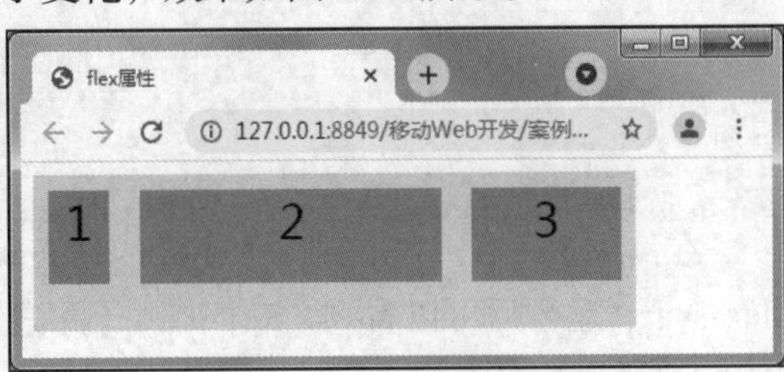

图 4-36 flex 属性设置后

6. align-self 属性

align-self 属性能够覆盖弹性容器中的 align-items 属性，用于设置单独的弹性子元素如何沿着交叉轴的方向进行排列。该属性的取值有 auto、flex-start、flex-end、center、baseline、stretch，每个值的意义与 align-items 属性取值的意义类似，这里不赘述。下面通过一个案例对 align-self 属性的用法进行演示，如例 4-21 所示。

例 4-21　example21.html

```
1  <!DOCTYPE html>
2  <html>
3   <head>
4       <meta charset="utf-8">
5       <title>align-self 属性</title>
6       <style>
7           .flex-container {
8               width: 400px;
9               height:200px;
10              background-color: #DDD;
11              display: flex;
12          }
13          .flex-item {
14              margin: 10px;
15              width: 60px;
16              height: 60px;
17              font-size: 30px;
18              text-align: center;
19              background-color: #6495ED;
20          }
21          #one { align-self:flex-end; }
22          #two { align-self:center; }
23          #three { align-self:flex-start;    }
24      </style>
25  </head>
26  <body>
27      <div class="flex-container">
28          <div class="flex-item" id="one">1</div>
29          <div class="flex-item" id="two">2</div>
30          <div class="flex-item" id="three">3</div>
31       </div>
32   </body>
33   </html>
```

在例 4-21 中，3 个弹性子元素的 align-self 属性的值分别设置为 flex-end、center 和 flex-start，运行后可以看到，3 个弹性子元素在垂直方向上的排列方式发生了变化，效果如图 4-37 所示。

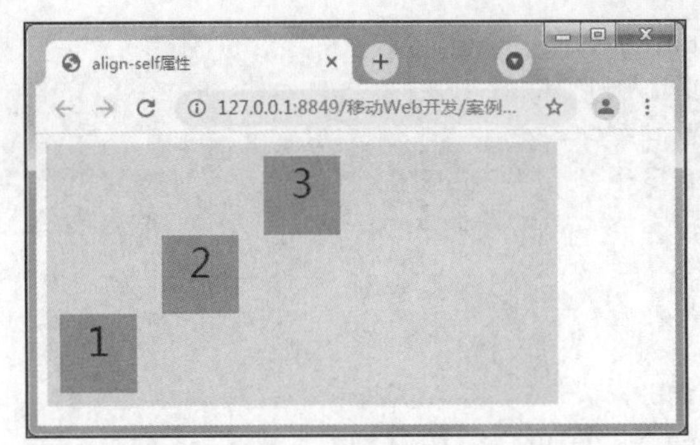

图 4-37　align-self 属性的应用效果

4.4 背景设置

在网页中合理使用背景图像能给用户留下更深刻的印象，如节日题材的网站一般采用喜庆祥和的图像来突出效果，所以在网页设计中，合理控制背景颜色和背景图像至关重要。接下来本节将详细介绍CSS中的背景设置。

4.4.1　背景图像的大小

在 CSS2 及之前的版本中，背景图像的大小是不可以控制的。要想使背景图像填充元素区域，只能预设较大的背景图像或者让背景图像以平铺的方式填充，操作起来烦琐、不方便。运用 CSS3 中的 background-size 属性可以轻松解决这个问题。

在 CSS3 中，background-size 属性可以设置一个或两个属性值定义背景图像的宽度和高度，其中，属性值 1 为必选属性值，属性值 2 为可选属性值。属性值可以是像素值、百分比、auto、cover 或 contain 关键字，具体说明如表 4-7 所示。

表 4-7　background-size 属性的属性值的具体说明

属性值	说明
像素值	设置背景图像的宽度和高度。第一个属性值设置宽度，第二个属性值设置高度。如果只设置一个属性值，表示宽度，高度则等比例缩放
百分比	以父元素的百分比来设置背景图像的宽度和高度，第一个属性值设置宽度，第二个属性值设置高度。如果只设置一个属性值，该属性值表示宽度，高度则等比例缩放
auto	背景图像按照原始尺寸显示
cover	把背景图像等比例缩放到完全覆盖背景区域。背景图像的某些部分也许无法显示在背景定位区域中
contain	把背景图像等比例缩放到宽度或高度与容器的宽度或高度相等，以使背景图像位于区域内

下面通过一个案例对控制背景图像大小的方法进行演示，如例 4-22 所示。

例 4-22　example22.html

```
1 <!DOCTYPE html>
2 <html>
3 <head>
```

```
4        <meta charset="utf-8">
5        <title>背景图像的大小</title>
6        <style type="text/css">
7        body{display: flex;}
8        div{
9            width: 150px;
10           height:200px;
11           border: 1px solid #333;
12           margin: 10px;
13           background-image:url(img/book1.jpg);
14           background-repeat: no-repeat;
15       }
16       .b1{background-size:50px  100px;}
17       .b2{background-size:50%;}
18       .b3{background-size:auto;}
19       .b4{background-size:cover;}
20       .b5{background-size:contain;}
21     </style>
22   </head>
23   <body>
24       <div class="b1"></div>
25       <div class="b2"></div>
26       <div class="b3"></div>
27       <div class="b4"></div>
28       <div class="b5"></div>
29   </body>
30   </html>
```

在例 4-22 中，为 5 个 div 设置了同样的宽度、高度、背景图像等样式，又分别设置了每个div的background-size属性。第一个div的background-size属性的属性值为50px、100px，表示图像的宽度为 50px，高度为 100px。第二个 div 的 background-size 属性的属性值设置为 50%，表示宽度为原图像的一半，高度等比例缩放。第三个 div 的 background-size 属性的属性值为 auto，表示显示图像的原始尺寸，这里的图像大于背景区域，所以图像显示不全。第四个 div 的 background-size 属性的属性值为 cover，表示背景图像等比例放大到刚好覆盖背景区域，这时宽度其实没有显示完全。第五个 div 的 background-size 属性的属性值为 contain，表示将图像等比例放大，宽度刚好适合背景区域，从高度上来说，背景区域未被完全覆盖。

运行例 4-22，效果如图 4-38 所示。

图 4-38　背景图像的大小

4.4.2 背景的显示区域

在默认情况下，background-position 属性总是以元素左上角为坐标原点定位背景图像，运用 CSS3 中的 background-origin 属性可以改变这种定位方式，使开发者可以自行定义背景图像的相对位置。background-origin 属性用于控制背景图像的起点，也就是从哪里开始显示背景图像。其基本语法格式如下。

```
background-origin:属性值;
```

在上面的语法格式中，background-origin 属性有 3 种取值，分别表示不同的含义，具体解释如下。

- border-box：从边框区域（含边框）开始显示背景图像。
- padding-box：从内边距区域（含内边距）开始显示背景图像。
- content-box：从内容区域开始显示背景图像。

下面通过一个案例对 background-origin 属性的用法进行演示，如例 4-23 所示。

例 4-23 example23.html

```
1 <!DOCTYPE html>
2 <html>
3  <head>
4       <meta charset="utf-8">
5       <title>背景的显示区域</title>
6       <style type="text/css">
7          body{display: flex;}
8           div{
9               width: 180px;
10              height: 200px;
11              border: 10px dashed #000;
12              margin: 20px;
13              padding: 20px;
14              background-image: url(img/book2.jpg);
15              background-repeat: no-repeat;
16          }
17          .b1 {background-origin: border-box;}
18          .b2 {background-origin: padding-box;}
19          .b3 {background-origin: content-box;}
20      </style>
21  </head>
22  <body>
23      <div class="b1"></div>
24      <div class="b2"></div>
25      <div class="b3"></div>
26  </body>
27  </html>
```

在例 4-23 中，为 3 个 div 设置了同样的宽度、高度、背景图像等样式，又分别设置了每个 div 的 background-origin 属性。第一个 div 的 background-origin 属性的属性值为 border-box，表示从边框区域开始显示背景图像。第二个 div 的 background-origin 属性的属性值为 padding-box，表示从内边距区域开始显示背景图像。第三个 div 的 background-origin 属性的属性值为 content-box，表示从内容区域开始显示背景图像。

运行例 4-23，效果如图 4-39 所示。

图 4-39　背景的显示区域

4.4.3　背景图像的裁剪区域

在 CSS3 中，background-clip 属性用于定义背景图像的裁剪区域，其基本语法格式如下。

```
background-clip:属性值;
```

在语法格式上，background-clip 属性和 background-origin 属性的取值相似，但含义不同，具体解释如下。

- border-box：默认值，从边框区域开始向外裁剪背景图像。
- padding-box：从内边距区域开始向外裁剪背景图像。
- content-box：从内容区域开始向外裁剪背景图像。

下面通过一个案例来演示 background-clip 属性的用法，如例 4-24 所示。

例 4-24　example24.html

```
1  <!DOCTYPE html>
2  <html>
3   <head>
4       <meta charset="utf-8">
5       <title>背景图像的裁剪区域</title>
6       <style>
7           div{
8               width: 120px;
9               height:150px;
10              border:10px dotted #000;
11              margin:20px;
12              padding:20px;
13              background-image: url(img/book2.jpg);
14              float: left;
15          }
16          .b1 {
17              background-clip: border-box;
18          }
```

```
19          .b2 {
20              background-clip: padding-box;
21          }
22          .b3 {
23              background-clip: content-box;
24          }
25      </style>
26  </head>
27  <body>
28      <div class="b1"></div>
29      <div class="b2"></div>
30      <div class="b3"></div>
31  </body>
32  </html>
```

在例 4-24 中，为 3 个 div 设置了同样的宽度、高度、边框、背景图像等样式，又分别设置了每个 div 的 background-clip 属性。第一个 div 的 background-clip 属性的属性值为 border-box，表示从边框区域开始向外裁剪背景图像。第二个 div 的 background-clip 属性的属性值为 padding-box，表示从内边距区域开始向外裁剪背景图像。第三个 div 的 background-clip 属性的属性值为 content-box，表示从内容区域开始向外裁剪背景图像。

运行例 4-24，效果如图 4-40 所示。

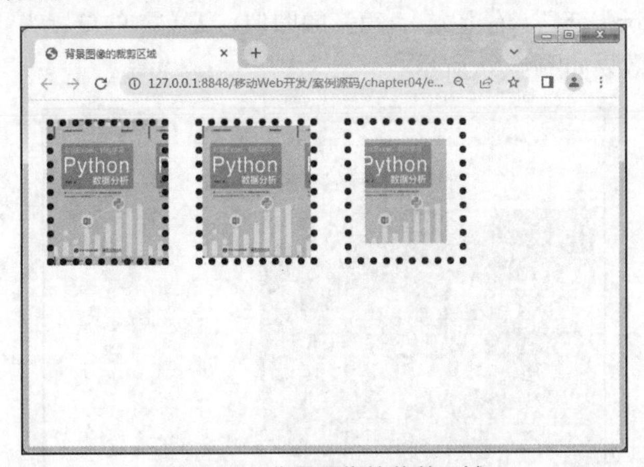

图 4-40　背景图像的裁剪区域

4.4.4　多重背景图像

在 CSS3 之前的版本中，一个容器中只能填充一幅背景图像，如果重复设置，后设置的背景图像将覆盖之前的背景图像。CSS3 的背景图像功能增强了很多，允许在一个容器里显示多幅背景图像，使背景图像效果更容易控制。但是 CSS3 并没有为实现多重背景图像提供对应的属性，而是通过 background-image、background-repeat、background-position 和 background-size 等属性提供多个属性值来实现多重背景图像的效果，各属性值之间用逗号隔开。

下面通过一个案例对多重背景图像的设置方法进行演示，如例 4-25 所示。

例 4-25　example25.html

```
1  <!DOCTYPE html>
2  <html>
3   <head>
```

```
4       <meta charset="utf-8">
5       <title>多重背景图像</title>
6       <style type="text/css">
7           div{
8               width: 300px;
9               height: 300px;
10              color:#FFFFFF;
11              background-image: url(img/grass.png), url(img/fireBalloon.png), url
12  (img/sky.png);
13              background-repeat: no-repeat;
14              background-position: bottom, top right, top;
15          }
16      </style>
17  </head>
18  <body>
19      <div>这里有三幅背景图像</div>
20  </body>
21  </html>
```

在例 4-25 中，只有一个 div 区域，使用 background-image 属性为该区域添加三幅图像，设置 background-repeat 属性的属性值为 no-repeat，使用 background-position 属性分别设置三幅图像的显示位置，第一幅图像（草地）的位置为“bottom”（底部），第二幅图像（热气球）的位置为“top right”（右上方），第三幅图像（天空）的位置为“top”（顶部）。

运行例 4-25，效果如图 4-41 所示。

图 4-41　多重背景图像

4.4.5　背景属性

同边框属性一样，在 CSS 中背景属性也是一个复合属性，可以将与背景相关的样式都综合定义在一个复合属性 background 中。使用 background 属性综合设置背景样式的语法格式如下。

```
    background:[background-color] [background-image] [background-repeat] [background-
attachment] [background-position] [background-size] [background-clip] [background-
origin];
```

在上面的语法格式中，各个背景样式顺序任意，对于不需要的背景样式可以省略。

下面通过一个案例对 background 属性的用法进行演示，如例 4-26 所示。

例 4-26　example26.html

```
1  <!DOCTYPE html>
2  <html>
3   <head>
4       <meta charset="utf-8">
5       <title>背景属性</title>
6       <style type="text/css">
7           div{
8               width: 300px;
9               height: 300px;
10              padding: 30px;
11              background: #ADD8E6 url(img/grass.png) no-repeat bottom padding-
12  box;
13          }
14      </style>
15  </head>
16  <body>
17      <div>
18          <h2>读书的境界</h2>
19          <p>当我烦恼的时候，我捧起书，书就像一把梳子，将我的情绪细细地梳理，
20  使烦恼渐渐散去，好情绪渐渐起来，并带着我走进其描绘的美景中，令我流连忘返。
21         </p>
22      </div>
23  </body>
24  </html>
```

在例 4-26 中，运用 background 属性为 div 定义了背景颜色、背景图像、图像平铺方式、背景图像位置及裁剪区域等多个属性。

运行例 4-26，效果如图 4-42 所示。

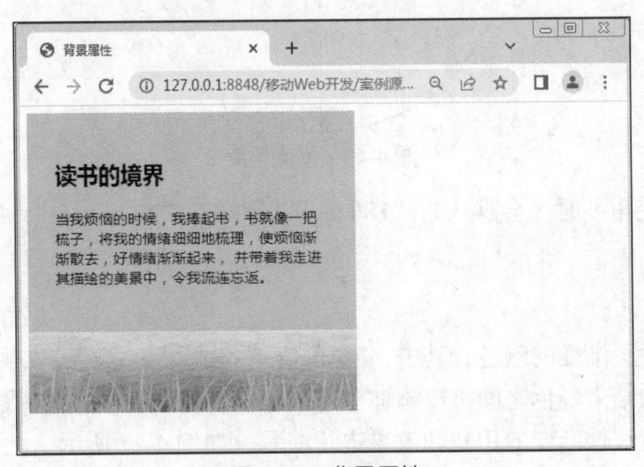

图 4-42　背景属性

4.5 CSS3 的渐变属性

在 CSS3 之前的版本中，如果需要添加渐变效果，通常要通过设置背景图像来实现。CSS3 增加了渐变属性，通过渐变属性可以轻松实现渐变效果。CSS3 的渐变方式主要包括线性渐变和径向渐变，本节将主要对这两种常见的渐变方式进行讲解。

4.5.1 线性渐变

在线性渐变过程中，起始颜色会沿着一条直线按顺序过渡到结束颜色。运用 CSS3 中的“background-image:linear-gradient(参数值);”可以实现线性渐变效果，其基本语法格式如下。

```
background-image:linear-gradient(渐变角度,颜色值 1,颜色值 2,...,颜色值 n);
```

在上面的语法格式中，linear-gradient()方法用于定义渐变方式为线性渐变，括号内的参数用于设定渐变角度和颜色值，具体解释如下。

1. 渐变角度

渐变角度指水平线和渐变线之间的夹角，可以是以 deg 为单位的角度数值或是用“to”加上“left”“right”“top”“bottom”等关键词表示。在使用渐变角度设定渐变起点的时候，0deg 对应“to top”，表示创建一个从下到上的渐变，90deg 对应“to right”，表示创建一个从左到右的渐变，180deg 对应“to bottom”，表示创建一个从上到下的渐变，–90deg（或 270deg）对应“to left”，表示创建一个从右到左的渐变，具体如图 4-43 所示。

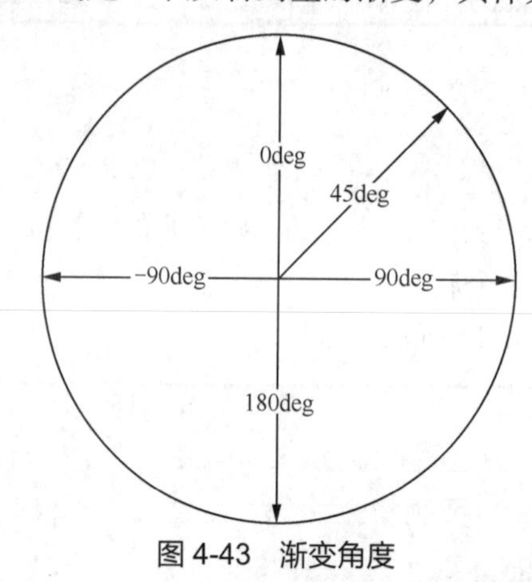

图 4-43 渐变角度

当未设置渐变角度时，会默认为“180deg”，等同于“to bottom”，即创建一个从上到下的渐变。

2. 颜色值

颜色值用于设置渐变的颜色，其中，“颜色值 1”表示起始颜色，“颜色值 *n*”表示结束颜色，起始颜色和结束颜色之间可以添加多个颜色值，各颜色值之间用逗号“,”隔开。下面通过一个案例对线性渐变的用法和效果进行演示，如例 4-27 所示。

例 4-27 example27.html

```
1 <!DOCTYPE html>
```

```
2 <html>
3  <head>
4      <meta charset="utf-8">
5      <title>线性渐变</title>
6      <style type="text/css">
7          body{display: flex;}
8          div{
9              width: 150px;
10             height: 150px;
11             margin: 10px;
12             color: #000;
13             text-align: center;
14         }
15         .b1 {background-image: linear-gradient(0deg, #00F, #DDD);}
16         .b2 {background-image: linear-gradient(90deg, #00F, #DDD);}
17         .b3 {background-image: linear-gradient(45deg, #00F 50%, #DDD 80%);}
18     </style>
19 </head>
20 <body>
21     <div class="b1">1</div>
22     <div class="b2">2</div>
23     <div class="b3">3</div>
24 </body>
25 </html>
```

在例 4-27 中，为 3 个 div 设置了同样的宽度、高度等样式，又分别设置了每个 div 的渐变效果。设置第一个 div 的渐变角度是 0deg，渐变的开始颜色是蓝色#00F，结束颜色是灰色#DDD，表示从下往上，从蓝色到灰色的线性渐变。设置第二个 div 的渐变角度是 90deg，表示渐变方向是从左往右的。设置第三个 div 的渐变角度是 45deg，表示渐变方向是从左下往右上的。

运行例 4-27，效果如图 4-44 所示。

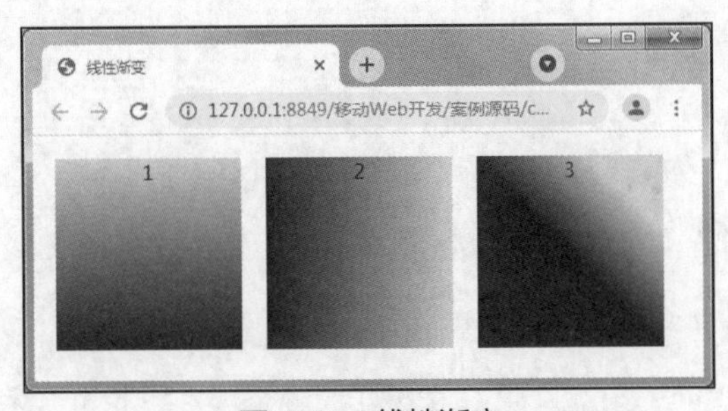

图 4-44　线性渐变

4.5.2　径向渐变

径向渐变是网页中另一种常用的渐变方式，在径向渐变过程中，起始颜色会从一个中心点开始，依据椭圆形或圆形形状进行扩张。径向渐变的基本语法格式如下。

```
background-image:radial-gradient(渐变形状 圆心位置,颜色值 1,颜色值 2,...,颜色值 n);
```

在上面的语法格式中，radial-gradient()方法用于定义渐变的方式为径向渐变，括号内的参数用于设定渐变形状、圆心位置和颜色值，对各参数的具体介绍如下。

1. 渐变形状

渐变形状用来定义径向渐变的形状，其取值既可以是定义形状的水平和垂直半径的像素值或百分比，也可以是相应的关键词。其中，关键词主要包括两个值，即 circle 和 ellipse，具体解释如下。

（1）像素值/百分比：用于定义形状的水平和垂直半径，如“80px 50px”表示一个水平半径为 80px、垂直半径为 50px 的椭圆形。

（2）circle：指定圆形的径向渐变。

（3）ellipse：指定椭圆形的径向渐变。

2. 圆心位置

圆心位置用于确定元素渐变的中心位置，使用“at”加上关键词或参数值来定义径向渐变的圆心位置。该属性的属性值类似于 CSS 中的 background-position 属性的属性值，如果省略则默认为 center。该属性的属性值主要有以下几种。

（1）像素值/百分比：用于定义径向渐变圆心的水平和垂直坐标，可以为负值。

（2）left：设置左边为径向渐变圆心的水平坐标。

（3）center：设置中间为径向渐变圆心的水平坐标或垂直坐标。

（4）right：设置右边为径向渐变圆心的水平坐标。

（5）top：设置顶部为径向渐变圆心的垂直坐标。

（6）bottom：设置底部为径向渐变圆心的垂直坐标。

3. 颜色值

“颜色值 1”表示起始颜色，“颜色值 *n*”表示结束颜色，起始颜色和结束颜色之间可以添加多个颜色值，各颜色值之间用“,”隔开。

下面运用径向渐变来制作 3 个小球，如例 4-28 所示。

例 4-28　example28.html

```
1  <!DOCTYPE html>
2  <html>
3   <head>
4       <meta charset="utf-8">
5       <title>径向渐变</title>
6       <style>
7           body{display: flex;}
8           div{
9               width: 150px;
10              height: 150px;
11              margin: 10px;
12              color: #000;
13              text-align: center;
14              border-radius: 50%;
15          }
```

```
16            .b1 {background-image: radial-gradient(circle at center, #00F, #DDD);}
17            .b2 {background-image: radial-gradient(ellipse at left, #00F, #DDD);}
18            .b3 {background-image: radial-gradient(130px at bottom, #00F, #DDD);}
19        </style>
20    </head>
21    <body>
22        <div class="b1">1</div>
23        <div class="b2">2</div>
24        <div class="b3">3</div>
25    </body>
26    </html>
```

在例 4-28 中，为 3 个 div 设置了同样的宽度、高度、圆角等样式，又分别设置了每个 div 的渐变效果。设置第一个 div 的参数值为“circle at center, #00F, #DDD”，表示渐变的圆心在 div 的中心，形状是圆形，颜色是从蓝色到灰色。第二个 div 的渐变圆心在 div 的最左侧，形状是椭圆形。第三个 div 的渐变圆心位于底部 130px 的位置，默认形状是圆形。

运行例 4-28，效果如图 4-45 所示。

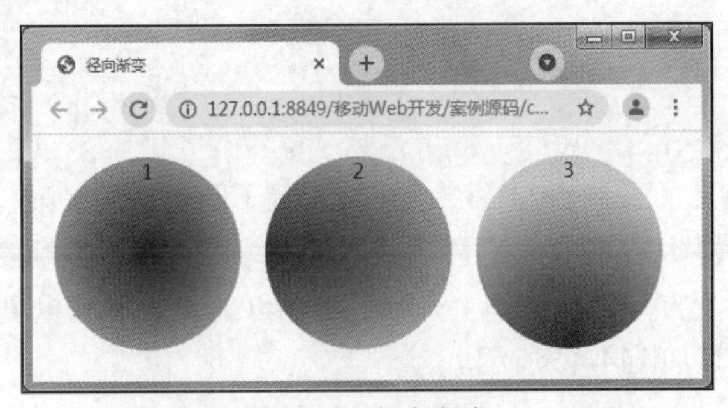

图 4-45　径向渐变

4.5.3　重复渐变

在网页设计中，经常会遇到在一个背景上重复应用渐变方式的情况，这时就需要使用重复渐变。重复渐变包括重复线性渐变和重复径向渐变，具体介绍如下。

1. 重复线性渐变

在 CSS3 中，通过“background-image:repeating-linear-gradient(参数值);”可以实现重复线性渐变的效果，其基本语法格式如下。

```
background-image:repeating-linear-gradient(渐变角度,颜色值 1,颜色值 2,...,颜色值 n);
```

在上面的语法格式中，“repeating-linear-gradient(参数值)”用于定义渐变方式为重复线性渐变，括号内的参数取值和线性渐变的相同，分别用于定义渐变角度和颜色值。

下面通过一个案例对如何实现重复线性渐变的效果进行演示，如例 4-29 所示。

例 4-29　example29.html

```
1  <!DOCTYPE html>
2  <html>
3   <head>
4       <meta charset="utf-8">
5       <title>重复线性渐变</title>
```

```
6       <style>
7           body{display: flex;}
8           div{
9               width: 200px;
10              height:200px;
11              margin: 10px;
12          }
13          .b1{background-image: repeating-linear-gradient(90deg,#F00,#FFC 10%,#0F0
14  15%);}
15          .b2{
16              border-radius: 50%;
17              background-image:repeating-linear-gradient(0deg,#F00,#FFC 10%,#0F0
18  15%);
19              }
20      </style>
21  </head>
22  <body>
23      <div class="b1"></div>
24      <div class="b2"></div>
25  </body>
26  </html>
```

在例 4-29 中，定义了两个 div，第二个 div 设置了圆角。设置第一个 div 的渐变角度为 90deg，表示渐变方向为从左到右，颜色为红、黄、绿的重复线性渐变。第二个 div 的渐变角度为 0deg，表示渐变方向为从下到上，颜色也为红、黄、绿的重复线性渐变。

运行例 4-29，效果如图 4-46 所示。

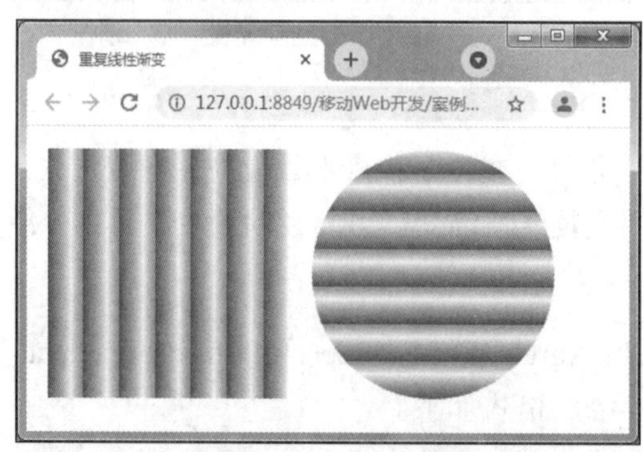

图 4-46　重复线性渐变

2. 重复径向渐变

在 CSS3 中，通过“background-image:repeating-radial-gradient(参数值);”可以实现重复径向渐变的效果，其基本语法格式如下。

```
background-image:repeating-radial-gradient(渐变形状,圆心位置,颜色值1,颜色值2,...,颜色值n);
```

在上面的语法格式中，“repeating-radial-gradient(参数值)”用于定义渐变方式为重复径向渐变，括号内的参数取值和径向渐变的相同，分别用于定义渐变形状、圆心位置和颜色值。

下面通过一个案例对如何实现重复径向渐变的效果进行演示，如例 4-30 所示。

例 4-30 example30.html

```
1  <!DOCTYPE html>
2  <html>
3  <head>
4      <meta charset="utf-8">
5      <title>重复径向渐变</title>
6      <style>
7          body{display: flex;}
8          div{
9              width: 200px;
10             height:200px;
11             margin: 10px;
12            }
13         .b1{background-image: repeating-radial-gradient(circle at center,#F00,#FFC 10%,
14  #0F0 15%);}
15         .b2{
16             border-radius: 50%;
17             background-image: repeating-radial-gradient(circle at center,#F00,
18  #FFC 10%, #0F0 15%);
19               }
20     </style>
21 </head>
22 <body>
23     <div class="b1"></div>
24     <div class="b2"></div>
25 </body>
26 </html>
```

在例 4-30 中，定义了两个 div，第二个 div 设置了圆角。设置两个 div 的圆心都位于 div 的中心，渐变为形状为圆形，颜色为红、黄、绿的重复径向渐变。

运行例 4-30，效果如图 4-47 所示。

图 4-47 重复径向渐变

4.6 CSS3 的盒子阴影与盒子倒影

4.6.1 盒子阴影

CSS3 中的 box-shadow 属性可以给元素添加阴影效果，其基本语法格式如下。

```
box-shadow:水平阴影值 垂直阴影值 模糊距离值 阴影大小值 颜色值 阴影类型;
```

box-shadow 属性至多有 6 个属性值，取值说明如表 4-8 所示。

表 4-8　box-shadow 属性的取值说明

属性值	说明
水平阴影值	表示元素水平阴影位置，可为负值（必选）
垂直阴影值	表示元素垂直阴影位置，可为负值（必选）
模糊距离值	阴影模糊半径（可选）
阴影大小值	阴影扩展半径，不能为负值（可选）
颜色值	阴影颜色（可选），默认为灰色
阴影类型	内阴影/外阴影（可选），默认为外阴影

下面通过一个案例对如何实现盒子阴影进行演示，如例 4-31 所示。

例 4-31　example31.html

```
1  <!DOCTYPE html>
2  <html>
3   <head>
4       <meta charset="utf-8">
5       <title>盒子阴影</title>
6       <style>
7           body {display: flex;}
8           div{
9               width: 100px;
10              height: 100px;
11              margin: 20px;
12              border: 2px solid #00F;
13              color: #000;
14              text-align: center;
15          }
16          .b1 {box-shadow: 8px 5px;}
17          .b2 {box-shadow: 8px 5px 10px 2px;}
18          .b3 {box-shadow: 8px 5px 10px 2px #ADD8E6;}
19          .b4 {box-shadow: 8px 5px 10px 2px #ADD8E6 inset;}
20          .b5 {box-shadow: 8px 5px 10px 2px #ADD8E6, -8px -5px 10px 2px #FFFF7F inset;}
21      </style>
22  </head>
23  <body>
24      <div class="b1">1</div>
25      <div class="b2">2</div>
26      <div class="b3">3</div>
27      <div class="b4">4</div>
28      <div class="b5">5</div>
29  </body>
30  </html>
```

在例 4-31 中，为 5 个 div 设置了同样的宽度、高度、边框等样式，又分别为每个 div 设置了 box-shadow 属性。前三个 div 分别设置了外阴影，第四个 div 设置了淡蓝色的内阴影，第五个 div 设置了淡黄色的内阴影和淡蓝色的外阴影，请读者对照代码仔细体会。

运行例 4-31，效果如图 4-48 所示。

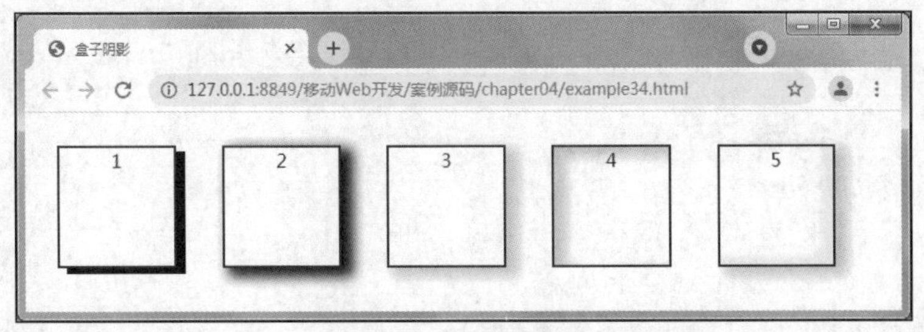

图 4-48 盒子阴影

4.6.2 盒子倒影

在 CSS3 中，使用 box-reflect 属性可以为图像添加如图 4-49 所示的倒影效果。

图 4-49 倒影效果

box-reflect 属性的基本语法格式如下。

```
box-reflect: 方向  偏移距离值;
```

在上面的语法格式中，“方向”用于定义盒子倒影出现的方向，取值包括 above（上边）、below（下边）、left（左边）和 right（右边）。“偏移距离值”用于定义盒子倒影与原对象之间的间隔，取值包括数值或百分比，其中，百分比根据原对象的尺寸确定，默认为 0，可以为负值。

box-reflect 属性对 div 对象和 img 对象都可以实现倒影效果。下面通过一个案例对如何实现盒子倒影进行演示，如例 4-32 所示。

例 4-32 example32.html

```
1  <!DOCTYPE html>
2  <html>
3   <head>
4       <meta charset="utf-8">
5       <title>盒子倒影</title>
6       <style>
7           body {display: flex;}
```

```
8           .img1 {
9               height: 180px;
10              width: 150px;
11              -webkit-box-reflect: below 30px;
12          }
13          div{
14              height: 180px;
15              width: 100px;
16              margin-left: 20px;
17              border: 2px solid #00F;
18              -webkit-box-reflect: right 10px;
19          }
20      </style>
21  </head>
22  <body>
23      <img src="img/book1.jpg" class="img1" />
24      <div class="b1">I like books.</div>
25  </body>
26  </html>
```

在例 4-32 中，定义了一个图像和一个边框为蓝色的 div。在距离图像下方 30px 处添加盒子倒影，在距离 div 右边 10px 处添加盒子倒影。

运行例 4-32，效果如图 4-50 所示。

图 4-50　盒子倒影

4.7 单元案例——小信图书展示框

本单元重点讲解了盒子模型的概念、盒子模型的相关属性、背景设置、渐变属性、盒子阴影等的设置。

为了使读者更熟练地运用盒子模型的相关属性及 CSS3 相关知识来控制页面中的各个元素，本节将实现一个案例“小信图书展示框”。

> 小贴士
>
> 书籍是人类进步的阶梯，书籍是我们智慧的来源。书籍是全人类有史以来共同创造的财富，是人类智慧、意志、理想的最佳体现。读万卷书，行万里路，多读书，读好书，读书会让我们终身受益。

4.7.1 页面效果分析

“小信图书展示框”的页面效果如图 4-51 所示，这个页面为我们展示的是图书商品信息。

图 4-51 “小信图书展示框”的页面效果

该页面上的所有区域和图片都设置了圆角矩形的效果。下面两行的所有元素，都设置了淡蓝色的阴影效果，并且当鼠标指针移动到某个区域或图片上时，会呈现出圆角角度大小和阴影颜色的变化。比如在图 4-51 中，当鼠标指针移动到《大学生创新创业基础》这本书上时，该区域的圆角角度变大并呈现出粉色的阴影效果。

4.7.2 制作页面结构

如果把页面上的各个元素都看成具体的盒子，则图 4-51 所示的页面由多个盒子构成。图书展示框主要由顶部的图片区域和下方的两行展示区域构成。“小信图书展示框”页面结构如图 4-52 所示。

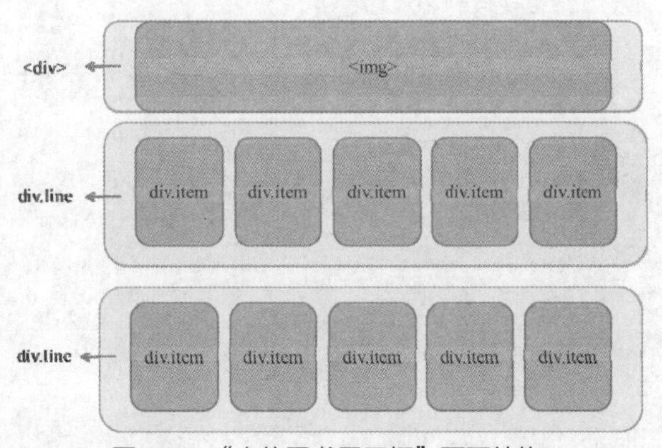

图 4-52 “小信图书展示框”页面结构

该页面的实现细节具体分析如下。

（1）第一行是一个<div>标签，其中嵌套了一个<img>标签以引入图片，为图片设置圆角效果。

（2）第二行和第三行是两个大的商品模块，由类名为 line 的<div>标签构成，在 div.line 中使用多个类名为 item 的<div>标签组成多个商品块，每个块都设置了圆角效果。

（3）在“全部图书畅销榜”和“计算机类热卖榜”两个模块中使用渐变色。

（4）为下面两行中的每个 div 区域都添加淡蓝色的阴影效果，当鼠标指针悬停在某个 div 区域上时，该区域显示出粉色的阴影并且圆角的角度会变大。

根据上面的分析，可以使用相应的 HTML 标签来搭建网页结构，如例 4-33 所示。

例 4-33　example33.html

```
1 <!DOCTYPE html>
2 <html>
3  <head>
4      <meta charset="UTF-8">
5      <title>小信图书展示框</title>
6      <link href="css/bookstore.css" type="text/css" rel="stylesheet">
7  </head>
8  <body>
9      <div class="header">
10          <img src="img/top-back-tm.png">
11     </div>
12     <div class="line">
13          <div class="item">
14               <div class="pb">全部图书<br/><br/>畅销榜</div>
15         </div>
16         <div class="item">
17              <div class="pic">
18                   <img src="img/b1.png">
19             </div>
20         </div>
21         <div class="item">
22              <div class="pic">
23                   <img src="img/b2.png">
24             </div>
25         </div>
26         <div class="item">
27              <div class="pic">
28                   <img src="img/b3.png">
29              </div>
30         </div>
31         <div class="item">
32              <div class="pic">
33                   <img src="img/b4.png">
34              </div>
35         </div>
```

```
36      </div>
37      <div class="line">
38          <div class="item">
39              <div class="pb">计算机类<br /><br />热卖榜</div>
40          </div>
41          <div class="item">
42              <div class="pic">
43                  <img src="img/b5.png">
44              </div>
45          </div>
46          <div class="item">
47              <div class="pic">
48                  <img src="img/b6.png">
49              </div>
50          </div>
51          <div class="item">
52              <div class="pic">
53                  <img src="img/b7.png">
54              </div>
55          </div>
56          <div class="item">
57              <div class="pic">
58                  <img src="img/b8.png">
59              </div>
60          </div>
61      </div>
62  </body>
63  </html>
```

4.7.3 定义页面的 CSS 样式

搭建完页面的结构，接下来为页面添加 CSS 样式。具体如下。

1. 定义基础样式

在定义 CSS 样式时，通常先清除浏览器默认样式，再定义基础样式具体 CSS 代码如下。

```
1 body {
2     margin: 0;
3     padding: 0;
4     background-color:#F7F7F7;
5 }
```

2. 页面顶部图片区域的样式

```
1 .header{
2     width: 1250px;
3     height: 230px;
4     margin: 20px auto;
5 }
6 .header>img{
```

```
7       border-radius: 15px;
8 }
```

3. 定义第二行和第三行商品模块的样式

```
1 .line {
2        width: 1250px;
3        height: 320px;
4        margin: 20px auto;
5        display: flex;  /*设置为弹性容器*/
6        flex-direction: row;  /*子元素会在这个弹性容器中从左到右排列*/
7 }
8 .item {
9        width: 230px;
10       height: 300px;
11       text-align: center;
12       margin-right: 20px;
13       overflow: hidden;  /*隐藏溢出*/
14       box-shadow:2px 6px 10px 3px #ADD8E6 ;/*盒子阴影*/
15       border-radius: 15px;
16 }
17 .pb {
18       height: 320px;
19       padding-top:50px;
20       font-family: 'Microsoft Yahei';/*微软雅黑*/
21       color:#FFF;
22       font-size:30px;
23       font-weight:bold;
24       background-color: #2A809D;
25       background-image: linear-gradient(180deg,#4b6db9 20%,#b2d3ff);/*设置背景自上而
26 下的线性渐变*/
27 }
28 .pic {
29       margin-top: -20px;
30       margin-left: -30px;
31 }
```

4. 设置鼠标指针悬停时的样式

```
1 .item:hover {
2       top: -15px;
3       box-shadow: 2px 6px 10px 3px #FFC0CB;
4       border-radius: 50px;
5 }
```

4.8 单元小结

本单元首先介绍了盒子模型的相关概念和盒子模型的相关属性，然后讲解了CSS3的弹性盒布局、背景设置和渐变属性，接下来讲解了CSS3 的盒子阴影和盒子倒影，最后运用所

学知识制作了一个图书展示框的页面效果。

通过本单元的学习，读者应该能够熟悉盒子模型的构成，熟练运用盒子模型相关属性控制页面中的元素，完成页面中的一些常见效果的制作。

4.9 动手实践

请结合所学知识，运用 CSS 中盒子模型的相关属性、背景属性及渐变属性等知识，制作一个音乐排行榜页面，效果如图 4-53 所示。要求如下。

1. 页面由两部分构成，其中，大的唱片背景由一个<div>标签控制，歌曲排行部分在另一个<div>标签里，通过无序列表<ul>标签定义。

2. 最外层的<div>标签对页面整体进行控制，需要对其设置宽度、高度、圆角、边框、渐变及内边距等样式，实现唱片背景效果。对显示歌曲列表的<ul>标签，设置宽度、高度、圆角、阴影等样式。

3. 设置 5 个列表项<li>标签的宽度、高度、背景样式。其中，第一个列表项需要添加多重背景图像，显示出“TOP”图片、“轻音乐排行榜”图片，最后一个列表项底部要圆角化，需要对它们进行单独控制。

图 4-53 音乐排行榜页面效果

单元 5 CSS3 高级应用

在早期的网页中，若要实现一些动画或特效，一般要依赖于动态图片、JavaScript 编程或者 Flash 动画来完成。CSS3 提供了对动画的强大支持，增加了一些和动画相关的新特性。利用这些新特性，配合一些常用的触发事件，就可以仅仅通过 CSS3，轻松实现丰富的页面动画或特效，例如可以实现元素的旋转、缩放、移动和过渡等效果。本单元将对 CSS3 中与动画相关的新特性进行讲解。

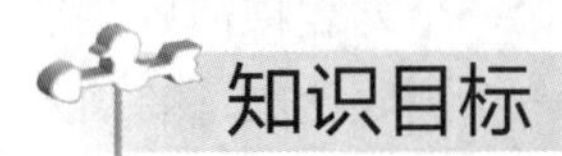

知识目标

★ 理解过渡属性。

★ 掌握 CSS3 中的变形属性。

★ 掌握 CSS3 中的动画属性。

能力目标

★ 能控制过渡时间、动画快慢等常见过渡效果。

★ 能制作 2D 变形、3D 变形效果。

★ 能熟练制作网页中常见的动画效果。

5.1 CSS3 过渡

CSS3 新增了强大的过渡属性 transition，可为页面元素设置过渡效果。在未设置 transition 属性的情况下，元素从一种 CSS 样式到另一种 CSS 样式的变化是瞬间完成的，没有任何中间过渡的动画效果，而使用 CSS3 新增的 transition 属性，我们可以添加并控制元素样式变化的中间过渡效果，例如变化开始的时间、持续时长、渐显、渐弱、前后快慢等，从而产生丰富的动画视觉效果。

5.1.1 transition 属性的子属性设置

为了完整地设置好一个过渡效果，我们需要考虑以下 4 方面问题。

（1）对元素的哪些属性应用过渡效果？

（2）过渡效果持续的时间有多长？

（3）过渡效果执行速度的快慢变化如何？

（4）过渡效果何时开始执行？

transition 属性是一个复合属性，它的 4 个子属性 transition-property、transition-duration、transition-timing-function、transition-delay 分别回答了以上 4 个问题，下面对这些子属性进

行详细讲解。

1. transition-property 属性

CSS3 的 transition-property 属性用于指定应用过渡效果的 CSS 属性的名称。当指定的 CSS 属性的值发生改变时，过渡效果才开始。其基本语法格式如下。

```
transition-property: none | all | property;
```

transition-property 属性的取值如表 5-1 所示。

表 5-1 transition-property 属性的取值

属性值	说明
none	没有属性应用过渡效果
all	所有属性都应用过渡效果（默认值）
property	应用过渡效果的属性名称列表，多个属性间以逗号分隔

2. transition-duration 属性

CSS3 的 transition-duration 属性用于指定过渡效果持续的时间，常用单位是秒（s）或者毫秒（ms）。其基本语法格式如下：

```
transition-duration: time;
```

transition-duration 属性的取值如表 5-2 所示。

表 5-2 transition-duration 属性的取值

属性值	说明
time	完成过渡效果需要的时间（以秒或毫秒计）。默认值为 0，即不执行过渡效果

3. transition-timing-function 属性

CSS3 的 transition-timing-function 属性用于指定过渡效果执行时速度变化的时间曲线。其基本语法格式如下：

```
transition-timing-function: linear|ease|ease-in|ease-out|ease-in-out|cubic-bezier(n, n,
n, n);
```

transition-timing-function 属性的取值较多，如表 5-3 所示。

表 5-3 transition-timing-function 属性的取值

属性值	说明
linear	规定以相同速度开始至结束的过渡效果
ease	规定慢速开始，变快之后慢速结束的过渡效果，为默认值
ease-in	规定以慢速开始的过渡效果
ease-out	规定以慢速结束的过渡效果
ease-in-out	规定以慢速开始和结束的过渡效果
cubic-bezier(n, n, n, n)	在 cubic-bezier()函数中自定义值，参数是 0～1 的数值

4. transition-delay 属性

CSS3 的 transition-delay 属性用于指定执行过渡效果之前需要等待的时间，常用单位是秒或者毫秒。其基本语法格式如下：

```
transition-delay: time;
```

transition-delay 属性的取值如表 5-4 所示。

表 5-4　transition-delay 属性的取值

属性值	说明
time	过渡效果执行之前需要等待的时间（以秒或毫秒计）。该属性值可以为正整数、负整数或 0。默认值为 0，即不延迟。当取值为正整数时，过渡效果会延迟触发。当取值为负整数时，过渡效果会从该时间点开始，之前的效果被截断

下面通过一个“过渡效果的下拉列表”案例来说明 transition-property、transition-duration、transition-timing-function、transition-delay 4 个子属性的用法，如例 5-1 所示。

例 5-1　example01.html

```
1 <!DOCTYPE html>
2 <html>
3   <head>
4       <meta charset="utf-8">
5       <title>过渡效果的下拉列表</title>
6       <style>
7               * {
8                   margin:0;
9                   padding:0;
10              }
11              a {
12                  text-decoration: none;
13              }
14              .nav {/*设置导航菜单盒子的样式 */
15                  width:150px;
16                  height:50px;
17                  background-color: pink;
18                  margin: 10px auto;
19                  list-style: none;
20                  line-height: 50px;
21                  text-align: center;
22              }
23              .list li {/*设置下拉列表项样式 */
24                  background-color: lightgray;
25                  border-bottom: 1px solid gray;
26                  list-style: none;
27              }
```

```
28              .list     {/* 设置下拉列表的样式 */
29                  height:  0; /*下拉列表初始高度为 0 */
30                  overflow: hidden;
31                  /*指定应用过渡效果的属性为 height 属性    */
32                  transition-property:  height;
33                  /*指定过渡效果持续的时间为 1s*/
34                  transition-duration:  1s;
35                 /*指定过渡效果速度变化：以慢速结束*/
36                 transition-timing-function:ease-out;
37                 /*不指定过渡效果延迟执行，transition-delay 属性采取默认值 0*/
38              }
39             .nav:hover .list {
40                 /* 指定鼠标指针移入导航菜单盒子时，下拉列表的高度发生变化 */
41                 height: 204px;
42             }
43     </style>
44 </head>
45 <body>
46     <div class="nav"><!-- 导航菜单盒子 -->
47         <a href="">中国古代四大发明</a>
48         <ul class="list"><!-- 导航菜单各下拉列表项 -->
49             <li><a href="">造纸术</a></li>
50             <li><a href="">指南针</a></li>
51             <li><a href="">火药</a></li>
52             <li><a href="">印刷术</a></li>
53         </ul>
54     </div>
55 </body>
56</html>
```

运行例 5-1，效果如图 5-1 和图 5-2 所示。当鼠标指针移入导航菜单“中国古代四大发明”时，含有中国古代四大发明 4 个列表项的下拉列表的高度会在 1s 内以先快后慢的速度由 0px 变化为 204px，从而呈现出动态的下拉列表效果。

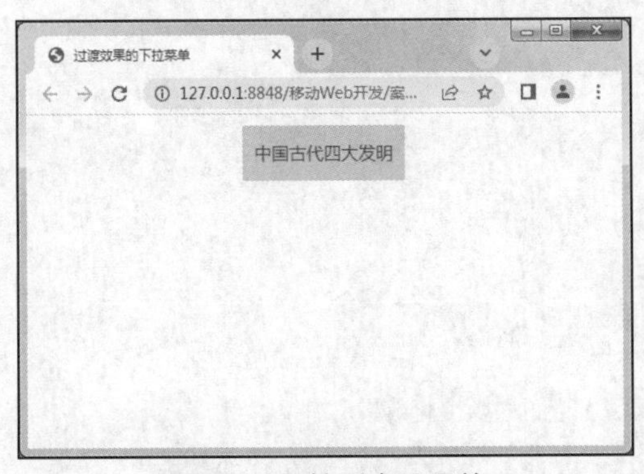

图 5-1　下拉列表呈现前

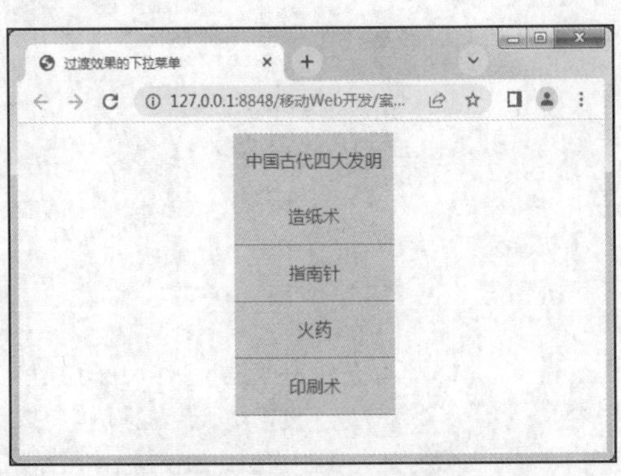

图 5-2　下拉列表呈现后

注意

（1）若未指定过渡效果所需的时间（注释掉第 34 行代码“transition-duration: 1s;”），则 transition-duration 属性取默认值 0，即鼠标指针移入时下拉列表会瞬间呈现，没有“先快后慢”的下拉过渡效果。

（2）第 30 行代码“overflow: hidden;”必不可少，overflow 属性指定当元素内容超出元素大小时，是否将元素内容隐藏。其默认值为 visible，即超出内容时不被隐藏，而是呈现于元素之外。尽管下拉列表的初始高度被设置为 0，但超出的列表项内容若不隐藏起来，就会直接呈现，从而不会产生过渡效果。

5.1.2 transition 属性的复合设置

transition 属性是一个复合属性，可以在该属性中同时设置 transition-property、transition-duration、transition-timing-function、transition-delay 4 个子属性。其基本语法格式如下：

```
transition: property duration timing-function delay;
```

例如，下面前 4 行代码等价于第 5 行代码。

```
1  transition-property:width;
2  transition-duration:2s;
3  transition-timing-function:linear;
4  transition-delay:1s;
5  /*等价于：*/
6  transition: width 2s linear 1s;
```

当使用 transition 属性进行过渡效果复合设置时，各个子属性可以省略（省略的将采用默认值），但顺序不能颠倒！例如：

```
transition: border-radius 5s ease-in-out 2s;
transition: border-radius 5s 2s;
```

如果使用 transition 属性对不同属性分别进行不同过渡效果的设置，需要分别定义每个属性集，各属性值的过渡效果之间用逗号“,”进行分隔。例如：

```
transition: width 1s linear 1s, height 2s ease-in, background-color 2s;
```

下面通过一个“过渡变化的盒子”案例来说明 transition 属性的复合设置，如例 5-2 所示。

例 5-2 example02.html

```
1  <!DOCTYPE html>
2  <html>
3   <head>
4       <meta charset="utf-8">
5       <title>过渡变化的盒子</title>
6       <style>
7           div{
8               width: 100px;
9               height: 100px;
10              border: 2px solid black;
11              /*复合设置盒子元素的宽度、高度及背景色的过渡变化效果*/
12              transition: width 1s ease-out, height 2s ease-in 1s, background-color 2s;
13          }
```

```
14          div:hover {
15              /* 设置鼠标指针移入时，盒子宽度、高度及背景色的新的取值*/
16              width: 200px;
17              height: 200px;
18              background-color: red;
19          }
20      </style>
21  </head>
22  <body>
23      <p>鼠标指针移入盒子后，查看过渡效果。</p>
24      <div></div>
25  </body>
26  </html>
```

运行例 5-2，效果如图 5-3 和图 5-4 所示。鼠标指针移入盒子前，盒子的宽度和高度均为 100px，且盒子没有背景色；当鼠标指针移入盒子后，盒子的宽度在 1s 内以先快后慢的速度扩展为 200px，盒子的高度在等待 1s 延迟后，以先慢后快的速度在 2s 内扩展为 200px，盒子的背景色在 2s 内变为红色。

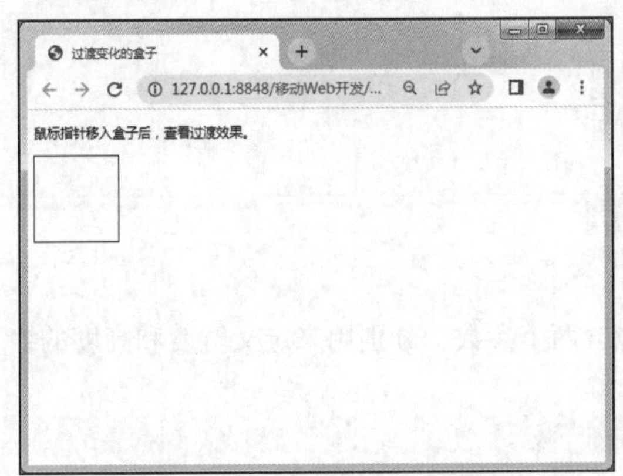

图 5-3　鼠标指针移入盒子前

图 5-4　鼠标指针移入盒子后

注意

（1）第 12 行代码“transition: width 1s ease-out, height 2s ease-in 1s, background-color 2s;”在一行内对 width、height、background-color 这 3 个属性分别进行了不同的过渡效果复合设置，中间以逗号“,”隔开。每个属性的设置又分为 4 个子属性的设置，子属性可以省略，但顺序不能颠倒。

（2）若各个属性“追求”一样的过渡效果，即 4 个过渡子属性参数一样，则不需要分别对各个属性进行过渡效果设置，而是可以使用“all”来代表所有属性。例如“transition: all 2s ease-out;”，表示所有属性的过渡变化历时 2s，速度先快后慢，无延迟。

5.2 CSS3 变形

5.2.1 认识 transform 属性

CSS3 的变形（transform）属性可以让元素在一个坐标系统中变形。这个属性包含一系列变形函数，它们可以操控元素进行移动、旋转、缩放和倾斜等变化。这些效果在 CSS3 之前都需要依赖动态图片、Flash 动画或 JavaScript 编程才能实现。现在，只使用 CSS3 就可以轻松实现这些变形效果。

transform 属性的基本语法格式如下：

```
transform: none|transform-functions;
```

在上面的语法格式中，transform 属性的默认值为 none，表示不进行变形。transform-functions 用于设置变形函数，可以是一个或多个变形函数列表。

5.2.2 2D 变形

扫码观看
微课视频

在 CSS3 中，使用 transform 属性实现元素的 2D 变形，2D 变形主要有平移、缩放、旋转和倾斜 4 种变形效果。

1. 平移（translate()函数）

使用 translate()函数能够重新定义元素的坐标，从而实现平移的效果。其基本语法格式如下：

```
transform: translate(x-value, y-value);
```

上述语法格式中的参数说明如下。

- x-value 指元素在水平方向上移动的距离；
- y-value 指元素在垂直方向上移动的距离；
- 若省略了第二个参数，则取默认值 0；
- 若参数值为负数，表示沿反方向移动元素。

2. 缩放（scale()函数）

使用 scale()函数能够缩放元素，该函数包含两个参数，分别用来定义宽度和高度的缩放比例。其基本语法格式如下：

```
transform: scale(x-axis, y-axis);
```

上述语法格式中的参数说明如下。

- x-axis 和 y-axis 的参数值可以是正数、负数或小数，正数表示基于指定的宽度和高度放大元素，负数不表示缩小元素，而表示先翻转元素（如文字被翻转），再缩放元素；
- 若第二个参数省略，则默认等于第一个参数的值；
- 使用小于 1 的小数表示缩小元素。

3. 旋转（rotate()函数）

使用 rotate()函数能够在二维空间内旋转指定的元素。其基本语法格式如下：

```
transform: rotate(angle);
```

上述语法格式中的参数说明如下。

- 仅有一个参数 angle，该参数表示要旋转的角度值；
- 若角度值为正数，则按照顺时针旋转；
- 若角度值为负数，则按照逆时针旋转。

4. 倾斜（skew()函数）

使用 skew()函数能够将一个对象围绕着 *x* 轴和 *y* 轴按照一定的角度倾斜，其基本语法格式如下：

```
transform: skew(x-angle, y-angle);
```

上述语法格式中的参数说明如下。

- x-angle 表示相对于 *x* 轴进行倾斜的角度值；
- y-angle 表示相对于 *y* 辅进行倾斜的角度值；
- 若省略了第二个参数，则取默认值 0。

下面通过一个“2D 变形效果综合演示”案例来说明以上各 2D 变形函数的使用，以及不同参数设置产生的变形效果的区别，如例 5-3 所示。

例 5-3　example03.html

```
1   <!DOCTYPE html>
2   <html>
3       <head>
4           <meta charset="utf-8">
5           <title>2D 变形效果综合演示</title>
6           <style>
7               table{
8                   margin: 100px;
9                   background-color: lightyellow
10              }
11              td {
12                  width: 300px;
13                  height: 300px;
14                  text-align: center;
15                  border: 1px solid black;
16              }
17              div {/* 各盒子基本样式设置 */
18                  width: 150px;
19                  height: 150px;
20                  background-color: pink;
21                  margin: auto;
22                  border: 3px solid black;
23                  text-align: center;
24                  line-height: 150px;
25                  font-size: 14px;
26              }
27          /* 下面定义鼠标指针移入后，不同盒子的不同 2D 变形效果 */
28              #rotate1:hover {
29                  transform: rotate(30deg);
30              }
31              #rotate2:hover {
32                  transform: rotate(-30deg);
33              }
```

```
34              #scale1:hover {
35                  transform: scale(1.5);
36              }
37              #scale2:hover {
38                  transform: scale(1.5,0.5);
39              }
40              #translate1:hover {
41                  transform: translate(75px);
42              }
43              #translate2:hover {
44                  transform: translate(-75px,75px);
45              }
46              #skew1:hover {
47                  transform: skew(15deg);
48              }
49              #skew2:hover {
50                  transform: skew(0,15deg);
51              }
52          </style>
53      </head>
54      <body>
55          <table>
56              <tr>
57                  <td>
58                      <div class="row1">无变化</div>
59                  </td>
60                  <td>
61                      <div id="rotate1">rotate(30deg)</div>
62                  </td>
63                  <td>
64                      <div id="rotate2">rotate(-30deg)</div>
65                  </td>
66              </tr>
67              <tr>
68                  <td>
69                      <div id="scale1">scale(1.5)</div>
70                  </td>
71                  <td>
72                      <div id="scale2">scale(1.5,0.5)</div>
73                  </td>
74                  <td>
75                      <div id="translate1">translate(75px)</div>
76                  </td>
77              </tr>
78              <tr>
79                  <td>
80                      <div id="translate2">translate(-75px,75px)</div>
```

```
81                  </td>
82                  <td>
83                      <div id="skew1">skew(15deg)</div>
84                  </td>
85                  <td>
86                      <div id="skew2">skew(0,15deg)</div>
87                  </td>
88              </tr>
89          </table>
90      </body>
91  </html>
```

运行例 5-3，效果如图 5-5 至图 5-8 所示。当鼠标指针移入表格的不同盒子上时，各盒子就会通过它们内容所示的变形函数，呈现不同的 2D 变形效果。

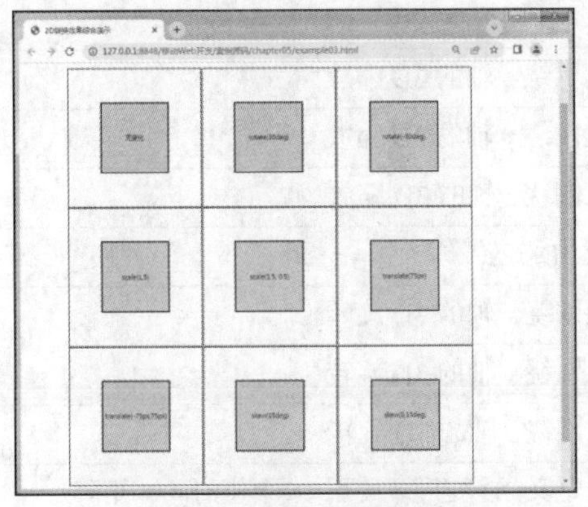

图 5-5　变化前的盒子

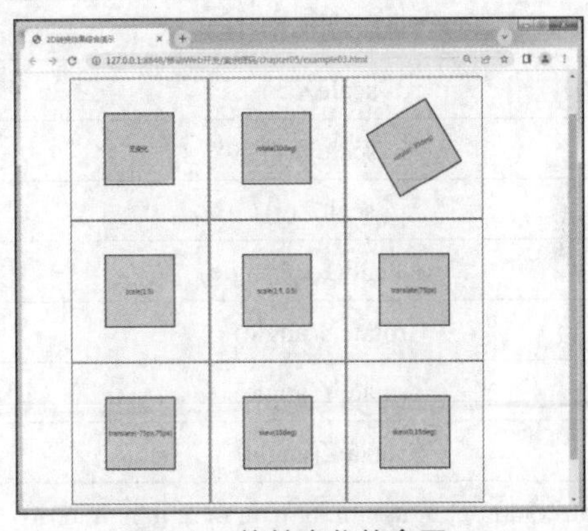

图 5-6　旋转变化的盒子

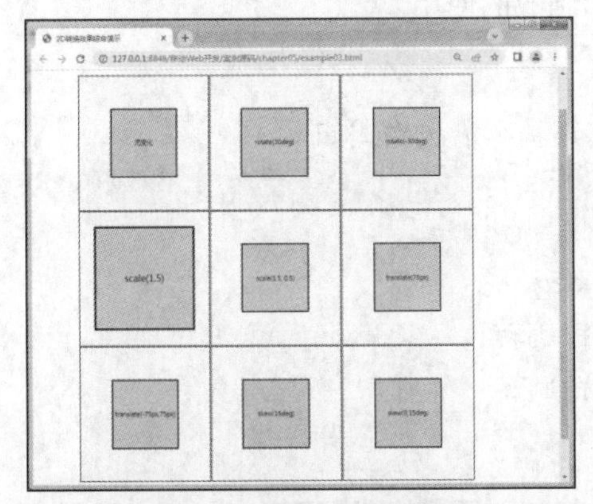

图 5-7　缩放变化的盒子

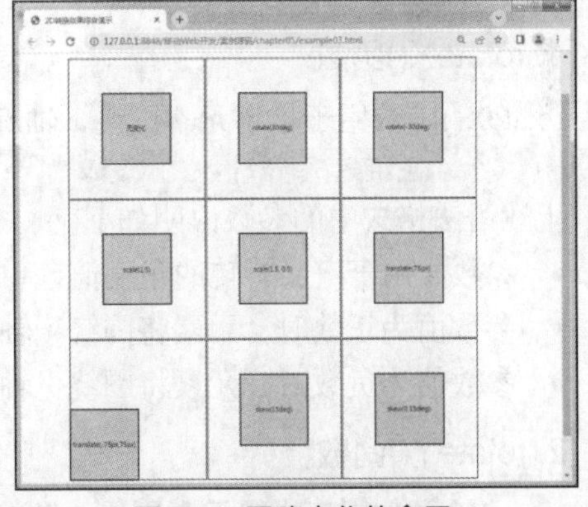

图 5-8　平移变化的盒子

注意

运行例 5-3，我们发现当鼠标指针移入盒子时，各盒子的 2D 变形效果是瞬间完成的，没有中间过渡效果。结合5.1节中所学知识，我们可以为每个盒子增添过渡效果，通过设置 transition 属性，例如“transition: transform 2s;”，设置之后便可以看到具有过渡效果的 2D 变形动画了。

5.2.3 3D 变形

前面介绍了 CSS3 中支持元素在二维空间中变形的 2D 变形函数，CSS3 还定义了许多支持元素在三维空间中变形的 3D 变形函数，其中，常用的 3D 变形函数如表 5-5 所示。

表 5-5 常用的 3D 变形函数

变形函数	说明
translate3d(*x*,*y*,*z*)	定义 3D 平移
translateX(*x*)	定义围绕 *x* 轴的 3D 平移
translateY(*y*)	定义围绕 *y* 轴的 3D 平移
translateZ(*z*)	定义围绕 *z* 轴的 3D 平移
scale3d(*x*,*y*,*z*)	定义 3D 缩放
scaleX(*x*)	定义围绕 *x* 轴的 3D 缩放
scaleY(*y*)	定义围绕 *y* 轴的 3D 缩放
scaleZ(*z*)	定义围绕 *z* 轴的 3D 缩放
rotate3d(*x*,*y*,*z*,angle)	定义 3D 旋转
rotateX(angle)	定义围绕 *x* 轴的 3D 旋转
rotateY(angle)	定义围绕 *y* 轴的 3D 旋转
rotateZ(angle)	定义围绕 *z* 轴的 3D 旋转
matrix3d(n, n, n, n, n, n, n, n, n, n, n, n, n, n, n, n)	综合定义 3D 变形，使用 16 个值的 4×4 矩阵

下面，我们以“旋转”为例，介绍 3D 变形函数的使用。

1. rotateX()函数

rotateX()函数用于指定元素围绕 *x* 轴旋转，其基本语法格式如下：

```
transform: rotateX(a);
```

上述语法格式中的参数说明如下。

- 参数 a 用于定义旋转的角度值，单位为 deg；
- 参数值为正数时，元素将围绕 *x* 轴顺时针旋转；
- 参数值为负数时，元素将围绕 *x* 轴逆时针旋转。

2. rotateY()函数

rotateY()函数用于指定元素围绕 *y* 轴旋转，其基本语法格式如下：

```
transform: rotateY(a);
```

上述语法格式中的参数说明如下。

- 参数 a 用于定义旋转的角度值，单位为 deg；
- 参数值为正数时，元素将围绕 *y* 轴顺时针旋转；
- 参数值为负数时，元素将围绕 *y* 轴逆时针旋转。

3. rotateZ()函数

rotateZ()函数用于指定元素围绕 *z* 轴旋转，其基本语法格式如下：

```
transform: rotateZ(a);
```

上述语法格式中的参数说明如下。

- 参数 a 用于定义旋转的角度值，单位为 deg；
- 参数值为正数时，元素将围绕 *z* 轴顺时针旋转；
- 参数值为负数时，元素将围绕 *z* 轴逆时针旋转。

4. rotate3d()函数

在三维空间中，旋转有 3 个维度，旋转轴由一组[*x*, *y*, *z*]矢量定义。rotate3d()函数用于综合定义元素在三维空间中的自由旋转，其基本语法格式如下：

```
rotate3d(x, y, z, angle);
```

上述语法格式中的参数说明如下。

- x 可以是 0～1 的数值，表示旋转轴 *x* 方向的矢量；
- y 可以是 0～1 的数值，表示旋转轴 *y* 方向的矢量；
- z 可以是 0～1 的数值，表示旋转轴 *z* 方向的矢量；
- angle 表示旋转角度，正数表示顺时针旋转，负数表示逆时针旋转。

下面通过一个“3D 旋转效果演示”案例来说明围绕不同旋转轴旋转的 3D 变形函数的使用，如例 5-4 所示。

例 5-4　example04.html

```
1   <!DOCTYPE html>
2   <html>
3       <head>
4           <meta charset="utf-8">
5           <title>3D 旋转效果演示</title>
6           <style type="text/css">
7               body {
8                   text-align: center;
9               }
10              .card {
11                  /* 大盒子样式 */
12                  display: inline-block;
13                  margin: 10px;
14                  padding: 15px;
15                  background: pink;
16                  font-size: 20px;
17              }
18              .box {
19                  /* 小盒子样式 */
20                  border: 2px solid gray;
21                  padding: 20px;
22              }
23              .picture {
```

```
24                  /* 图片盒子样式 */
25                  width: 150px;
26                  height: 150px;
27                  background-image: url(img/dancer.jpg);
28                  background-size: 100%, 100%;
29                  /* transition 属性设置：让旋转具有过渡效果 */
30                  transition: transform 2s;
31              }
32              .rotate:hover .picture {
33                  transform: rotate(75deg);
34              }
35              .rotateX:hover .picture {
36                  transform: rotateX(75deg);
37              }
38              .rotateY:hover .picture {
39                  transform: rotateY(75deg);
40              }
41              .rotateZ:hover .picture {
42                  transform: rotate(75deg);
43              }
44          </style>
45      </head>
46      <body>
47          <h2>3D 旋转效果演示</h2>
48          <div class="card">
49              <div class="box rotate">
50                  <div class="picture"></div>
51              </div>
52              <p>2D 旋转<br />rotate(75deg) </p>
53          </div>
54          <div class="card">
55              <div class="box rotateX">
56                  <div class="picture"></div>
57              </div>
58              <p>3D 旋转<br />rotateX(75deg)</p>
59          </div>
60          <div class="card">
61              <div class="box rotateY">
62                  <div class="picture"></div>
63              </div>
64              <p>3D 旋转<br />rotateY(75deg)</p>
65          </div>
66          <div class="card">
67              <div class="box rotateZ">
68                  <div class="picture"></div>
69              </div>
70              <p>3D 旋转<br />rotateZ(75deg) </p>
```

```
71            </div>
72        </body>
73    </html>
```

运行例 5-4，效果如图 5-9 所示。当鼠标指针移入各个盒子时，盒子中的图片就会进行相应的 3D 旋转。

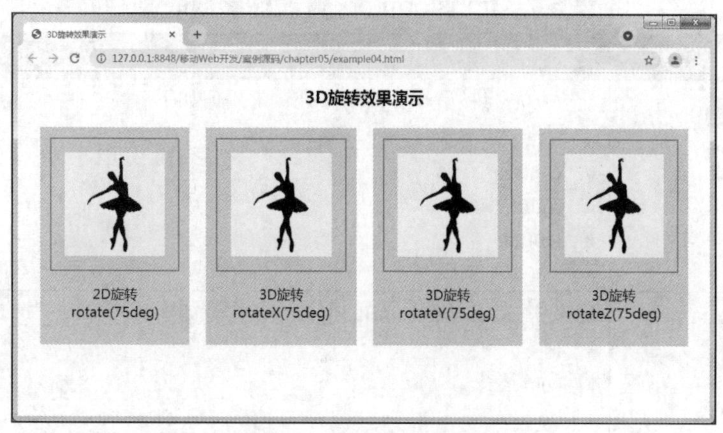

图 5-9　3D 旋转效果演示

注意

rotateZ()函数用于指定一个元素围绕 *z* 轴旋转。如果仅从视觉角度上看，rotateZ()函数让元素顺时针或逆时针旋转，与 rotate()函数效果等同，但它不是在二维空间上的旋转。

扫码观看
微课视频

5.2.4　自定义变形

在 CSS3 中，除了前面介绍的常用变形函数，还包含很多与元素变形相关的属性，通过对这些属性进行设置，可以自定义出更加丰富的元素变形效果。CSS3 元素变形相关属性如表 5-6 所示。

表 5-6　CSS3 元素变形相关属性

属性	说明
transform	向元素应用 2D 或 3D 变形
transform-origin	设置被变形元素中心点的位置
transform-style	规定被嵌套元素如何在三维空间中显示
perspective	规定 3D 元素的透视效果
perspective-origin	规定 3D 元素的底部位置
backface-visibility	定义元素在不面对屏幕时是否可见

下面，我们分别以 transform-origin 属性、perspective 属性的设置为例，介绍更多的自定义变形。

1. transform-origin 属性

元素变形操作都是以元素的中心点为基准进行的，如果需要改变元素默认的中心点位置，可以通过设置元素的 transform-origin 属性实现。其基本语法格式如下：

```
transform-origin: x-axis y-axis z-axis;
```

在上述语法格式中，transform-origin 属性的 3 个参数的默认值为 50%、50%、0，各参数的具体取值情况如表 5-7 所示。

表 5-7　transform-origin 属性参数取值

参数	描述
x-axis	定义中心点被置于 *x* 轴的何处，常用值如下。 • left; • center; • right; • length; • %
y-axis	定义中心点被置于 *y* 轴的何处，常用值如下。 • top; • center; • bottom; • length; • %
z-axis	定义中心点被置于 *z* 轴的何处，常用值为 length

下面通过一个“自定义元素中心点”案例来说明元素围绕不同中心点旋转的不同效果，如例 5-5 所示。

例 5-5　example05.html

```
1   <!DOCTYPE html>
2   <html>
3       <head>
4           <meta charset="utf-8">
5           <title>自定义元素中心点</title>
6           <style type="text/css">
7               body {
8                   font-size: 18px;
9                   text-align: center;
10              }
11              .card {
12                  /* 大盒子样式 */
13                  display: inline-block;
14                  margin: 10px;
15                  padding: 10px;
16                  background: lightgrey;
17              }
18              .box {
19                  /* 小盒子样式 */
```

```
20                  border: 5px solid gray;
21                  width: 100px;
22                  height: 100px;
23                  background-color: lightyellow;
24                  margin: auto;
25              }
26              .picture {
27                  /* 盒子中的图片样式 */
28                  width: 100px;
29                  height: 100px;
30                  background-color: lightblue;
31                  transition: transform 1s;
32              }
33              /* 鼠标指针经过小盒子时，盒子中的图片进行旋转 */
34              .box:hover .picture {
35                  transform: rotate(45deg);
36              }
37              /* 下面为不同类定义不同的元素中心点位置 */
38              .to-left-top {
39                  transform-origin: left top;
40              }
41              .to-right-center {
42                  transform-origin: right center;
43              }
44              .to-0-100-0 {
45                  transform-origin: 0 100% 0;
46              }
47              .to-100-100-0 {
48                  transform-origin: 100% 100% 0;
49              }
50          </style>
51      </head>
52      <body>
53          <h2>自定义元素中心点</h2>
54          <div class="card">
55              <div class="box">
56                  <div class="picture"></div>
57              </div>
58              <p>transform-origin :<br />默认: 50% 50% 0</p>
59          </div>
60          <div class="card">
61              <div class="box ">
62                  <div class="picture to-left-top"></div>
63              </div>
```

```
64                <p>transform-origin :<br />left top</p>
65            </div>
66            <div class="card">
67                <div class="box">
68                    <div class="picture to-right-center"></div>
69                </div>
70                <p>transform-origin :<br />right center</p>
71            </div>
72            <div class="card">
73                <div class="box">
74                    <div class="picture to-0-100-0 "></div>
75                </div>
76                <p>transform-origin :<br />0 100% 0</p>
77            </div>
78            <div class="card">
79                <div class="box ">
80                    <div class="picture to-100-100-0"></div>
81                </div>
82                <p>transform-origin :<br />100% 100% 0</p>
83            </div>
84        </body>
85    </html>
```

运行例 5-5，效果如图 5-10 所示。当鼠标指针移入各个盒子时，盒子中的图片就会沿着不同的中心点位置进行旋转。

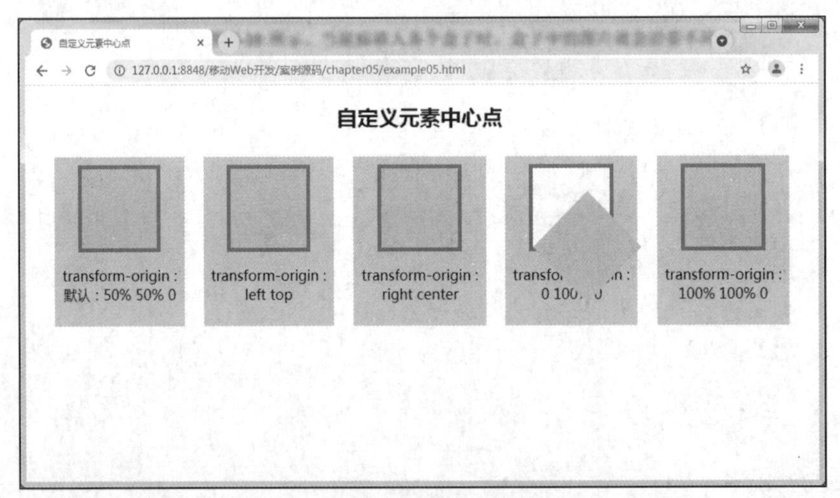

图 5-10　自定义元素中心点效果演示

注意

一般对元素进行 2D 变形只需要设置中心点的 x 轴和 y 轴值；对元素进行 3D 变形时，还可以更改元素中心点的 z 轴值。

2. perspective 属性

CSS3 中的 perspective 属性可以自定义查看 3D 元素时的透视距离。当为元素定义 perspective 属性时，其子元素会获得透视效果。其基本语法格式如下：

```
perspective: number |none;
```

在上述语法格式中，参数 number 的值以像素计，其值越大，表示元素离眼睛越远，元素显得越小；反之，number 的值越小，表示元素离眼睛越近，元素显得越大。参数 number 默认值为 none，与 0 相同，即不设置透视效果。

下面通过一个“自定义透视距离”案例来说明在进行 3D 旋转时，不同的透视距离产生的不同视觉效果，如例 5-6 所示。

例 5-6　example06.html

```
1  <!DOCTYPE html>
2  <html>
3      <head>
4          <meta charset="utf-8">
5          <title>自定义透视距离</title>
6          <style>
7              body {
8                  font-size: 24px;
9                  text-align: center;
10             }
11             .card {
12                 display: inline-block;
13                 margin: 10px;
14                 padding: 15px;
15                 background: pink;
16             }
17             .box {
18                 border: 2px solid gray;
19                 padding: 20px;
20             }
21             .picture {
22                 width: 100px;
23                 height: 100px;
24                 background-image: url(img/dancer.jpg);
25                 background-size: 100%, 100%;
26                 transition: transform 1s;
27             }
28             .rotateX .picture {
29                 transform: rotateX(75deg);
30             }
31             .rotateY .picture {
32                 transform: rotateY(75deg);
33             }
34             .Perspective-150 {
```

```
35                  perspective: 150px;
36              }
37              .Perspective-300 {
38                  perspective: 300px;
39              }   }
40          </style>
41      </head>
42      <body>
43          <h2>自定义透视距离</h2>
44          <div class="card">
45              <div class="box rotateX">
46                  <div class="picture"></div>
47              </div>
48              <p>rotateX(75deg)<br />perspective:0px</p>
49          </div>
50          <div class="card">
51              <div class="box rotateX Perspective-150">
52                  <div class="picture"></div>
53              </div>
54              <p>rotateX(75deg)<br />perspective:150px</p>
55          </div>
56          <div class="card">
57              <div class="box rotateX Perspective-300">
58                  <div class="picture"></div>
59              </div>
60              <p>rotateX(75deg)<br />perspective:300px</p>
61          </div>
62          <div class="card">
63              <div class="box rotateY">
64                  <div class="picture"></div>
65              </div>
66              <p>rotateY(75deg)<br />perspective:0px</p>
67          </div>
68          <div class="card">
69              <div class="box rotateY Perspective-150">
70                  <div class="picture"></div>
71              </div>
72              <p>rotateY(75deg)<br />perspective:150px</p>
73          </div>
74          <div class="card">
75              <div class="box rotateY Perspective-300">
76                  <div class="picture"></div>
77              </div>
78              <p>rotateY(75deg)<br />perspective:300px</p>
79          </div>
80      </body>
81  </html>
```

运行例 5-6，效果如图 5-11 所示。当鼠标指针移入各个盒子时，在盒子中进行 3D 旋转的图片就会因透视距离远近的不同，而产生不同的视觉效果。

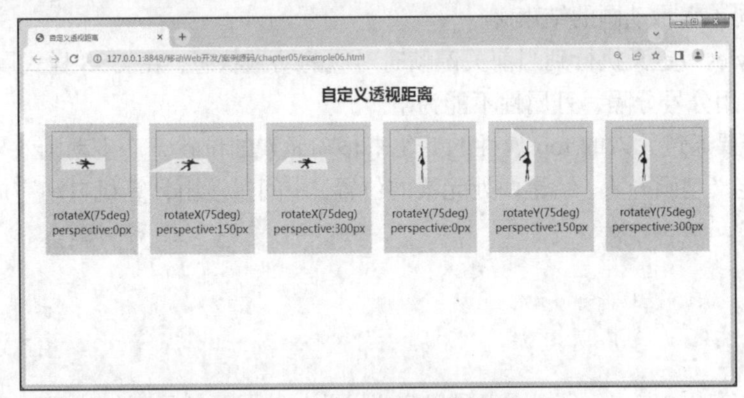

图 5-11　自定义透视距离效果演示

注意

（1）perspective 属性只对 3D 变形产生影响。

（2）需要为父元素设置 perspective 属性，才能使子元素显现 3D 透视效果。

5.3 CSS3 动画

扫码观看
微课视频

前面介绍过的 CSS3 过渡（transition 属性）和本节的 CSS3 动画（animation 属性）有相似之处：二者都是随着时间的变化改变元素的属性值，从而产生动画效果。Transition 属性的优点在于简单易用，但是它有几个局限。

（1）transition 属性需要事件触发，所以无法在网页加载时自动发生。

（2）transition 属性是一次性的，不能重复发生，除非一再触发。

（3）transition 属性只能定义开始状态和结束状态，不能定义中间状态。

CSS3 的 animation 属性就是为了解决这些问题而提出的。animation 属性通过控制关键帧来控制动画的每一步，从而实现更为复杂的动画效果。

5.3.1　使用@keyframes 规则创建动画

在 CSS3 中，使用@keyframes 规则来创建动画。创建动画是指从一个 CSS 样式到另一个 CSS 样式逐步变化而产生动画效果的过程，在创建动画过程中，可以多次更改 CSS 样式的设定。

一个动画由很多画面组成，每一个画面叫作一帧，其中，角色或者物体运动变化的关键动作所处的帧叫作关键帧。创建动画必须定义关键帧，@keyframes 规则的语法格式如下：

```
1  @keyframes animationname {
2          keyframes-selector{ css-styles;}
3  }
```

在上面的语法格式中，@keyframes 规则中的各参数具体含义如下。

- animationname：当前动画的名称，它将作为引用该动画时的唯一标识，因此不能为空。

- keyframes-selector：关键帧选择器，指定当前关键帧在整个动画过程中的位置，其值可以是 from 和 to，或者百分比。其中，from 和 0%效果相同（表示动画的开始），to 和 100%效果相同（表示动画的结束）。
- css-styles：定义执行到当前关键帧时对应的动画状态，由 CSS 样式属性进行定义，多个属性之间用分号分隔，且属性不能为空。

例如，若要通过元素的 top 属性的变化来移动元素的位置，产生动画效果，使用 from 和 to 只可以定义动画开头、结尾两处元素的位置，中间过渡由计算机自动完成，代码如下：

```
1  @keyframes mymovi1
2  {
3            from   {top:0px;}
4            to    {top:200px;}
5  }
```

而通过百分比的方式，我们不仅可以定义开头、结尾两处元素的位置，还可以在 25%、50%、75%等动画过程当中增加关键帧的定义，从而实现更加细腻的动画过程控制，代码如下：

```
1  @keyframes mymovi2
2  {
3            0%   {top:0px;}
4            25%   {top:200px;}
5            50%   {top:100px;}
6            75%   {top:200px;}
7            100%   {top:0px;}
8  }
```

比较上面两段代码，使用 from 和 to 的代码，只定义了元素位置从上到下的一次移动效果，而使用百分比的代码，则定义了元素位置上下往返的两次移动效果，从而实现了更为细腻的动画过程。

注意

为了获得最佳的浏览器支持，建议将动画开头和结尾两处的位置以 0%和 100%来定义。

5.3.2 使用 animation 属性调用动画

CSS3 中的 animation 属性用于调用由@keyframes 规则创建的动画。与 transition 属性一样，animation 属性也是一个复合属性，可以对其各个子属性分别进行设置，也可以在一行内进行该属性的复合设置。animation 属性的常用子属性有 animation-name、animation-duration、animation-timing-function、animation-delay、animation-iteration-count 和 animation-direction 等。

1. animation-name 属性

animation-name 属性用于定义要调用的由@keyframes 规则创建的动画名称。其基本语法格式如下：

```
animation-name: keyframename | none;
```

在上述语法格式中，keyframename 参数用于定义要调用的动画名称，默认值为 none，表示不应用任何动画，该设置也可以用于取消动画。

2. animation-duration 属性

animation-duration 属性用于定义完成整个动画效果所需要的时间。其基本语法格式如下：

```
animation-duration: time;
```

在上述语法格式中，time 参数是以秒或者毫秒为单位的时间，默认值为 0，表示没有任何动画效果。当该参数的值为负数时，则被视为 0。

3. animation-timing-function 属性

animation-timing-function 属性用来规定动画的速度曲线，即定义动画执行过程中的速度变化情况。其基本语法格式如下：

```
animation-timing-function: value;
```

animation-timing-function 属性的默认值为 ease，各属性值的含义如表 5-8 所示。

表 5-8　animation-timing-function 属性各属性值的含义

属性值	说明
linear	规定从开始至结束以相同速度进行的动画效果
ease	规定慢速开始，变快之后慢速结束的动画效果。默认值
ease-in	规定以慢速开始的动画效果
ease-out	规定以慢速结束的动画效果
ease-in-out	规定以慢速开始和结束的动画效果
cubic-bezier(n, n, n, n)	在 cubic-bezier()函数中自定义值。参数是 0～1 的数值

4. animation-delay 属性

animation-delay 属性定义执行动画之前延迟（等待）的时间，即规定动画什么时候开始。其基本语法格式如下：

```
animation-delay: time;
```

在上述语法格式中，time 参数是以秒或者毫秒为单位的时间，默认值为 0，表示不延迟。

5. animation-iteration-count 属性

animation-iteration-count 属性用于定义动画的播放次数，其基本语法格式如下：

```
animation-iteration-count: number|infinite;
```

在上述语法格式中，若属性值为一个整数（表示为 number），则规定动画播放次数；若属性值为 infinite，则指定动画无限次循环播放。该属性默认值为 1，即动画默认只播放 1 次。

6. animation-direction 属性

animation-direction 属性用于定义动画播放的方向，即动画播放完成后是否逆向交替循环。其基本语法格式如下：

```
animation-direction: normal | alternate;
```

该属性包括两个值，若属性值为 normal，则动画每次都顺向播放；若属性值为 alternate，则动画会在奇数次（1 次、3 次、5 次等）顺向播放，而在偶数次（2 次、4 次、6 次等）逆向播放。该属性默认值为 normal。

7. animation 属性

animation 属性是一个复合属性，可以将以上 6 个单项动画子属性在一行内进行复合设置。其基本语法格式如下：

```
animation: animation-name animation-duration animation-timing-function animation-delay animation-iteration-count animation-direction;
```

注意

定义 animation 属性时必须指定 animation-name 和 animation-duration 属性，否则没有动画，或者动画持续时间默认为 0，不会播放动画，其余子属性可省略。

下面通过一个“笑对生活”案例来说明@keyframes 规则和 animation 属性的使用，如例 5-7 所示。

例 5-7　example07.html

```
1   <!DOCTYPE html>
2   <html>
3       <head>
4           <meta charset="utf-8">
5           <title>笑对生活</title>
6           <style>
7               div{/* 定义图片盒子基本样式 */
8                   width: 250px;
9                   height: 350px;
10                  margin: 100px auto;
11                  background-size: 100% 100%;
12                  /* 通过 animation 属性调用@keyframes 规则定义的动画 */
13                  animation: animation_pic 8s linear 0s infinite normal;
14              }
15              @keyframes animation_pic {
16                  /* 创建动画 */
17                  0% {/* 关键帧定义 */
18                      background-image: url(img/0.png);
19                  }
20                  25% {/* 关键帧定义 */
21                      background-image: url(img/1.png);
22                      transform: scale(1.2);
23                  }
24                  50% {/* 关键帧定义 */
25                      background-image: url(img/2.png);
26                      transform: scale(0.6);
27                  }
28                  75% {/* 关键帧定义 */
29                      background-image: url(img/3.png);
30                      transform: scale(1.5);
```

```
31                  }
32                  100% {/* 关键帧定义 */
33                      background-image: url(img/0.png);
34                  }
35              }
36          </style>
37      </head>
38      <body>
39          <div></div>
40      </body>
41  </html>
```

运行例 5-7 可以看到，通过不同关键帧处图片的切换及图片大小的缩放，产生了如图 5-12 所示的动画效果。

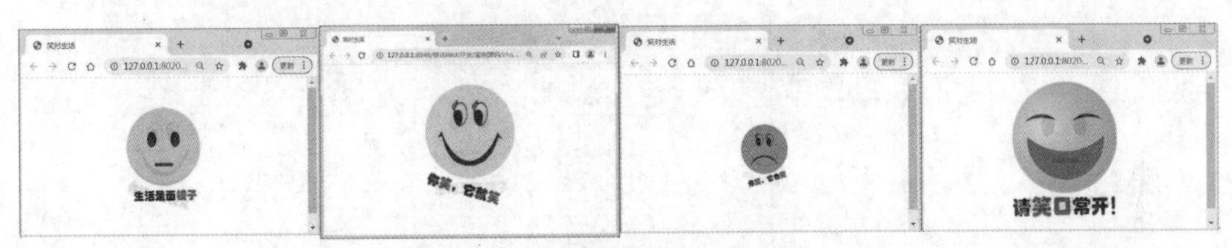

图 5-12 “笑对生活”动画效果

5.4 单元案例——“爱我中华”动画制作

扫码观看微课视频

本单元前几节重点讲解了 CSS3 中的高级应用，包括过渡、变形及动画等。为了使读者更好地理解这些应用，并能够熟练运用相关属性实现元素的过渡、平移、缩放、旋转及动画等特效，本节将以综合案例的形式讲解“爱我中华”动画的制作过程，以此来进一步巩固读者在本单元中所学内容。

小贴士

秉承爱国情怀，砥砺奋进到底。爱国是我们披荆斩棘、乘风破浪的信念根基。爱国主义是每一个中国人所必须具备的。我们要继承和发扬爱国主义精神，和我们的祖国一起迎接新时代的挑战。

5.4.1 页面效果分析

本案例将展示一个“爱我中华”动画，其页面效果如图 5-13 所示，页面结构如图 5-14 所示。该动画为我们展示了一颗跳动的红心围绕炫彩文字“爱我中华”不断旋转的画面，具体要求如下。

（1）文字不断变换色彩并进行跷跷板旋转。

（2）红心绕文字顺时针移动，并伴随大小缩放。

（3）动画自动无限循环播放。

图 5-13 “爱我中华”动画页面效果

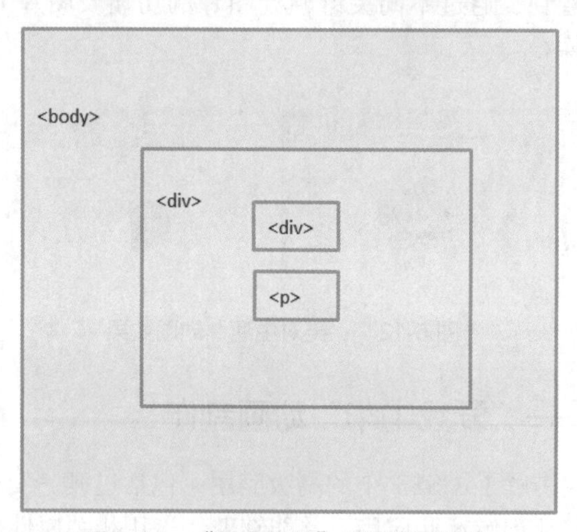

图 5-14 “爱我中华”动画页面结构

5.4.2 页面动画定义

根据对页面动画效果的分析，我们需要用@keyframes 规则分别定义红心图片的动画及“爱我中华”文字的动画。

1. 定义图片的动画

为实现红心图片的移动及缩放效果，需要为红心图片所在的 div 元素添加 transform 属性。其中，红心图片的移动通过 2D 变形函数 translate()设置；红心图片的缩放通过 2D 变形函数 scale()设置。如例 5-8 所示，定义图片动画的具体代码如下：

例 5-8 example08.html

```
1    @keyframes animation_pic {
2        0% {}
3        25% {
4            transform: translate(400px)  scale(1.5);
5        }
6        50% {
7            transform: translate(400px, 400px)  scale(0.8);
8        }
9        75% {
```

```
10                transform: translate(0px, 400px)  scale(1.5);
11            }
12        }
```

2. 定义文字的动画

为实现“爱我中华”文字的色彩变换及跷跷板旋转效果，需要在动画定义中不断改变文字所在的 p 元素的 color 属性及 transform 属性的设置。其中，color（前景色）的改变产生文字色彩的不断变化；transform 属性则通过 2D 变形函数 rotate(15deg)、rotate(−15deg)的切换，使文字产生跷跷板的旋转效果。例 5-8 中定义文字动画的具体代码如下：

```
1         @keyframes animation_text {
2             0% {
3                 color: yellow;
4             }
5             25% {
6                 transform: rotate(15deg);
7                 color: pink;
8             }
9             50% {
10                transform: rotate(-15deg);
11                color: green;
12            }
13            75% {
14                transform: rotate(15deg);
15                color: bule;
16            }
17        }
```

5.4.3 页面结构设计

本案例的页面结构比较简单。整个动画处于网页<body>标签中一个类名为“box”的大盒子<div>标签中。大盒子中有一个类名为“pic”的小盒子<div>标签，用于加载红心图片，以及一个段落标签<p>，用于显示“爱我中华”文字。例 5-8 中页面结构的代码如下：

```
1  <body>
2      <div class="box">
3          <div class="pic">
4          </div>
5          <p>爱我中华</p>
6      </div>
7  </body>
```

5.4.4 页面样式设计

下面在页面中添加<style>标签，在标签中编写 CSS 代码来实现页面动画要达到的视觉效果。

（1）页面背景样式。

整个动画页面背景呈黑色，需要设置页面 body 的背景色为黑色。

（2）大盒子样式。

大盒子是宽度和高度各为 500px 的正方形。上外边距为 100px，左右居中，通过 margin 属性设置。

（3）小盒子样式。

小盒子宽度和高度各为 100px，背景为 100%显示的红心图片。在小盒子中通过 animation 属性调用前面通过@keyframes 规则为其定义的 animation_pic 动画。动画历时 3s，匀速变化，无限次顺向播放。

（4）文字样式。

段落 p 中：文字字体为“微软雅黑”，文字大小为 40px，文字初始颜色为“白色”，文字内容“居中对齐”，文字外边距为 100px。通过设置段落 p 的 animation 属性，调用前面使用@keyframes 规则为其定义的 animation_text 动画。动画历时 3s，匀速变化，无限次顺向、逆向交替播放。

在网页中添加样式代码，例 5-8 中样式定义的具体代码如下：

```
1       <style>
2           body {
3               background-color: black;
4           }
5           .box {
6               width: 500px;
7               height: 500px;
8               margin: 100px auto;
9           }
10          .pic {
11              height: 100px;
12              width: 100px;
13              background-image: url(img/china.png);
14              background-size: 100% 100%;
15              animation: animation_pic 3s linear infinite normal;
16          }
17          p {
18              font-size: 40px;
19              font-family: 微软雅黑;
20              color: white;
21              text-align: center;
22              margin: 100px;
23              animation: animation_text 3s linear infinite alternate;
24          }
25          @keyframes animation_text {
26              0% {
27                  color: yellow;
28              }
29              25% {
30                  transform: rotate(15deg);
31                  color: pink;
```

```
32            }
33            50% {
34                transform: rotate(-15deg);
35                color: green;
36            }
37            75% {
38                transform: rotate(15deg);
39                color: bule;
40            }
41        }
42        @keyframes animation_pic {
43            0% {}
44            25% {
45                transform: translate(400px)  scale(1.5);
46            }
47            50% {
48                transform: translate(400px, 400px)  scale(0.8);
49            }
50            75% {
51                transform: translate(0px, 400px)  scale(1.5);
52            }
53        }
54    </style>
```

保存 example08.html，刷新页面，完成“爱我中华”动画的制作。

5.5 单元小结

本单元首先介绍了 CSS3 高级应用中关于元素的过渡、变形和动画效果的实现过程，最后综合运用所学知识制作了一个综合案例。

通过本单元的学习，读者应该能够理解元素的过渡、变形和动画效果的实现原理，掌握元素的 transition 属性、transform 属性及 animation 属性等的使用，从而能够自由地实现更为丰富的元素动态效果。

5.6 动手实践

【思考】

1. 简述 CSS3 过渡与 CSS3 动画的区别。
2. 如何理解元素转换的中心点？
3. 什么是复合属性？复合属性的设置方式有哪两种？

【实践】

请使用一张小火箭图片素材制作一个动画页面 rocket.html，页面效果如图 5-15 所示。要求如下。

1. 网页标题为“小火箭”。
2. 整个页面背景模仿一片深蓝色天空（页面背景色 deepskyblue）。

3. 当鼠标指针移入并停留在浏览器窗口中时，小火箭动画无限次循环播放；当鼠标指针移出浏览器窗口时，小火箭动画停止播放。

4. 小火箭动画分为“升空”“平飞”“降落”3 个阶段。

5. 小火箭位置的移动伴随着火箭箭头方向的改变。

图 5-15　小火箭动画效果

单元 6 HTML5 智能表单

表单在网页设计中的作用非常重要。表单主要是在用户和网页后台数据库之间承担数据交流的功能。HTML5 增加了表单方面的很多新特性，包括不同类型的input控件、表单控件、表单属性等。使用这些新的特性，可以高效地制作出各种有特色的表单。本单元主要对 HTML5 智能表单的构成、表单控件、表单的新特性等知识进行详细的讲解。

知识目标

★ 了解表单的构成及创建表单的方法。

★ 熟悉基本表单控件。

★ 熟悉 HTML5 表单新特性。

能力目标

★ 能创建表单。

★ 能熟练地应用基本表单控件。

★ 能熟练地应用 HTML5 表单新特性。

6.1 表单

表单是服务器端接收用户数据的平台，例如注册页面的账号和密码输入、网上订单页面等，都以表单的形式来收集用户信息，并将这些信息传送给服务器端，实现网页与用户之间的交互。本节将对表单进行详细的讲解。

6.1.1 表单的构成

在 HTML 中，一个完整的表单页面通常由表单控件和表单域组成。表单控件包含了具体的表单功能项，如单行文本输入框、密码输入框、复选框、提交按钮等；表单域相当于一个容器，用来容纳所有的表单控件和提示信息，如图 6-1 所示。

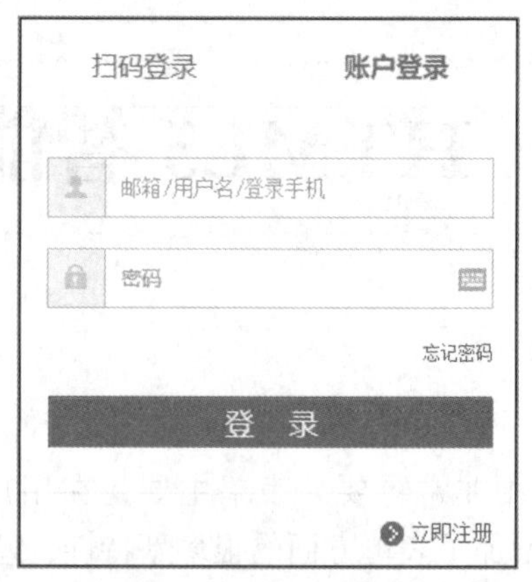

图 6-1　表单的构成

其中，表单域是一个容器，用来容纳所有的表单控件和提示信息。表单域可以定义表单数据提交给服务器端的方法，以及用于接收表单数据的程序文件。因此表单的设定必须包含表单域，否则表单中的数据就无法传送到后台的服务器端。

表单控件为用户提供填写数据的区域，例如单行文本输入框、密码输入框等。

6.1.2　创建表单

表单结构一般都以<form>标签开始，以</form>标签结束。两个标签之间是组成表单的控件。用户通过提交按钮提交表单，填写的信息会发送给服务器端。创建表单的语法结构如下：

```
1  <form action="服务器文件" method="传送方式" name="表单名称">
2      自定义表单控件
3  </form>
```

在上面的代码中，<form>标签和</form>标签之间的表单控件是根据表单内容自定义的，action、method 和 name 分别为<form>标签的常用属性。

1. action 属性

action 属性表示用户提交表单时服务器端对数据进行处理的文件地址。例如，action="save.php"。

2. method 属性

method 属性表示表单数据的传送方式。其属性值有 get 和 post 两种，get 为默认值。

如果设置表单以 get 方法提交，那么表单中的数据将会显示在浏览器的地址栏中。get 方法经常用于希望提交表单后从服务器端获得信息的情况。例如，大部分的搜索引擎都会在搜索表单时使用 get 方法提交表单，搜索引擎会得到搜索的参数，参数会出现在 URL 中。

如果设置表单以 post 方法提交，那么表单中的数据不会显示在浏览器的地址栏中。这种方式更加安全。比起 get 方法，使用 post 方法可以向服务器端发送更多的数据。通常使用 post 方法向服务器端存入数据，而不是获取数据。因此，如果需要在服务器端的数据库中添加、保存或删除数据，就应当选择 post 方法。例如，在网站中注册或登录表单，当需要输入密码、邮件地址等用户的信息时，建议使用 post 方法提交。

如果不确定使用哪一种方法，建议使用 post 方法，这样数据就不会暴露在 URL 中。

3. name 属性

name 属性表示表单的名称，用于区分同一个页面中的不同表单。

6.2 表单控件

表单的内容都是通过表单控件输入的，HTML 提供了一系列的表单控件，用于定义不同的输入功能，例如文本输入框、密码输入框、复选框等，本节将对这些表单控件进行详细的讲解。

6.2.1 input 控件

在浏览网页时经常会看到表单中使用的单行文本输入框、密码输入框等，想要定义这些就需要使用 input 控件。其基本语法格式如下：

```
<input type="控件类型">
```

<input>标签是一个单标签。在网页上显示不同的控件类型，主要依赖于<input>标签的 type 属性。type 属性常用的属性值如表 6-1 所示。

表 6-1 type 属性常用的属性值

属性值	描述
button	普通按钮
checkbox	复选框
file	文件域
hidden	隐藏输入字段
image	图像形式的提交按钮
password	密码字段
radio	单选按钮
reset	重置按钮
submit	提交按钮
text	单行文本输入框

除了 type 属性外，<input>标签还可以定义很多其他的属性，常用的如表 6-2 所示。

表 6-2 除 type 属性外 input 控件的其他常用属性

属性	描述
name	控件的名称
value	input 控件中的默认文本值
size	input 控件在页面中显示的宽度
readonly	该控件内容为只读（不能编辑和修改）
disabled	第一次加载页面时禁用该控件（显示为灰色）
checked	定义选择控件默认被选中的项
maxlength	控件最多允许输入的字符数

下面通过一个案例来演示部分 input 控件常用属性的应用，如例 6-1 所示。

例 6-1　example01.html

```
1  <!DOCTYPE html>
2  <html>
3      <head>
4          <meta charset="utf-8">
5          <title>input 控件</title>
6      </head>
7      <body>
8          <form action="#" method="post">
9              用户名:
10             <input type="text" value="admin" maxlength="6"><br><br>
11             密码:
12             <input type="password" size="30"><br><br>
13             性别:
14             <input type="radio" name="sex" value="1" checked/>男
15             <input type="radio" name="sex" value="0" />女<br><br>
16             爱好:
17             <input type="checkbox" />读书
18             <input type="checkbox" />唱歌
19             <input type="checkbox" />运动 <br><br>
20             上传文件:
21             <input type="file" /> <br><br>
22             <input type="submit" value="提交">
23             <input type="reset" value="重置">
24             <input type="button" value="普通按钮">
25             <input type="image" src="img/login.png">
26             <input type="hidden">
27         </form>
28     </body>
29 </html>
```

在例 6-1 中，通过对<input>标签应用 type 属性的不同属性值来定义不同类型的 input 控件，并对其中的一些控件设置其他的可选属性。例如，在第 10 行代码中，通过 value 和 maxlength 属性定义单行文本输入框中的默认显示文本和最多允许输入的字符数；在第 12 行代码中，通过 size 属性定义密码输入框的宽度；在第 14 行代码中通过 name 和 checked 属性定义单选按钮的名称和默认选中项。

运行例 6-1，效果如图 6-2 所示。

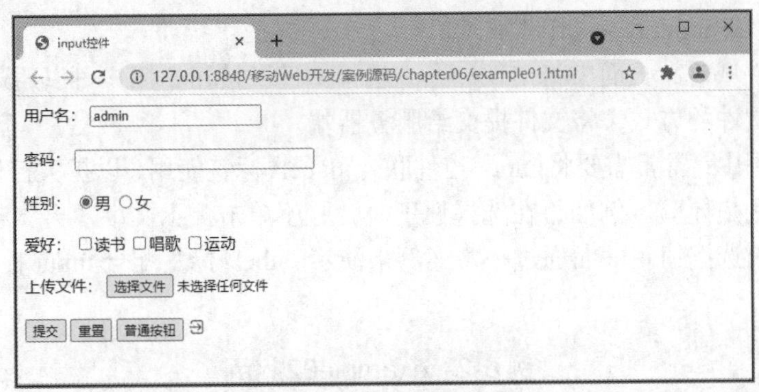

图 6-2 input 控件效果展示

下面简单介绍一下不同的 input 控件类型。

（1）单行文本输入框<input type="text"/>。

单行文本输入框用于输入一些简短的信息，例如用户名、账号、证件号码等。常用的属性有 name、value、maxlength。

（2）密码输入框<input type="password"/>。

密码输入框是一种特殊用途的 input 控件，专门用于输入密码，该控件中输入的字符串在浏览器中以圆点或者星号显示。提交表单时，会将真实数据发送到服务器端，并且在传送过程中不加密。

（3）单选按钮<input type="radio"/>。

单选按钮用于单项选择，如选择性别、是否操作等。需要注意的是，在定义单选按钮时，必须为同一组中的选项指定相同的 name 值，以保证这一组按钮中只能有一个被选中。此外，可以通过对单选按钮应用 checked 属性来指定默认选中项。

（4）复选框<input type="checkbox"/>。

复选框常用于多项选择，如选择兴趣、爱好等，可通过对其应用 checked 属性来指定默认选中项。

（5）普通按钮<input type="button"/>。

普通按钮通常配合 JavaScript 使用，初学者了解即可。

（6）提交按钮<input type="submit"/>。

提交按钮是表单的核心控件。用户完成信息的输入后，一般都需要单击提交按钮才能完成表单数据的提交。可以通过设置该控件的 value 属性来改变提交按钮上的默认文本。

（7）重置按钮<input type="reset"/>。

当用户输入的信息有误时，可以单击重置按钮将表单中填写的内容全部取消。可以通过设置该控件的 value 属性来改变重置按钮上的默认文本。

（8）图像形式的提交按钮<input type="image"/>。

图像形式的提交按钮与普通的提交按钮在功能上基本相同，只是用图像代替了默认的按钮，外形上更加美观。需要注意的是，必须通过为其定义 src 属性来指定图像的 URL 才能正确显示图像。

（9）隐藏域<input type="hidden"/>。

隐藏域对于用户是不可见的，通常用于后台程序。

（10）文件域<input type="file"/>。

当定义文件域时，页面中将出现一个“选择文件”按钮，用户可以通过填写文件路径或者直接选择文件的方式，将文件提交给服务器端。

在实际应用中，常常需要将 input 控件联合<label>标签使用，以扩大控件选择范围，从而提供更好的用户体验。例如，在选择性别时，希望单击提示文字“男”或者“女”也可以选中相应的单选按钮。下面通过一个案例来演示<label>标签配合 input 控件的使用方法，如例 6-2 所示。

例 6-2　example02.html

```
1  <!DOCTYPE html>
2  <html>
3      <head>
4          <meta charset="utf-8">
5          <title><label>标签的使用</title>
6      </head>
7      <body>
8          <form action="" method="post">
9              <label for="name">姓名</label>
10             <input type="text" id="name" maxlength="6"/><br>
11             性别:
12             <input type="radio" name="sex" id="male" /><label for="male">男 </label>
13             <input type="radio" name="sex" id="female"/><label for="female">女</label>
14         </form>
15     </body>
16 </html>
```

在例 6-2 中，使用<label>标签包含表单中的提示信息，并且将其 for 属性的值设置为相应表单控件的 id。这样<label>标签标注的内容就绑定到了指定 id 的表单控件上，当单击<label>标签中的内容时，相应的表单控件就会处于选中状态。

运行例 6-2，效果如图 6-3 所示。

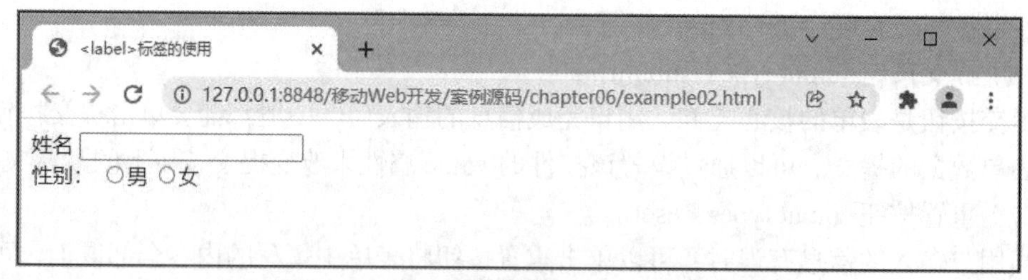

图 6-3　<label>标签配合 input 控件的使用

当在页面中单击“姓名”时，光标会自动定位在“姓名”后的文本输入框中；同样单击“男”或“女”时，相应的单选按钮也会处于选中状态。

6.2.2　textarea 控件

当在表单中需要输入大量文本信息时，可以使用 textarea 控件创建一个多行文本输入框。其语法格式如下：

```
1 <textarea rows="行数" cols="每行字符数">
2       文本内容
3 </textarea>
```

在上面的代码中，rows 属性设置多行文本输入框显示的行数，cols 属性设置多行文本输入框每行显示的字符数。

下面通过一个案例演示 textarea 控件的使用方法，如例 6-3 所示。

例 6-3 example03.html

```
1  <!DOCTYPE html>
2  <html>
3      <head>
4          <meta charset="utf-8">
5          <title>textarea 控件</title>
6      </head>
7      <body>
8          <h1>反馈表</h1>
9          <form action="" method="post">
10             <textarea cols="50" rows="10">请填写翔实的反馈信息</textarea><br>
11             <input type="submit" value="提交"/>
12         </form>
13     </body>
14 </html>
```

运行例 6-3，效果如图 6-4 所示。

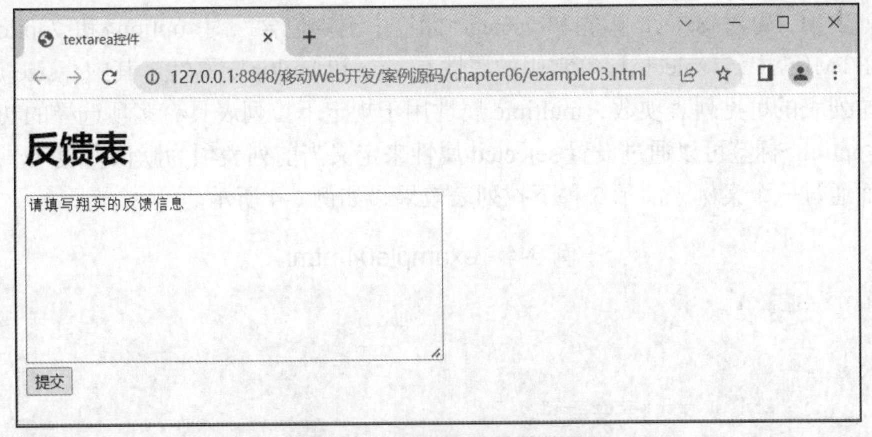

图 6-4 textarea 控件的使用

与单行文本输入框不同，textarea 控件没有 value 属性，默认值可以包含在<textarea>和</textarea>标签之间，也可以通过设置 placeholder 属性来定义占位文本。

注意

各浏览器对 cols 和 rows 属性的理解不同，对于设置了 cols 和 rows 属性的多行文本输入框，在各浏览器中的显示效果会有差异。所以，在实际应用中，经常使用 CSS 的 width 和 height 属性来定义多行文本输入框的宽度和高度。

6.2.3 select 控件

在填写表单时经常会看到包含多个列表项的下拉列表，例如选择所在的城市、出生年月、兴趣爱好等。图 6-5 所示为一个下拉列表，当单击下拉按钮时，会出现一个选择列表，如图 6-6 所示。这种下拉列表的效果是通过 select 控件实现的。

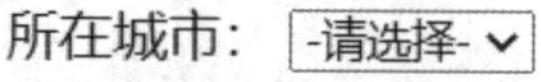

所在城市：-请选择-

图 6-5　下拉列表

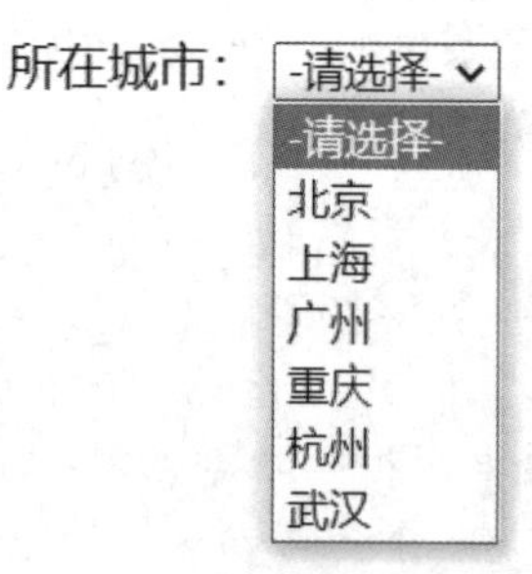

图 6-6　下拉列表的选择列表

使用 select 控件定义下拉列表的基本语法格式如下：

```
1  <select>
2        <option>选项 1</option>
3        <option>选项 2</option>
4        ...
5  </select>
```

在上面的语法格式中，<select>标签和</select>标签用于在表单中定义一个下拉列表。<option>标签和</option>标签嵌套在<select>标签和</select>标签中，用于定义下拉列表中的具体列表项，每对<select>标签和</select>标签中至少包含一对<option>和</option>标签。

在 HTML5 中，<select>标签常用的属性有 size 和 multiple 属性。其中，size 属性用于指定下拉列表的可见列表项数，multiple 属性用于规定下拉列表具有多项选择的功能。

对<option>标签可以通过设置 selected 属性来定义当前列表项为默认列表项。

下面通过一个案例来演示 3 种下拉列表效果，如例 6-4 所示。

例 6-4　example04.html

```
1   <!DOCTYPE html>
2   <html>
3       <head>
4           <meta charset="utf-8">
5           <title>select 控件</title>
6       </head>
7       <body>
8           <form action="#" method="post">
9               所在城市：
10              <select>
11                  <option>-请选择-</option>
12                  <option>北京</option>
13                  <option>上海</option>
14                  <option>广州</option>
15                  <option>重庆</option>
```

```
16                  <option>杭州</option>
17                  <option>武汉</option>
18              </select><br><br>
19              英语水平（单选）：
20              <select>
21                  <option>英语 A 级</option>
22                  <option selected>英语 B 级</option>
23                  <option>英语四级</option>
24                  <option>英语六级</option>
25              </select><br><br>
26              爱好（多选）：
27              <select multiple="multiple" size="4">
28                  <option>读书</option>
29                  <option selected>运动</option>
30                  <option >游戏</option>
31                  <option selected>写代码</option>
32                  <option>唱歌</option>
33                  <option>跳舞</option>
34              </select><br><br>
35              <input type="submit" value="提交">
36          </form>
37      </body>
38  </html>
```

在上述案例中，设计了 3 个不同效果的下拉列表，其中，第一个为普通的下拉列表，第二个下拉列表设置了一个默认列表项，第三个下拉列表设置了两个默认列表项，并且显示的列表项个数为 4 个。例 6-4 所示代码的运行结果如图 6-7 所示。

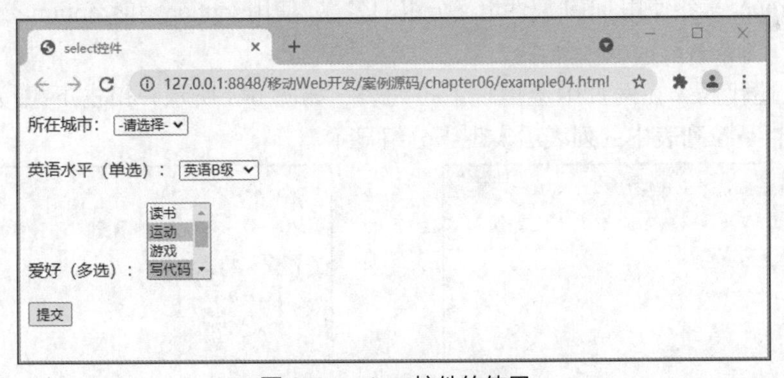

图 6-7 select 控件的使用

在实际网页制作中，下拉列表中的列表项有时会存在很多选择，此时就需要设置分组显示。可以在下拉列表中使用<optgroup>和</optgroup>标签。下面通过一个案例来演示下拉列表中列表项分组显示的方法，如例 6-5 所示。

例 6-5 example05.html

```
1  <!DOCTYPE html>
2  <html>
3      <head>
```

```
4           <meta charset="utf-8">
5           <title>下拉列表中的列表项分组显示</title>
6       </head>
7       <body>
8           <form action="#" method="post">
9               所在城市：
10              <select>
11                  <option>-请选择-</option>
12                  <optgroup label="江苏">
13                      <option>南京</option>
14                      <option>苏州</option>
15                      <option>无锡</option>
16                      <option>常州</option>
17                  </optgroup>
18                  <optgroup label="浙江">
19                      <option>杭州</option>
20                      <option>宁波</option>
21                      <option>温州</option>
22                  </optgroup>
23              </select>
24              <input type="submit" value="提交">
25          </form>
26      </body>
27  </html>
```

在上面的案例中，<optgroup>和</optgroup>标签用于定义列表项组，其必须嵌套在<select>和</select>标签内，一对<select>和</select>标签可以包含多对<optgroup>和</optgroup>标签。其中，<optgroup>标签使用 label 属性定义分组的名称，使用<option>和</option>标签定义具体的列表项。

运行上述代码，在网页中会出现下拉列表，如图 6-8 所示，单击下拉按钮，效果如图 6-9 所示，下拉列表中的列表项实现了分组显示。

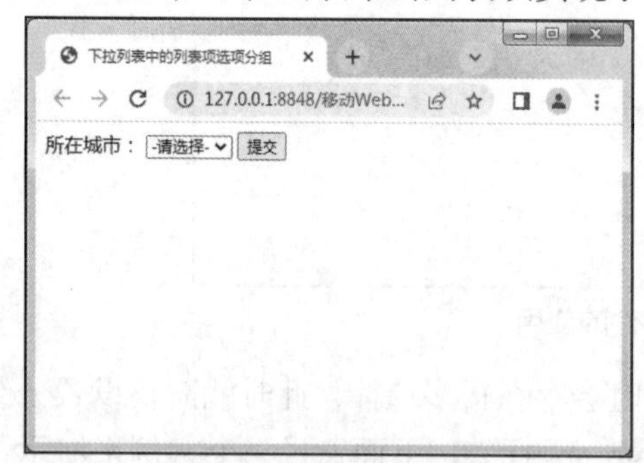

图 6-8　下拉列表

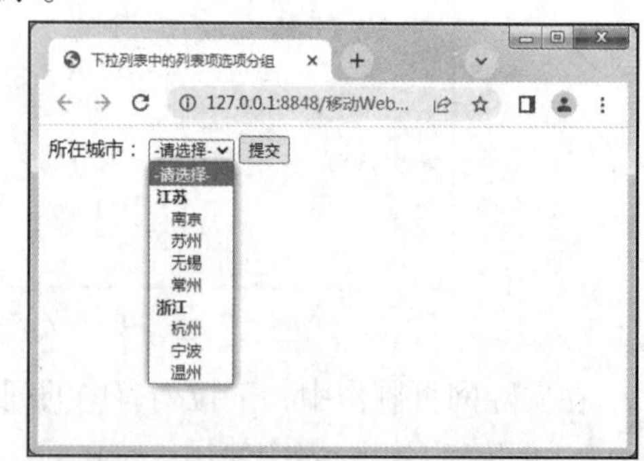

图 6-9　下拉列表中的列表项分组显示

6.3 HTML5 表单新特性

HTML5 新增了多个类型的 input 控件，以及新的表单控件和属性，本节将详细介绍这些 HTML5 智能表单的新特性。

6.3.1 HTML5 的 input 控件

扫码观看
微课视频

HTML5 新增了多个类型的 input 控件，通过这些新增类型的 input 控件，我们可以实现更好的表单设计。

1. email 类型

email 类型的 input 控件用于提供输入邮件地址的文本输入框，在提交表单时，会自动验证该文本输入框的值。如果输入的内容不是一个有效的邮件地址，则该文本输入框不允许提交该表单。

下面通过一个案例展示 email 类型的 input 控件的应用，如例 6-6 所示。

例 6-6　example06.html

```
1  <!DOCTYPE html>
2  <html>
3    <head>
4         <meta charset="utf-8">
5         <title>email类型</title>
6    </head>
7    <body>
8         <form action="testform.php" method="get">
9              请输入邮件地址：<input type="email" name="emailname" id="emailname"/>
10             <input type="submit" value="提交">
11        </form>
12   </body>
13 </html>
```

在 Chrome 浏览器中运行此案例，如果输入了错误的邮件地址，单击“提交”按钮时会出现如图 6-10 所示的提示。

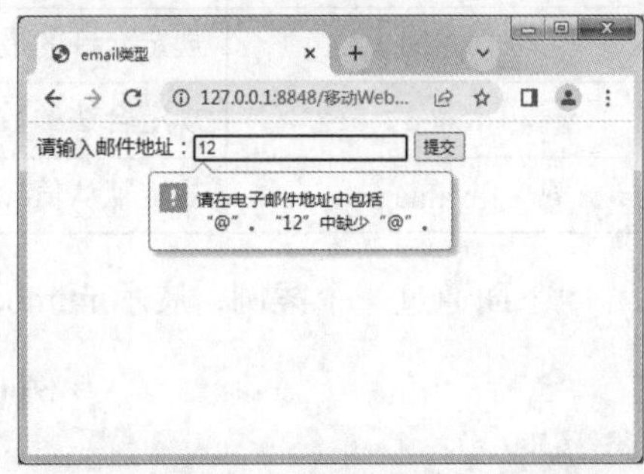

图 6-10　email 类型的 input 控件应用

请注意，对于不支持 email 类型 input 控件的浏览器，会将相关内容显示为 text 类型的文本输入框。

2. url 类型

url 类型的 input 控件用于提供输入 URL 的输入框。当提交表单时，会自动验证输入框的内容格式是否符合要求。

下面通过一个案例展示 url 类型的 input 控件的应用，如例 6-7 所示。

例 6-7　example07.html

```
1  <!DOCTYPE html>
2   <html>
3   <head>
4        <meta charset="utf-8">
5        <title>url类型</title>
6   </head>
7   <body>
8        <form action="testform.php" method="get">
9             请输入网址：<input type="url" name="url-name" id="url-name"/>
10            <input type="submit" value="提交">
```

```
11        </form>
12    </body>
13  </html>
```

在 Chrome 浏览器中运行此案例，如果输入错误的 URL，单击“提交”按钮时会显示“请输入网址。”的提示，如图 6-11 所示。

图 6-11　url 类型的 input 控件应用

请注意，www.ccit.js.cn 这串字符并不是有效的 URL，前面必须加上 URL 前缀，例如 http://或者 ftp://等。

3. number 类型

number 类型的 input 控件用于提供输入数字的文本输入框，而且可以通过属性值的设定来限制输入框中输入数字的范围，包括允许的最大值和最小值，合法的数字间隔或默认值。如果输入的数字不在限定的范围内，则在提交表单时会提示错误信息。

number 类型的 input 控件通过以下属性对输入的数字进行限定，如表 6-3 所示。

表 6-3　number 类型 input 控件的属性

属性名	描述
max	规定允许的最大值
min	规定允许的最小值
step	规定合法的数字间隔（如果 step="3"，则合法的数可能是–3、0、3、6 等）
value	规定默认值

下面通过一个案例，展示 number 类型 input 控件的应用，如例 6-8 所示。

例 6-8　example08.html

```
1  <!DOCTYPE html>
2    <html>
3     <head>
4         <meta charset="utf-8">
5           <title>number 类型</title>
6     </head>
7     <body>
8         <form action="testform.php" method="get">
9             请输入数字：<input type="number" name="number_name"
10  id="number_name" max="10" min="0" step="3"/>
11                <input type="submit" value="提交">
12            </form>
13      </body>
14  </html>
```

在 Chrome 浏览器中运行此案例，如图 6-12 所示，可以在浏览器的输入框中输入数字，也可以通过输入框右侧的控制按钮选取数字。如果输入了不在限定范围内的数字，例如分别输入–1 和 12，单击“提交”按钮时会出现如图 6-13 和图 6-14 所示的提示。如果输入的数字不符合数字间隔的要求，例如输入 5，则会出现如图 6-15 所示的提示。

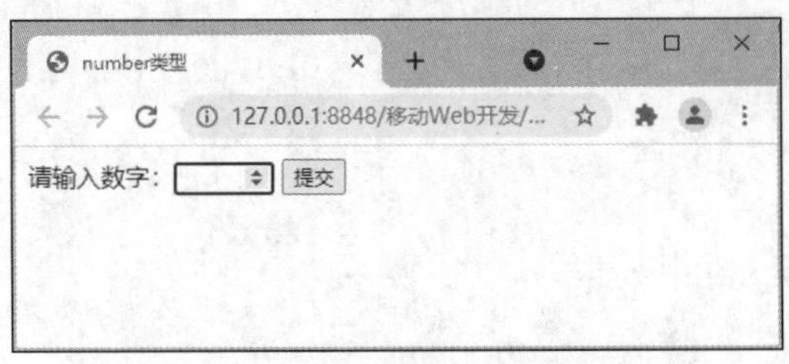

图 6-12 number 类型的 input 控件

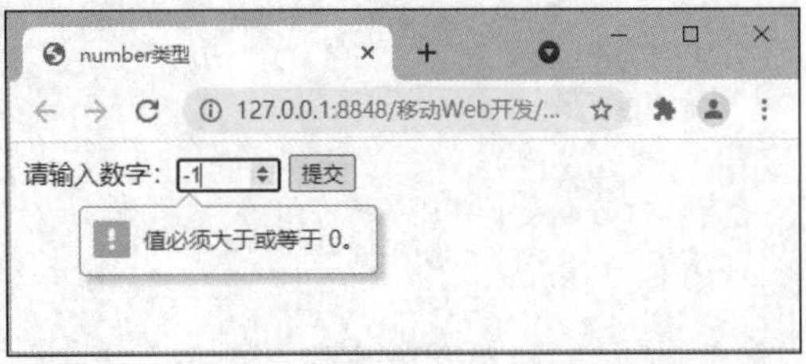

图 6-13 number 类型 input 控件的 min 属性提示

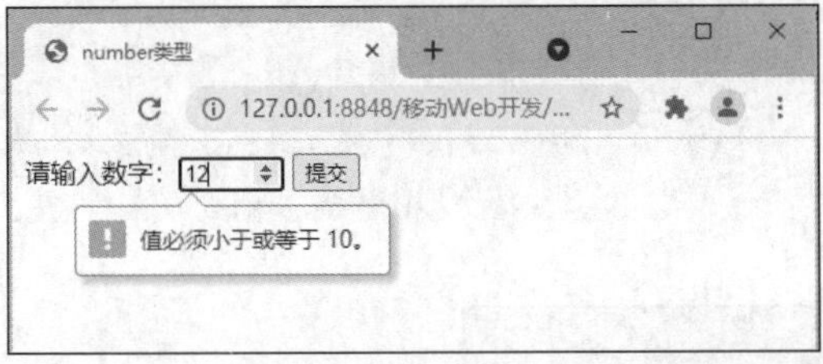

图 6-14 number 类型 input 控件的 max 属性提示

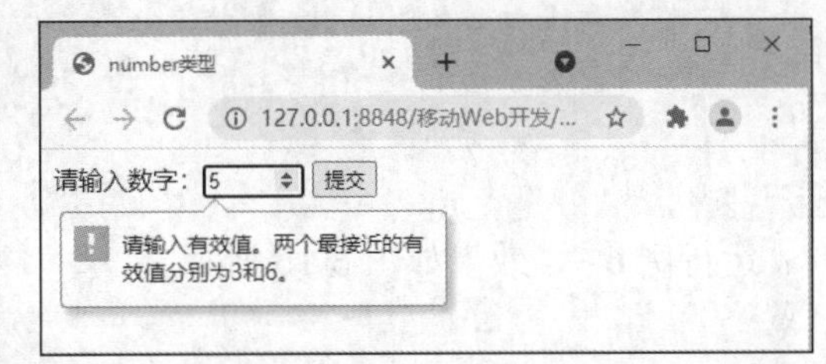

图 6-15 number 类型 input 控件的 step 属性提示

4. range 类型

range 类型的 input 控件提供用于输入包含于一定范围内的数字值的输入框，在网页中显示为滑动条。它的常用属性与 number 类型一样，通过 min 属性和 max 属性设置最小值和最大值，通过 step 属性设置数字间隔。

5. Date Pickers 类型

Date Pickers 类型是日期时间类型，HTML5 提供了多个用于选择日期和时间的输入框，即 6 种时间日期选择器，具体如表 6-4 所示。

表 6-4 日期时间选择器类型

输入类型	语法	描述
date	<input type="date">	选取日、月、年
month	<input type="month">	选取月、年
week	<input type="week">	选取周、年
time	<input type="time">	选取时间（小时和分钟）
datetime	<input type="datetime">	选取时间、日、月和年（UTC）
datetime-local	<input type="datetime-local">	选取时间、日、月和年（本地时间）

在表 6-4 中，UTC 即协调世界时，又称世界标准时间。

下面通过一个案例展示不同类型的时间日期选择器，如例 6-9 所示。

例 6-9　example09.html

```
1   <!DOCTYPE html>
2   <html>
3       <head>
4           <meta charset="utf-8">
5           <title>Date Pickers类型</title>
6       </head>
7       <body>
8           <form>
9               <input type="date">
10              <input type="month">
11              <input type="week">
12              <input type="time">
13              <input type="datetime">
14              <input type="datetime-local"><br>
15              <input type="submit"  value="提交" />
16          </form>
17      </body>
18  </html>
```

运行例 6-9，效果如图 6-16 所示。

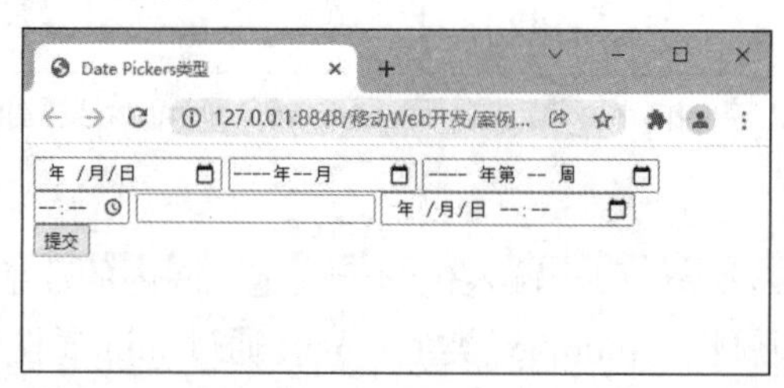

图 6-16　Data Pickers 类型 input 控件的应用

6. search 类型

search 类型的 input 控件提供了用于搜索关键词的文本输入框。在外观上，search 类型的 input 控件与普通的 text 类型的 input 控件的区别在于，当输入内容时，其右侧会出现一个“×”按钮，单击即可清除文本输入框中已输入的内容。

例如下面的案例展示了 search 类型的 input 控件的页面效果，如例 6-10 所示。

例 6-10　example10.html

```
1  <!DOCTYPE html>
2  <html>
3    <head>
4        <meta charset="utf-8">
5        <title>search类型</title>
6    </head>
7    <body>
8        <form action="search_action.php" method="get">
9            请输入关键词:
10           <input type="search" placeholder="输入的关键词">
11           <input type="submit" value="Go">
12       </form>
13   </body>
14 </html>
```

以上代码在浏览器中的运行结果如图 6-17 所示。同时，注意这里的<form>标签使用的是 method="get"，而不是 method="post"，这是搜索类型文本输入框的常规做法。

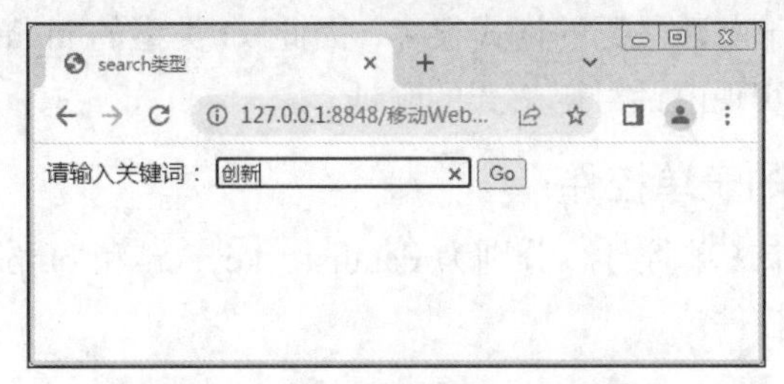

图 6-17　search 类型的 input 控件

7. color 类型

color 类型的 input 控件提供专门用于选择颜色的文本输入框，用于实现一个 RGB 颜色的输入。当 color 类型的 input 控件获得焦点后，会自动调用系统的颜色窗口。

下面通过一个案例展示 color 类型的 input 控件的页面效果，如例 6-11 所示。

例 6-11　example11.html

```
1  <!DOCTYPE html>
2  <html>
3    <head>
4        <meta charset="utf-8">
5        <title>color 类型</title>
6    </head>
7    <body>
8        <form action="search_action.php" method="get">
9            请选择颜色:
10           <input type="color" >
11           <input type="submit" value="提交">
12       </form>
13   </body>
14 </html>
```

在浏览器中运行上面的代码，单击颜色文本输入框，会打开一个拾色器窗口。选择颜色后，可以看到颜色文本输入框显示了对应的颜色效果，如图 6-18 所示。

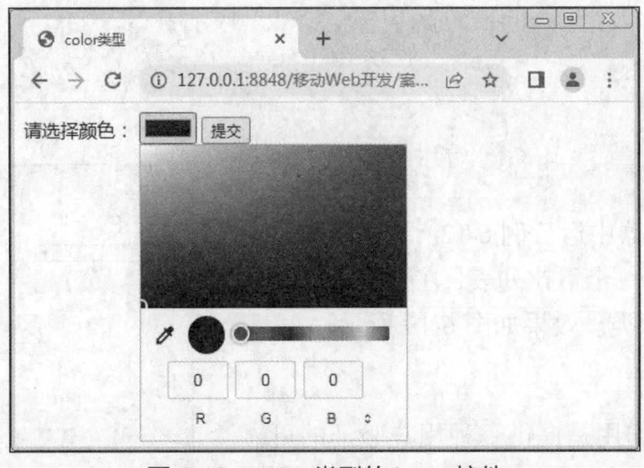

图 6-18　color 类型的 input 控件

8. tel 类型

tel 类型的 input 控件提供专门用于输入电话号码的文本输入框，在页面中显示为一个普通的文本输入框。由于电话号码的格式很多，因此 tel 类型的 input 控件经常与 pattern 属性配合使用，这样才能实现电话号码格式的验证。

扫码观看
微课视频

6.3.2　HTML5 新增的表单控件

HTML5 新增了 3 个表单控件，分别为 datalist、keygen 和 output。下面分别介绍这 3 个表单控件。

1. datalist 控件

datalist 控件为输入框提供一个预定义的下拉列表，用户在输入数据时可以在预定义的下拉列表中直接选择，也可以自行输入内容。

datalist 控件需要与 option 控件配合使用，每个 option 控件都必须设置其 value 属性的值。其中，datalist 控件用于定义下拉列表，option 控件用于定义选项。如果要把 datalist 控件提供的下拉列表绑定到某个输入框上，则必须将输入框的 list 属性的值设定为该 datalist 控件的 id。

下面通过一个案例对 datalist 控件的用法进行展示，如例 6-12 所示。

例 6-12　example12.html

```
1  <!DOCTYPE html>
2  <html>
3    <head>
4        <meta charset="utf-8">
5        <title>datalist 元素</title>
6    </head>
7    <body>
8        <form action="testform.php" method="post">
9            <input list="browsers" name="browser" placeholder="请输入浏览器……">
10           <datalist id="browsers">
11               <option value="Internet Explorer">
12               <option value="Firefox">
13               <option value="Chrome">
14               <option value="Opera">
15               <option value="Safari">
16           </datalist>
17       </form>
18   </body>
19 </html>
```

在 Chrome 浏览器中运行例 6-12，当用户单击输入框之后，就会弹出一个下拉列表，在列表中展示供用户选择的浏览器种类。效果如图 6-19 所示。

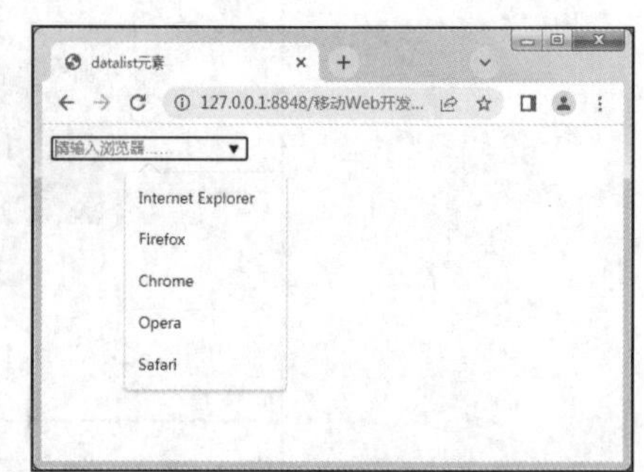

图 6-19　datalist 控件的应用

2. keygen 控件

keygen 控件的作用是提供一种用户验证的可靠方法。

keygen 控件是密钥对生成器。当提交表单时，keygen 控件会生成两个键，一个是私钥，另一个是公钥，私钥存储于客户端，公钥则被发送到服务器端。公钥可用于之后验证用户的客户端证书。

下面通过一个案例对 keygen 控件的用法进行展示，如例 6-13 所示。

例 6-13 example13.html

```
1  <form action="demo_keygen.php" method="get">
2      用户名: <input type="text" name="usr_name"><br>
3      加  密: <keygen name="security"><br>
4      <input type="submit" value="提交">
5  </form>
```

例 6-13 在 Chrome 浏览器中的运行结果如图 6-20 所示。在“加密”右侧的 keygen 控件中可以选择密钥强度，一种是 2048（高强度），还有一种是 1024（中等强度）。

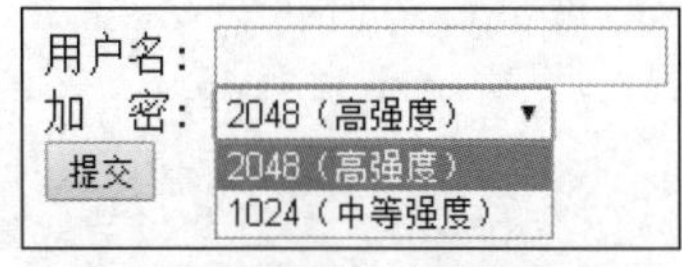

图 6-20 keygen 控件的应用

注意

keygen 控件在新的 Web 标准中已废弃。

3. output 控件

output 控件用于不同类型的输出，比如计算或脚本输出，其语法格式如下：

```
<output name="name" for="element_id"></output>
```

在上述语法格式中，属性 name 的作用是规定 output 控件的名称，for 属性描述了计算中使用的控件与计算结果之间的关系。for 属性的值规定一个或多个控件的 id 列表，要求以空格分隔。

下面通过一个案例对 output 控件的用法进行展示，如例 6-14 所示。

例 6-14 example14.html

```
1  <form oninput="x.value=parseInt(a.value)+parseInt(b.value)">
2      0<input type="range" id="a" value="50">100
3      +<input type="number" id="b" value="50">
4      =<output name="x" for="a b"></output>
5  </form>
```

例 6-14 在 Chrome 浏览器中的运行结果如图 6-21 所示。当页面载入后，通过调节 range 类型 input 控件的滑动条调节数字的大小，在等号的后面会显示不同的计算结果。

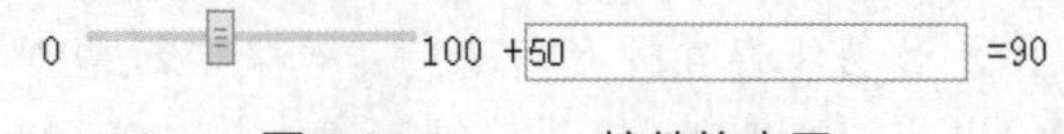

图 6-21 output 控件的应用

扫码观看 微课视频

6.3.3 HTML5 新增的表单属性

HTML5 为 form 控件和 input 控件新增了多个属性，下面将分别介绍这两个控件的新属性。

1. form 控件新增的属性

form 控件主要新增了两个属性：autocomplete 和 novalidate。

（1）autocomplete 属性。

autocomplete 属性规定 form 控件是否启用自动完成功能。当启用自动完成功能时，浏览器会基于用户之前的输入值显示填写的选项。该属性也可以应用在 input 控件上。

（2）novalidate 属性。

novalidate 属性规定在提交表单时取消整个表单的验证，即关闭对表单内所有控件输入内容的有效性检查。例如下面这段代码，使用 novalidate 属性取消了整个表单的验证。

```
1  <form action="#" method="get" novalidate>
2      E-mail: <input type="email" name="user_email" />
3      <input type="submit" />
4  </form>
```

2. input 控件新增的属性

input 控件新增的属性主要用于限制输入行为或控件的格式。

（1）autocomplete 属性。

autocomplete 属性规定 input 控件是否启用自动完成功能，属性值分为 on 和 off。其语法格式如下：

```
<input type="email" name="email" autocomplete="off"/>
```

下面通过一个案例在 form 控件和 input 控件上分别设置 autocomplete 属性，如例 6-15 所示。

例 6-15　example15.html

```
1  <form action="#" method="get" autocomplete="on">
2      姓名: <input type="text" name ="name" /><br />
3      职业: <input type ="text"  name ="career" /><br />
4      E-mail: <input type="email" name="email" autocomplete="off" /><br />
5      <input type="submit"  value="提交"/>
6  </form>
```

通过Chrome 浏览器运行此案例，在输入框中填入对应信息，重新打开该网页，当用户将焦点定位到姓名或职业输入框中时，会自动出现前面填写的内容，对于 E-mail 后的输入框，则没有提示列表。

注意：自动完成功能

多数浏览器都带有自动辅助用户完成输入的功能，即自动完成功能。只要启用了该功能，浏览器会自动记录用户所输入的信息，当再次输入相同内容时，浏览器就会自动完成内容的输入。从安全性的角度考虑，该功能存在较大的隐患。如果不希望浏览器自动记录这些信息，可以为 form 控件或者 input 控件设置 autocomplete 属性，关闭此功能。

（2）autofocus 属性。

该属性规定在页面加载时，表单控件自动获得焦点。该属性适用于所有类型的 input 控件。其语法格式如下：

```
<input type="text" name="fname" autofocus="autofocus"/>
```

autofocus 属性的出现使得页面中的表单控件可以非常容易地自动获取焦点，但是要注意，在同一页面中只能指定一个 autofocus 属性的值，所以必须谨慎使用。

（3）form 属性。

form 属性规定了 input 控件所属的一个或多个表单。在 HTML4 中，表单的控件只能存放在<form>和</form>标签之间，也就是说必须将相关的控件放在表单的内部。但 HTML5 中新增的 form 属性解决了这个问题。

form 属性必须引用所属表单的 id。如果一个 form 属性需要引用多个表单，则需要使用空格将表单的 id 分隔开。

下面通过一个案例介绍 form 属性的具体应用，如例 6-16 所示。

例 6-16 example16.html

```
1  <!DOCTYPE html>
2  <html>
3    <head>
4        <meta charset="utf-8">
5        <title>form属性</title>
6    </head>
7    <body>
8        <form action="" id="form1">
9             姓名：<input type="text" name="name1" ><br>
10                 <input type="submit" value="提交">
11       </form>
12           地址：<input type="text" name="adress1" form="form1">
13   </body>
14 </html>
```

在 Chrome 浏览器中运行此案例。如果填写了姓名和地址之后单击“提交”按钮，在浏览器的地址栏中可以查看到提交结果，“地址”文本输入框中的值也会被提交给服务器端，如图 6-22 所示。

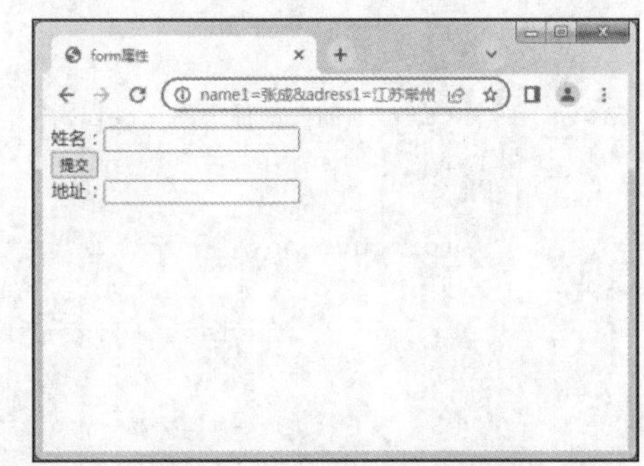

图 6-22 form 属性的应用

（4）表单重写属性。

HTML5 新增了 5 个表单重写属性，用于重写表单的属性设置，简单说明如下。

- formaction：重写表单的 action 属性。
- formenctype：重写表单的 enctype 属性。
- formmethod：重写表单的 method 属性。
- formnovalidate：重写表单的 novalidate 属性。
- formtarget：重写表单的 target 属性。

这些属性可以指定表单提交的各种信息，仅适用于 submit 和 image 类型的 input 控件。

（5）height 和 width 属性。

height 和 width 属性仅用于设置 image 类型 input 控件的高度和宽度，具体应用如例 6-17 所示。

例 6-17 example17.html

```
1  <!DOCTYPE html>
```

```
2  <html>
3    <head>
4        <meta charset="utf-8">
5        <title>height 和 width 属性</title>
6    </head>
7    <body>
8        <form action="testform.asp" method="get">
9            用户名：<input type="text" name="user_name" />
10           <input type="image" src="img/btn.jpg" width="20" height="20" />
11       </form>
12   </body>
13 </html>
```

原图像的大小为400px×400px，使用上述代码可以将图像的大小限制为 20px×20px，效果如图 6-23 所示。

（6）list 属性。

list 属性用于设置输入框绑定的 datalist 控件。具体案例可参考前文中 datalist 控件的介绍。

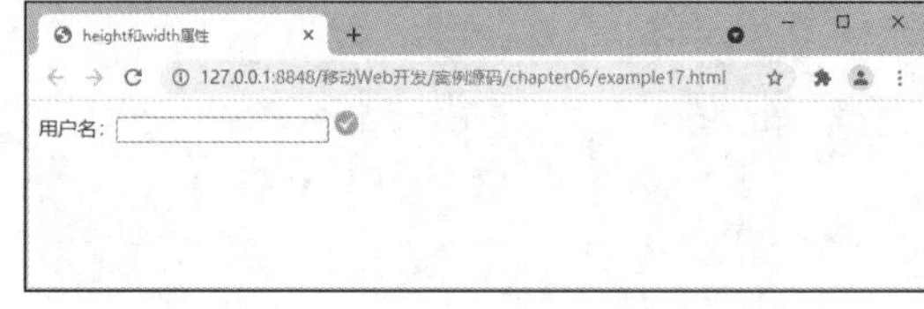

图 6-23　height 和 width 属性的应用

（7）min、max 和 step 属性。

min、max 和 step 属性用于为包含数字或日期的 input 控件设置限定值。max 属性规定输入框所允许的最大值，min 属性规定输入框所允许的最小值，step 属性为输入框规定合法的数字间隔。

设计一个数字类型的输入框，规定取值范围为 0～10，数字间隔为 3，如例 6-18 所示。

例 6-18　example18.html

```
1  <!DOCTYPE html>
2  <html>
3    <head>
4        <meta charset="utf-8">
5        <title>min、max 和 step 属性</title>
6    </head>
7    <body>
8       <form action="" method="get">
9        请输入数字：<input type="number" name="points" min="0" max="10" step="3" />
10                  <input type="submit" value="提交" />
11       </form>
12   </body>
13 </html>
```

在 Chrome 浏览器中运行此案例，如果单击数字输入框右侧的上下调节按钮，可以看到数字以 3 为间隔进行递减和递增，如果输入不合法的数值，如 5，单击“提交”按钮会显示错误提示，如图 6-24 所示。

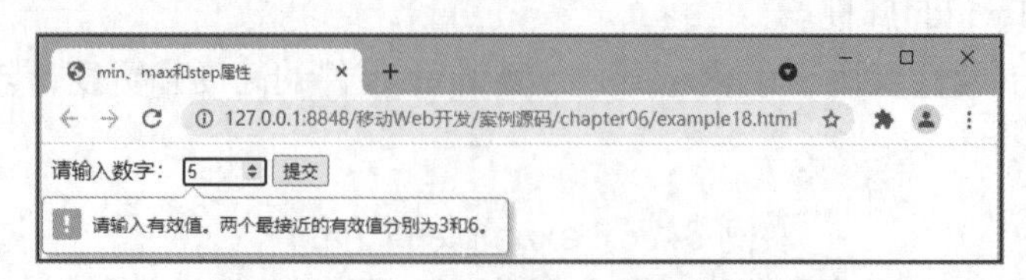

图 6-24　min、max 和 step 属性的应用

（8）multiple 属性。

multiple 属性规定在输入框中可选择多个值。该属性适用于 email 和 file 类型的 input 控件，具体应用如例 6-19 所示。

例 6-19 example19.html

```
1 <!DOCTYPE html>
2 <html>
3   <head>
4       <meta charset="utf-8">
5       <title>multiple 属性</title>
6   </head>
7   <body>
8       <form action="testform.asp" method="get">
9          请选择要上传的多个文件：<input type="file" name="img" multiple="multiple" />
10          <input type="submit" value="提交"/>
11       </form>
12   </body>
13 </html>
```

例 6-19 在 Chrome 浏览器中的运行结果如图 6-25 的左图所示，如果单击“选择文件”按钮，在打开的对话框中可以选择多个文件。选择文件并单击“打开”按钮后会关闭对话框，同时会在页面中显示选择文件的个数，如图 6-25 的右图所示。

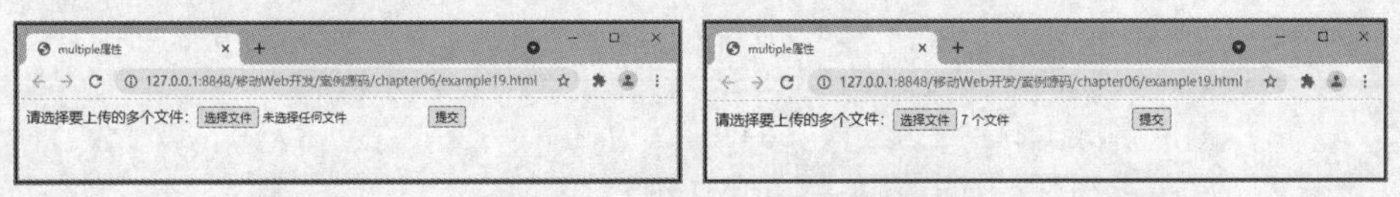

图 6-25 multiple 属性的应用

（9）pattern 属性。

pattern 属性描述了一个正则表达式，用于验证 input 控件的值是否与自定义的正则表达式相匹配。该属性适用于 text、search、url、telephone、email 和 password 类型的 input 控件。

使用 pattern 属性设置文本输入框的内容必须为 6 位数的邮政编码，如例 6-20 所示。

例 6-20 example20.html

```
1 <!DOCTYPE html>
2 <html>
3   <head>
4       <meta charset="utf-8">
5       <title>pattern 属性</title>
6   </head>
7   <body>
8       <form action="" method="get">
9           请输入邮政编码：<input type="text" name="zip_code" pattern="[0-9]{6}"
10           title="请输入 6 位数的邮政编码" />
11           <input type="submit" value="提交" />
12       </form>
13   </body>
14 </html>
```

在 Chrome 浏览器中运行此案例，如果输入的内容不满足 6 位数邮政编码的要求，则会出现错误提示，如图 6-26 所示。

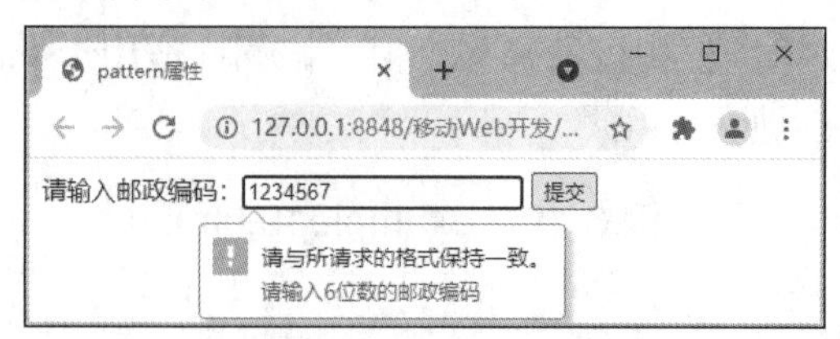

图 6-26　pattern 属性的应用

（10）placeholder 属性。

placeholder 属性用于为 input 控件提供一种文本提示，这些提示可以描述输入框期待用户输入的内容。当输入框为空时出现提示，当输入框获取焦点时提示自动消失。

下面这段代码应用了 placeholder 属性，如例 6-21 所示。

例 6-21　example21.html

```
1  <!DOCTYPE html>
2  <html>
3    <head>
4        <meta charset="utf-8">
5        <title>placeholder 属性</title>
6    </head>
7    <body>
8        <form action="" method="get">
9            请输入邮政编码：<input type="text" name="zip_code" pattern="[0-9]{6}"
10           placeholder="请输入 6 位数的邮政编码" />
11           <input type="submit" value="提交" />
12       </form>
13   </body>
14 </html>
```

在 Chrome 浏览器中运行此案例，输入框的显示结果如图 6-27 的左图所示，当光标位于输入框中并输入字符时，提示文字消失，如图 6-27 的右图所示。

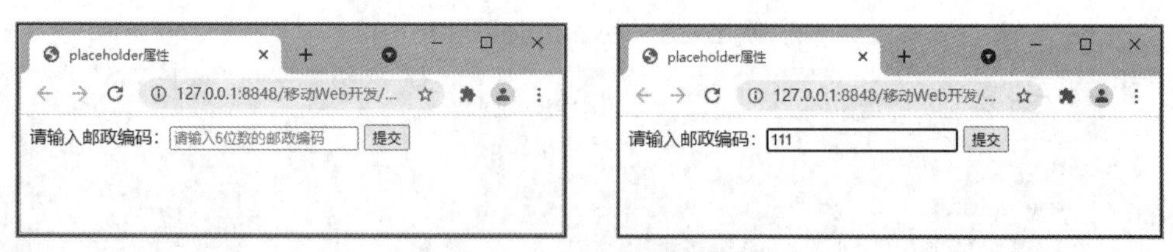

图 6-27　placeholder 属性的应用

（11）required 属性。

required 属性用于定义在输入框中填写的内容不能为空，否则不允许提交表单。使用 required 属性规定在输入框中必须输入内容，如例 6-22 所示。

例 6-22　example22.html

```
1  <!DOCTYPE html>
2  <html>
3    <head>
```

```
4         <meta charset="utf-8">
5         <title>required属性</title>
6     </head>
7     <body>
8         <form action="testform.asp" method="post">
9             用户名：<input type="text" name="user_name" required="required"/>
10            <input type="submit" value="提交" />
11        </form>
12    </body>
13 </html>
```

在 Chrome 浏览器中运行此案例，当输入框中内容为空并单击“提交”按钮时，会出现“请填写此字段。”的提示，只有输入内容之后才允许提交表单，如图 6-28 所示。

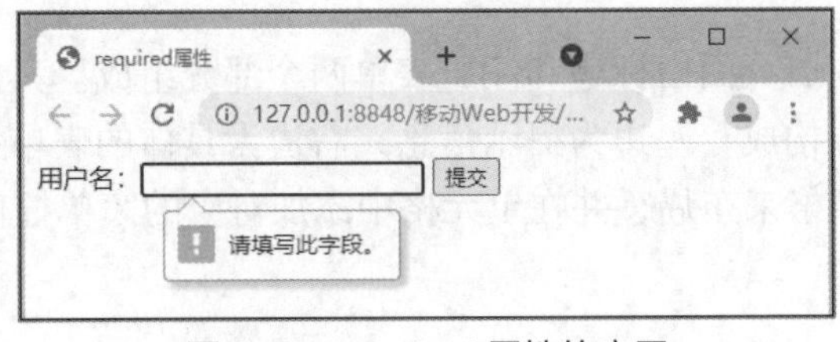

图 6-28　required 属性的应用

6.4 单元案例——志愿者注册页面

本单元前几节重点讲解了表单的构成、input 控件、HTML5 新增的表单控件、HTML5 新增的表单属性等。

为了使读者更好地认识 HTML5 智能表单的功能，本节将完成一个志愿者注册页面，希望读者在学校努力学习专业知识的同时，不要忘记积极参加一些公益活动，比如参加志愿者活动，为社会贡献自己的力量。页面效果如图 6-29 所示。

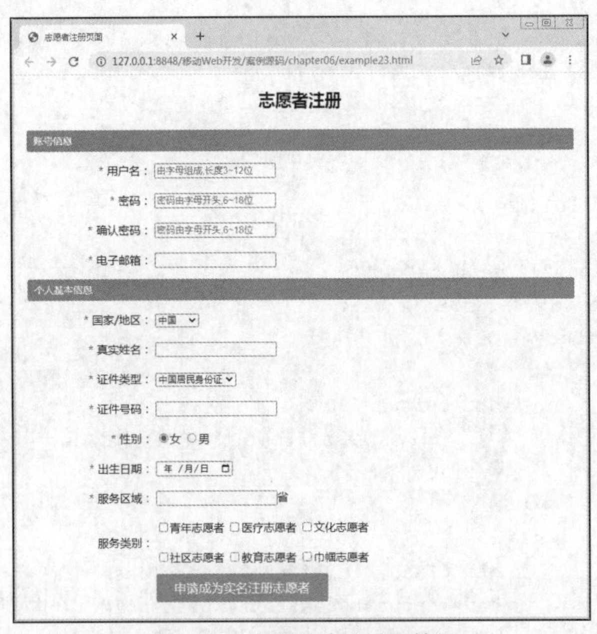

图 6-29　志愿者注册页面效果

小贴士

志愿服务，奉献社会。志愿服务是奉献社会、服务他人的一种方式，是传递爱心、播种礼貌的过程。让我们扬起青春的风帆，把我们的热情奉献给这个社会，弘扬志愿者“奉献、友爱、互助、进步”的精神，做现代文明公民。

6.4.1 表单注册页面效果分析

为了提高网页制作的效率，拿到页面效果图时，都应当对其结构和样式进行分析。志愿者注册页面效果如图 6-29 所示。

1. 结构分析

观察页面效果，注册页面由标题和注册表单两个部分组成。其中，注册表单部分排列整齐，由左右两个部分构成，左边为提示信息，右边为具体的表单控件。因此，注册表单的整体结构可以使用表格来布局，并在单元格中添加对应的表单控件。

2. 样式分析

控制页面效果的样式主要分为 4 个部分，主要包括标题的文本样式、表单样式、表格样式和按钮样式。

6.4.2 搭建表单注册页面结构

根据上面的分析，可以使用对应的 HTML5 标签来创建页面结构，如例 6-23 所示。

例 6-23　example23.html

```
1  <!DOCTYPE html>
2  <html>
3    <head>
4        <meta charset="utf-8">
5       <title>志愿者注册页面</title>
6   </head>
7   <body>
8       <header>
9           <h2>志愿者注册</h2>
10      </header>
11      <form action="#" method="get">
12          <table id="reg_form">
13              <tbody>
14                  <tr>
15                      <td colspan="2">
16                          <div class="tb_tit">账号信息</div>
17                      </td>
18                  </tr>
19                  <tr>
20                      <td class="td_left"><span class="fim">*</span>用户名：</td>
21                      <td><input type="text" placeholder="由字母组成，长度 3～12 位"
22 pattern="[A-Za-z]{3,12}" required /></td>
23                  </tr>
```

```
24                  <tr>
25                      <td class="td_left"><span class="fim">*</span>密码：</td>
26                      <td><input type="password" id="pw1" required placeholder="
27 密码由字母开头，6～18位" pattern="[a-zA-Z]\w{5,17}" /></td>
28                  </tr>
29                  <tr>
30                      <td class="td_left"><span class="fim">*</span>确认密码：</td>
31      <td><input type="password" id="pw2" required placeholder="密码由字母开头，6～18位"
32                               pattern="[a-zA-Z]\w{5,17}" /></td>
33                  </tr>
34                  <tr>
35                      <td class="td_left"><span class="fim">*</span>电子邮箱：</td>
36                      <td><input type="email" required /></td>
37                  </tr>
38      <tr>
39              <td colspan="2">
40                      <div class="tb_tit">个人基本信息</div>
41              </td>
42      </tr>
43      <tr>
44              <td class="td_left"><span class="fim">*</span>国家/地区：</td>
45              <td><select name="ad_nationality">
46                               <option value>请选择</option>
47                               <option value="中国" selected>中国</option>
48                               <option value="美国">美国</option>
49                               <option value="英国">英国</option>
50                               <option value="俄罗斯">俄罗斯</option>
51                               <option value="其他">其他</option>
52                  </select></td>
53      </tr>
54      <tr>
55                      <td class="td_left"><span class="fim">*</span>真实姓名：</td>
56                      <td><input type="text" required /></td>
57      </tr>
58      <tr>
59                      <td class="td_left"><span class="fim">*</span>证件类型：</td>
60                      <td><select id="ad_cert_type" name="ad_cert_type">
61                               <option value="">请选择</option>
62                               <option value="4529" selected="">中国居民身份证</option>
63                               <option value="4530">护照</option>
64                           </select></td>
65      </tr>
66      <tr>
67      <td class="td_left"><span class="fim">*</span>证件号码：</td>
68       <td><input type="text" required pattern="(^\d{15}$)|(^\d{18}$)|(^\d{17}(\d
69 |X|x)$)" /></td>
70      </tr>
71                  <tr>
72                      <td class="td_left"><span class="fim">*</span>性别：</td>
```

```
73                          <td>
74                          <input type="radio" name="gender" value="0" checked="checked">女
75                          <input type="radio" name="gender" value="1">男
76                          </td>
77                      </tr>
78                      <tr>
79                          <td class="td_left"><span class="fim">*</span>出生日期：</td>
80                          <td><input type="date" required /></td>
81                      </tr>
82                      <tr>
83                          <td class="td_left"><span class="fim">*</span>服务区域：</td>
84                          <td><input type="text" list="ad_province" required />省
85                              <datalist id="ad_province">
86                                  <option value="江苏">
87                                  <option value="浙江">
88                                  <option value="河北">
89                                  <option value="河南">
90                                  <option value="山西">
91                                  <option value="山东">
92                              </datalist>
93                          </td>
94                      </tr>
95                      <tr>
96                          <td class="td_left" rowspan="2">服务类别：</td>
97                          <td>
98                              <input type="checkbox">青年志愿者
99                              <input type="checkbox">医疗志愿者
100                             <input type="checkbox">文化志愿者
101                         </td>
102                     </tr>
103                     <tr>
104                         <td>
105                             <input type="checkbox">社区志愿者
106                             <input type="checkbox">教育志愿者
107                             <input type="checkbox">巾帼志愿者
108                         </td>
109                     </tr>
110                     <tr>
111                         <td></td>
112                         <td>
113                     <input type="submit" class="bt_suc" value="申请成为实名注册志愿者" />
114                         </td>
115                     </tr>
116                 </tbody>
117             </table>
118         </form>
119     </body>
120 </html>
```

运行例 6-23，可以在浏览器中看出没有设置 CSS 样式的页面效果，如图 6-30 所示。

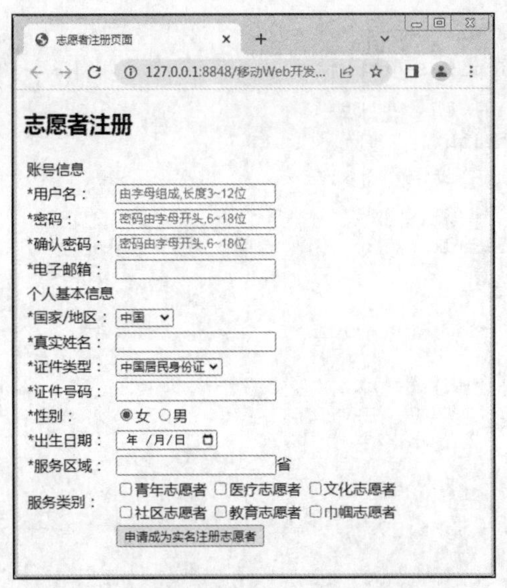

图 6-30 没有设置 CSS 样式的页面效果

6.4.3 定义表单注册页面 CSS 样式

根据页面效果可以看出，实现页面中的样式效果需要设置如下内容。

（1）标题、表单和表格样式。

设置头部标签的宽度和标题标签<h2>的对齐方式。设置整个表单的宽度，并使得表单在页面中居中显示。设置表格的行高，以及合并单元格的背景、字体等样式，设置左边单元格右对齐。

（2）按钮样式。

为按钮设置单独的样式，包括背景色、宽度、高度、边框、字体等。

在页面结构代码 example23.html 中添加样式代码，写在头部，代码具体如下：

```
1    <style>
2        header {
3            width: 100%;
4        }
5        header h2 {
6            text-align: center;
7        }
8        #reg_form {
9            width: 800px;
10           margin: 0 auto;
11       }
12       tr {
13           height: 40px;
14       }
15       .tb_tit {
16           width: 100%;
17           background-color: #888888;
18           color: #fff;
```

```
19              font-size: 14px;
20              font-family: "微软雅黑";
21              font-weight: normal;
22              line-height: 30px;
23              padding-left: 10px;
24              box-sizing: border-box;
25              border-radius: 3px;
26          }
27          .td_left {
28              width: 180px;
29              text-align: right;
30          }
31          .fim {
32              color: #ff0000;
33              margin-right: 5px;
34          }
35          .bt_suc {
36              height: 40px;
37              width: 250px;
38              background-color: #71aa27;
39              border-radius: 3px;
40              border: none;
41              color: #fff;
42              font-size: 18px;
43          }
44      </style>
```

至此，志愿者注册页面的 CSS 样式部分就完成了。将该样式应用于网页后，便得到所需的注册页面。值得一提的是，在制作表单时可以使用 HTML5 提供的新增属性进行简单的表单验证，如表单内容不能为空、输入有效的 URL 等。但在实际工作中，一些复杂的表单验证通常使用 JavaScript 来实现。

6.5 单元小结

本单元主要介绍了 HTML5 中的智能表单，主要包括表单控件、HTML5 新增的表单属性及表单控件。在本单元的最后，通过表格进行布局，然后使用 CSS 对表格和表单进行修饰，制作了一个常见的注册页面。

通过本单元的学习，读者应该能够掌握创建表单的基本语法，熟悉常用的表单控件，熟练地运用表格与表单组织页面元素。

6.6 动手实践

【思考】

1. HTML5 中的 input 控件有哪些新增的类型？分别有哪些功能？
2. 在 HTML5 中，表单如何关闭自动完成功能？

【实践】

制作一个注册页面 register.html，结合 HTML5 中 input 控件新增的属性完成，效果如图 6-31 所示。

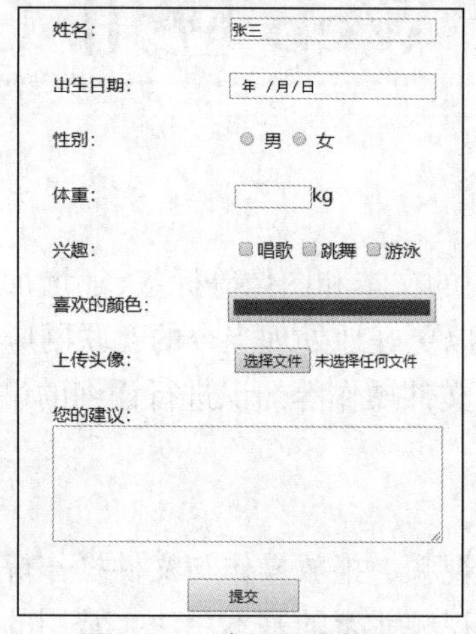

图 6-31　注册页面效果

单元 7 基于 HTML5 的移动 Web 应用（上）

HTML5 网页不仅包含传统的文本和图像等标签，还增加了很多新的元素和新的功能。使用这些新元素、新功能，可以更好地处理当今的互联网应用。本单元主要对 HTML5 的音频元素、视频元素、拖放及文件操作等知识进行详细的讲解。

知识目标

★ 了解 HTML5 的音频与视频、拖放操作与文件操作等基本概念。
★ 熟悉 HTML5 中音频和视频元素的基本用法、常用的属性、方法和事件。
★ 熟悉 HTML5 的拖放操作的应用。
★ 熟悉 HTML5 文件操作的常用方法和事件。

能力目标

★ 能熟练地应用 HTML5 的音频和视频元素。
★ 能设计常见的各种音视频播放器。
★ 能熟练地应用 HTML5 的拖放操作。
★ 能熟练地使用 HTML5 对象方法进行文件操作。

7.1 HTML5 的音频与视频

随着多媒体技术在各应用领域的不断渗透，在网页中应用多媒体技术具有大量的需求，有人想在网页中嵌入一段小视频，以增强网页设计的美感，还有人想通过网站收听音频、观看视频。HTML5 怎样实现这些功能呢？

本节将具体介绍 HTML5 多媒体技术的概述及应用等相关知识。

扫码观看
微课视频

7.1.1 HTML5 多媒体技术概述

在 HTML5 问世之前，人们为了通过网页观看视频，需要在浏览器上安装专门的第三方插件。在这些第三方插件中，最流行的插件之一是 Adobe 公司的 Flash 插件。然而，并非所有浏览器都拥有同样的插件。由于不同浏览器之间存在差异，机器分辨率存在差异，用户在观看同一视频时，会出现各种各样的异常。

有的浏览器播放标准与多媒体文件格式不匹配，在播放时会出现插件崩溃的现象；有的浏览器不支持插件或没安装插件，无法播放；此外，浏览器即使安装了插件，还常常需要更新插件，非常麻烦。

HTML5 里引入了两个新的元素——audio 和 video，通过这两个元素，可以实现网页对音频播放和视频播放的原生支持。有了这种原生的 HTML5 音频播放器和视频播放器，就不再需要 Flash 插件了，可以直接将音频和视频嵌入网页中。

HTML5 的音频和视频播放为什么可以这么简单呢？因为 HTML5 为多媒体播放提供了必备的基本技术条件，它们是浏览器、容器技术和编解码器。

1. 浏览器

HTML5 新增的用于播放音频和视频的 audio 和 video 元素是块级元素，通过 audio 元素，在网页上嵌入音频的标准，通过 video 元素，在网页上嵌入视频的标准。浏览器需要支持 HTML5 块级元素，并且能够识别嵌入在 audio 和 video 元素中的音频标准和视频标准，才能正常使用 audio 和 video 元素进行音频和视频的播放，这是 HTML5 能进行多媒体播放的必备条件之一。

目前，主流的浏览器都开发了支持 HTML5 块级元素的版本，能自动识别 audio 和 video 元素。HTML5 中 audio 和 video 元素的浏览器支持情况如表 7-1 所示。

表 7-1　HTML5 中 audio 和 video 元素的浏览器支持情况

浏览器	支持版本
IE	9.0 及以上版本
Firefox	3.5 及以上版本
Opera	10.5 及以上版本
Chrome	3.0 及以上版本
Safari	3.2 及以上版本

对于低版本的不能识别 audio 和 video 元素的浏览器，浏览器会将这些元素作为内联元素自动处理。利用这个特性，我们可以“教会”浏览器处理“未知”的 HTML 元素，具体方法如下。

首先，设置 CSS 的 display 属性的值为 block。

```
header, section, footer, aside, nav, main, article, figure {
    display: block;
}
```

然后，在页面中引入 html5media.min.js 文件。

html5media.min.js 文件的工作原理是通过 JavaScript 将 src 链接地址中的视频文件转化为 Flash 进行播放。

2. 容器技术

容器技术是 HTML5 能进行多媒体播放的必备条件之二。

为什么要用容器来存放多媒体信息？

音视频多媒体信息一般都不是单一的，比如，一部电影，它不仅仅包含图像，还包含声音，可能还会有字幕，还会有文件作者、加密信息等。为了解决这些复杂多媒体信息的定义问题，引入了容器的概念。

用什么来区分不同的容器呢？

容器可以理解为一个大盒子，不同的容器封装多媒体信息的方式也不同，因此使用了不同的扩展名，如.mp3、.mp4、.wav 等。一般来说，文件的拓展名就是容器名。

目前，HTML5 能够支持 WAV、MP3、OGG 等音频格式，但有个很重要的音频格式 MIDI（扩展名.mid）在各大浏览器中都没有内置的支持。由于制造商的版权专利等信息影响，并不是所有的浏览器都支持所有的音频格式，如 IE9 不支持 WAV 格式，IE9 和 Safari 都不支持 OGG 格式。

HTML5 浏览器和音频格式兼容性如表 7-2 所示。

表 7-2　HTML5 浏览器和音频格式兼容性

音频格式	MIME 类型	Chrome 6+	Firefox 3.6+	IE 9+	Opera 10+	Safari 5+
OGG	audio/ogg	支持	支持	不支持	支持	不支持
MP3	audio/mpeg	支持	支持	支持	支持	支持
WAV	audio/wav	支持	支持	不支持	支持	支持

HTML5 能够支持 MP4、WebM、OGG 等视频格式。MP4 为带有 H.264 视频编码和 AAC 音频编码的 MPEG-4 文件；WebM 为带有 VP8 视频编码和 Vorbis 音频编码的 WebM 文件；OGG 为带有 Theora 视频编码和 Vorbis 音频编码的 OGG 文件。

同样由于受制造商的版权专利等信息影响，并不是所有的浏览器都支持所有的视频格式，例如，IE9 和 Safari 都不支持 WebM 和 OGG 视频格式。

HTML5 浏览器和视频格式兼容性如表 7-3 所示。

表 7-3　HTML5 浏览器和视频格式兼容性

视频格式	MIME 类型	Chrome 6+	Firefox 3.6+	IE 9+	Opera 10+	Safari 5+
MP4	video/mp4	支持	支持	支持	支持	支持
WebM	video/webm	支持	支持	不支持	支持	不支持
OGG	video/ogg	支持	支持	不支持	支持	不支持

鉴于浏览器与各种音视频容器格式的差异性，为了解决格式兼容性问题，一般会在音视频元素中添加 source 属性，指定同时绑定多种音视频文件的容器格式，具体用法会在后文中介绍。

3. 编解码器

编解码器是 HTML5 能进行多媒体播放的必备条件之三。下面我们简单了解一下为什么要用编解码器，以及编解码器是什么。

音视频多媒体原始数据的体积一般都比较大，不适合直接将多媒体原始数据放置在网页上。为了解决这个问题，人们发明了编解码器。

编解码器是一组算法，用来压缩和解压缩多媒体数据，以便音频和视频能够播放。

编解码器能读懂不同的容器格式，并对其中的音频轨道和视频轨道进行解码。

由于编解码器，特别是视频编解码器的技术受到制造商的版权专利等信息影响，因此所有浏览器都没有统一的 HTML5 视频编解码器标准。

目前，HTML5 常见的音频编解码器如下。

（1）AAC。AAC 是高级音频编码（Advanced Audio Coding）的简称，是基于 MPEG-2 的音频编码技术，目的是取代 MP3 格式。编码是字符串 audio/mp4，codecs= “mp4a.40.2”；支持的浏览器为 IE9+、Safari 4+和 iOS 版 Safari。

（2）MP3。MP3 是“MPEG-1 音频层 3”的简称，它被用来大幅度地降低音频数据量。编码是字符串 audio/mpeg；支持的浏览器为 IE9+、Chrome。

（3）Ogg Vorbis。Ogg Vorbis 简称 Ogg，是一种新的音频格式，类似于 MP3 等现有的音频格式。Ogg Vorbis 有一个很出众的特点，就是支持多声道。编码是字符串 audio/ogg，codecs= “vorbis”；支持的浏览器为 Firefox 3.5+、Chrome、Opera 10.5+。

目前，HTML5 常见的视频编解码器如下。

（1）H.264。H.264 是国际标准化组织（International Organization for Standardization，ISO）和国际电信联盟（International Telecommunication Union，ITU）共同提出的继 MPEG-4 之后的新一代数字视频格式。编码是字符串 video/mp4，codecs= “avc1.42E01E，mp4a.40.2”；支持的浏览器为 IE9+、Safari 4+、iOS 版 Safari、Android 版 WebKit。

（2）Ogg Theora。Ogg Theora 是免费开放的视频压缩编码技术，可以支持从 VP3 HD 高清到 MPEG-4/DivX 视频格式。编码是字符串 video/ogg，codecs= “theora”；支持的浏览器为 Firefox 3.5+、Opera 10.5+、Chrome。

（3）VP8。VP8 是第八代的 On2 视频格式，能以更少的数据提供更高质量的视频，而且只需较小的处理能力即可播放视频。编码是 video/webm，codecs= “vp8,vorbis”；支持的浏览器为 Firefox 4+、Opera 10.6+、Chrome。

一般来说，编解码器越新，压缩、带宽使用和图像质量越好，文件也越小。例如，H.264 在几乎所有方面都比 MPEG-2 更好。

扫码观看
微课视频

7.1.2 HTML5 的音频

利用 HTML5 的音频元素 audio，可以直接在网页中实现音频文件的播放。通过设置 audio 元素的属性，可以把音频内容嵌入 HTML 页面中，还可以设置是否自动播放、预加载，以及循环播放等功能。可以通过调用 audio 元素的方法，实现播放、暂停、音量调节等功能，实现播放的控制。

audio 元素的基本语法格式如下：

```
<audio src="音频文件路径" controls="controls"></audio>
```

说明如下。

（1）audio 为 HTML5 的音频元素。

（2）src 属性用于定义音频文件的路径。

（3）controls 属性用于设置默认音频控制条。

下面我们通过一个案例对 audio 元素的用法进行演示，如例 7-1 所示。我们在页面中播放歌曲《爱的奉献》，音频文件为 ganen.mp3。

例 7-1 example01.html

```
1  <!DOCTYPE html>
2  <html>
3      <head>
4          <meta charset="utf-8">
5          <title>HTML5 的音频 1</title>
6       </head>
7      <body>
8          <audio src="audio/ganen.mp3" controls="controls" loop="loop">
9              这个版本的浏览器不支持 audio 元素，请使用支持的版本浏览器
10         </audio>
11     </body>
12 </html>
```

运行例 7-1，效果如图 7-1 所示，在网页中显示默认音频控制条。单击控制条的播放按钮，将播放歌曲《爱的奉献》的音频。

图 7-1 HTML5 音频使用效果 1

上面是使用 audio 元素的简单案例，它直接在 audio 元素的 src 属性中绑定音频文件，这种绑定方式只能设置一种音频容器格式。

为了兼容不同浏览器对音频容器的不同格式要求，有时会为同一个音频内容提供多种音频容器格式的音频资源，这时需要通过<source>标签指定所有的资源，语法格式如下：

```
<audio controls>
        <source src="音频容器格式 1"  type=" 音频容器格式 1 的 MIME 类型">
        <source src="音频容器格式 2"  type=" 音频容器格式 2 的 MIME 类型">
          ...
        您的浏览器不支持 audio 元素
</audio>
```

这里的<source>标签可以指定同一音频的多种容器格式，如 MP3、OGG 和 WAV。用<source>标签指定多种音频容器格式，可以提高浏览器的兼容性，如果浏览器不支持一个音频容器的格式，就会自动调用另一种音频容器格式的资源。如果浏览器不支持所有列出来的音频容器格式，将显示“您的浏览器不支持 audio 元素”。

下面我们通过一个案例对<audio>标签的详细用法进行演示，如例 7-2 所示。将歌曲《爱的奉献》的 MP3 和 OGG 两种音频容器格式与 audio 元素的 src 属性进行绑定，如果浏览器不能识别 OGG 格式的资源，将会自动打开 MP3 格式的资源。如果浏览器既不支持 OGG 格式的音频资源，又不支持 MP3 格式的音频资源，将显示“这个版本的浏览器不支持 audio

元素，请使用支持的版本浏览器”。

例 7-2　example02.html

```
1  <!DOCTYPE html>
2  <html>
3      <head>
4          <meta charset="utf-8">
5          <title>HTML5 的音频 2</title>
6      </head>
7      <body>
8          <audio  controls="controls" loop="loop"  id="myAudio">
9              这个版本的浏览器不支持 audio 元素，请使用支持的版本浏览器
10             <source src="audio/ganen.mp3">
11             <source src="audio/ganen.ogg">
12         </audio>
13     </body>
14 </html>
```

运行例 7-2，效果如图 7-2 所示，单击控制条的播放按钮，将播放歌曲《爱的奉献》，音频文件为 ganen.mp3。

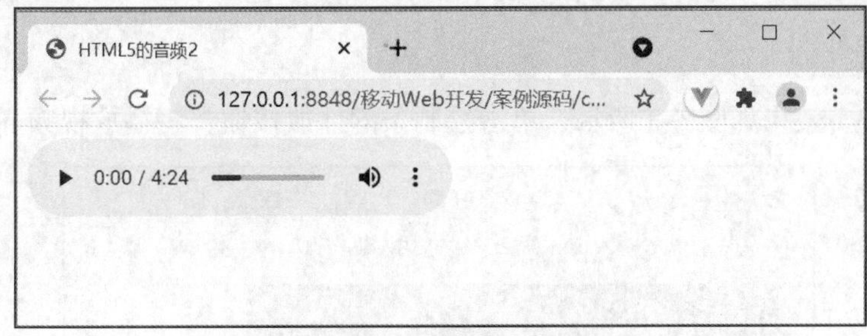

图 7-2　HTML5 音频使用效果 2

这个案例通过<source>标签绑定了同一首歌曲的多种音频容器格式，运行效果与例 7-1 相同。但这种绑定方式可提高音频播放对浏览器的兼容性。

7.1.3　HTML5 的视频

扫码观看
微课视频

利用 HTML5 的视频元素 video，可以直接在网页中实现视频文件的播放。通过设置 video 元素的属性，可以把视频文件嵌入网页中，还可以利用 video 元素封装的属性设置视频窗口尺寸、控制面板样式等。可以利用 video 元素封装的事件和方法实现播放、暂停、音量调节等功能。

video 元素的基本语法格式如下：

```
<video  src="视频文件路径"  height="高度值"  width="宽度值"  poster="视频文件封面的路径" controls></video>
```

说明如下。

（1）video 为 HTML5 的视频元素。

（2）src 属性用于定义视频文件的路径。

（3）controls 属性用于为视频文件设置默认控制条。

width 和 height 属性用于设置视频窗体的尺寸，是可选项。如果设置这些属性，所需的视频空间会在页面加载时保留。如果没有设置这些属性，浏览器不知道视频的大小，就不能在加载时保留特定的空间，页面就会根据原始视频的大小而改变。

下面我们通过一个案例对 video 元素的用法进行演示，如例 7-3 所示。将视频 movie.mp4 与 video 元素的 src 属性进行绑定，展示带默认控制条的视频窗体，添加自动播放、循环播放功能。

例 7-3　example03.html

```
1   <!DOCTYPE html>
2   <html>
3       <head>
4           <meta charset="utf-8">
5           <title>HTML5 的视频 1</title>
6       </head>
7       <body>
8           <video src="video/movie.mp4" controls="controls" autoplay="autoplay" loop=
9   "loop" width="420px">
10                  这个版本的浏览器不支持 video 元素，请使用支持的版本浏览器
11          </video>
12      </body>
13  </html>
```

运行例 7-3，效果如图 7-3 所示，单击控制条的播放按钮，将播放视频 movie.mp4。

图 7-3　HTML5 视频使用效果 1

这个案例使用了 video 元素的简单语法，直接在 video 元素的 src 属性中设置视频文件，简单语法只能设置一种视频容器格式。

为了兼容不同浏览器对视频容器的不同格式要求，可以为同一个视频内容提供多种格式的视频资源，这时需要通过<source>标签指定所有的资源，语法格式如下：

```
<video controls>
    <source src="视频容器格式 1"  type=" 视频容器格式 1 的 MIME 类型">
    <source src="视频容器格式 2"  type=" 视频容器格式 2 的 MIME 类型">
    ...
   您的浏览器不支持 video 元素。
</video>
```

这里的<source>标签可以指定同一视频的多种容器格式，如 MP4、WebM 和 OGG。用

<source>标签指定多种视频容器格式，可以提高浏览器的兼容性。如果浏览器不支持一个视频容器的资源，就会自动调用另一个视频容器的资源，如果浏览器不支持所有列出来的视频资源，将显示“您的浏览器不支持 video 元素。”，如例 7-4 所示。

例 7-4 example04.html

```
1  <!DOCTYPE html>
2  <html>
3      <head>
4          <meta charset="utf-8">
5          <title>HTML5 的视频 2</title>
6          <style type="text/css">
7              * {
8                  margin: 0;
9                  padding: 0;
10             }
11             video {
12                 width: 600px;
13                 border: 0px solid #000;
14             }
15             p {
16                 width: 600px;
17                 height: 50px;
18                 background: #55aaff;
19                 border: 0px solid #000;
20                 margin-top: -4px;
21             }
22         </style>
23     </head>
24     <body>
25         <p>占位色块</p>
26         <video controls="controls" autoplay="autoplay" loop="loop" poster="./pimg.jpg">
27             <source src="video/movie.mp4">
28             <source src="video/movie.ogg">
29             <source src="video/movie.webm">
30             您的浏览器不支持 video 元素
31         </video>
32         <p>占位色块</p>
33     </body>
34 </html>
```

本案例将 OGG 和 MP4 两种容器格式与 video 元素的 src 属性进行绑定，如果浏览器不能识别 OGG 格式的资源，将会自动打开 MP4 格式的资源。如果两者都能不识别，将显示“您的浏览器不支持 video 元素”。在本案例中，属性 autoplay 用于设置自动播放的功能，属性 loop 用于设置循环播放的功能，属性 width 用于设置视频窗体的宽度，属性 poster 用于设置视频封面的图片。

运行例 7-4，效果如图 7-4 所示，为视频添加了占位色块和视频封面。

图 7-4　HTML5 视频使用效果 2

7.1.4　音频与视频相关的属性、方法与事件

HTML5 为 audio 和 video 元素提供了属性、方法和事件。这些属性、方法和事件允许使用 JavaScript 来操作 audio 和 video 元素。

1. HTML5 的常用音频/视频属性

HTML5 的常用音频/视频属性及描述如表 7-4 所示，属性用于设置或返回播放的特性。

表 7-4　HTML5 的常用音频/视频属性及描述

属性	描述
autoplay	设置或返回是否在加载完成后随即播放音频/视频
controls	设置或返回音频/视频是否显示默认控制条（比如播放/暂停等）
currentTime	设置或返回音频/视频中的当前播放位置（以秒计）
duration	返回当前音频/视频的长度（以秒计）
loop	设置或返回音频/视频是否应在结束时重新播放
muted	设置或返回音频/视频是否静音
paused	设置或返回音频/视频是否暂停
readyState	返回音频/视频当前的就绪状态
src	设置或返回 audio/video 元素的当前来源
poster	设置或返回 video 元素的封面图片的地址
volume	设置或返回音频/视频的音量

对于属性值只有一个枚举值的属性，如属性 autoplay 用于设置是否自动播放，其值为 autoplay="autoplay"，属性 controls 用于设置是否显示默认控制条，其值为 controls="controls" 等，书写时，可以只写属性名，如下所示：

```
<video src=" video/movie.mp4" controls autoplay loop  width="420px" poster="./pimg.jpg">
```

也可写为属性名="属性值"，如下所示：

```
<video src="video/movie.mp4" controls="controls" autoplay="autoplay" loop="loop"
width="420px"  poster="./pimg.jpg">
```

除属性值只有一个枚举值的属性，其余的属性在使用时，都要具体指定属性的值。如属性 src，必须明确指定 audio/video 元素的容器名称和路径；属性 poster，必须明确指定 video 元素的封面图片名称和路径。

2. HTML5 的常用音频/视频方法

HTML5 的音频/视频方法用于实现音频/视频的某些功能，如音频/视频的加载、播放、暂停播放等。HTML5 的常用音频/视频方法及描述如表 7-5 所示。

表 7-5　HTML5 的常用音频/视频方法及描述

方法	描述
canPlayType()	检测浏览器是否能播放指定的音频/视频类型
load()	重新加载音频/视频
play()	开始播放音频/视频
pause()	暂停播放当前的音频/视频

3. HTML5 的常用音频/视频事件

HTML5 的某个音频/视频事件是在满足某些条件的情况下触发的。如 error 事件是在加载期间出现错误时触发的，加载出错时要做什么处理，就把出错处理程序写在这个事件中。如 pause 和 play 事件，分别在暂停和播放时触发，在暂停时需要完成什么工作，就把这些工作写在 pause 事件处理程序中，在播放时需要完成什么工作，就把这些工作写在 play 事件处理程序中。HTML5 的常用音频/视频事件及描述如表 7-6 所示。

表 7-6　HTML5 的常用音频/视频事件及描述

事件	描述
ended	目前的播放列表已结束时触发
error	音频/视频加载期间发生错误时触发
pause	音频/视频已暂停播放时触发
play	音频/视频已开始播放或不再暂停播放时触发
volumechange	音量已更改时触发
progress	浏览器正在下载音频/视频时触发

下面我们通过一个案例学习 HTML5 音频相关属性、方法、事件的应用。如例 7-5 所示，设计一个音频播放器，添加播放、暂停、停止按钮，并用 JavaScript 来编写按钮的单击事件，实现播放、暂停、停止的功能。

案例分析：用 JavaScript 实现按钮的功能，首先需要用 DOM 的 getElementById()方法捕获 audio 元素的标识；然后需要给每个按钮添加 onclick 单击事件；最后编写单击事件处理程序，实现播放、暂停、停止的功能。

在播放按钮的单击事件中，调用 audio 元素的 play()方法实现播放功能；在暂停按钮的单击事件中，调用 audio 元素的 pause()方法实现暂停功能；在停止按钮的单击事件中，首先将 audio 元素当前播放位置的 currentTime 属性的值设为 0，然后调用 audio 元素的 pause()方法实现停止功能。

例 7-5　example05.html

```
1  <!DOCTYPE html>
2  <html>
3      <head>
4          <meta charset="utf-8">
5          <title>音频播放器</title>
6      </head>
7      <body>
8          <audio  controls="controls" loop="loop"  id="myAudio">
9              这个版本的浏览器不支持 audio 元素，请使用支持的版本浏览器
10             <source src="audio/ganen.mp3">
11             <source src="audio/ganen.ogg">
12             <source src="audio/ganen.wav">
13         </audio>
14         <p></p>
15         <button onclick="play()" type="button">播放</button>
16         <button onclick="pause()" type="button">暂停</button>
17         <button onclick="stop()" type="button">停止</button>
18         <script type="text/javascript">
19             var med=document.getElementById("myAudio");
20             function play(){
21                 med.play();
22             }
23             function pause(){
24                 med.pause();
25             }
26             function stop(){
27                 med.currentTime=0;
28                 med.pause();
29             }
30         </script>
31     </body>
32 </html>
```

运行例 7-5，效果如图 7-5 所示，用编程方法实现了播放、暂停、停止 3 个按钮的功能。

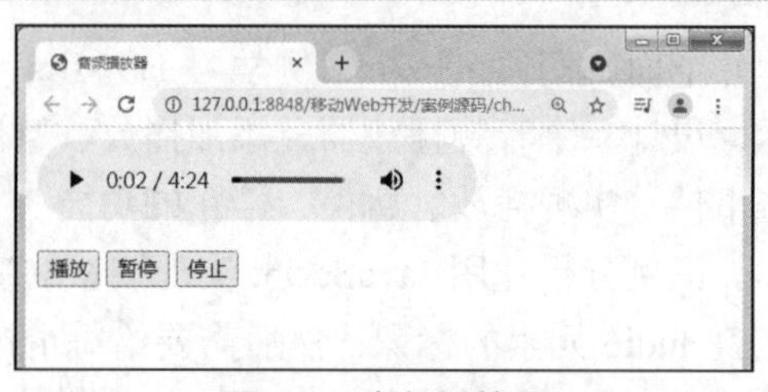

图 7-5　音频播放器

7.2 HTML5 的拖放操作

自鼠标被发明以来，拖放在计算机的操作中无处不在。例如，移动文件、图片处理等都需要拖放。

7.2.1 HTML5 的拖放

扫码观看
微课视频

拖放（Drag 和 Drop）是 HTML5 标准的组成部分。拖放是一种常见的特性，即抓取对象以后将其拖到另一个位置。

拖放是一个强大的与用户界面相关的概念，借助鼠标单击，它让复制、重新排序及删除条目变得很容易。

在 HTML5 中，任何元素都能够拖放。

我们来看浏览器对 HTML5 的拖放的支持程度。

Can I use 网站主要发布 HTML5、CSS3、SVG 等的兼容性信息，在“Drag and Drop”版块可以看到 PC 端五大浏览器（IE、Edge、Firefox、Chrome、Safari）和移动端四大浏览器（iOS Safari、Opera Mini、Android Browser、Opera Mobile）对拖放的支持情况，如图 7-6 所示。

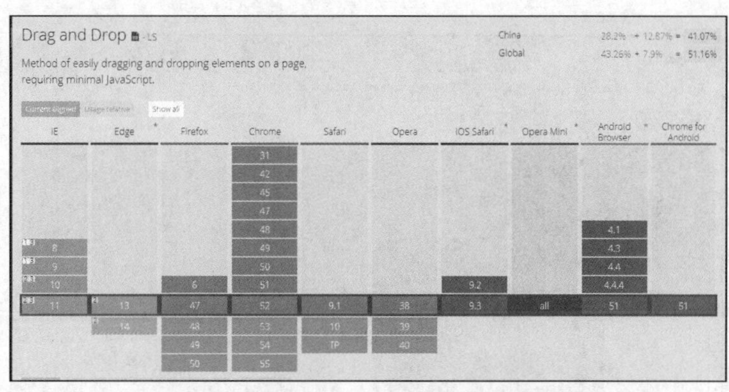

图 7-6 “Drag and Drop”浏览器支持情况

可以通过为元素增加 draggable="true"来设置此元素是否可进行拖放，很大程度上降低了拖放交互的难度。其中，图片、链接默认是开启的。

draggable 属性语法格式如下：

```
<element draggable="true">
```

下面通过一个案例学习 draggable 属性的用法，如例 7-6 所示。

例 7-6 example06.html

```
1   <!DOCTYPE html>
2   <html>
3   <head>
4       <meta charset="utf-8" />
5       <title>简单拖放</title>
6       <!--样式-->
7       <style type="text/css">
8           #square{
9               width: 300px;
10              height: 200px;
11              background: skyblue;
12          }
13          #box{
```

```
14              width: 300px;
15              height: 200px;
16              border: 1px solid black;
17          }
18      </style>
19  </head>
20  <body>
21      <!--页面结构-->
22      <div id="square" draggable="true"></div>
23      <div id="box"></div>
24  </body>
25  </html>
```

运行例 7-6，效果如图 7-7 所示。这时会发现方块可以拖曳了，拖曳出来的是原块的副本。

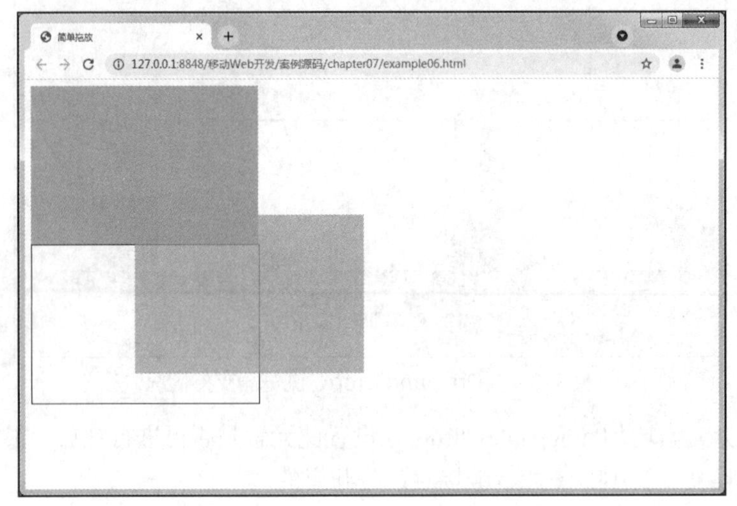

图 7-7　简单拖放

7.2.2　拖放事件

在 HTML5 的拖放操作中，首先要明确拖曳元素和目标元素。

拖曳元素，指的是在页面中设置了 draggable="true"属性的元素。目标元素，页面中的任何一个元素都可以成为目标元素。

拖放事件有很多，主要分成两个部分：拖曳元素事件和目标元素事件。

拖曳元素事件如表 7-7 所示。

表 7-7　拖曳元素事件

事件	描述
ondragstart	拖曳前触发，拖曳瞬间发生的事情
ondrag	对象被拖曳时每次鼠标指针移动都会触发
ondragend	拖曳对象时用户释放鼠标按键的时候触发

目标元素事件如表 7-8 所示。

表 7-8 目标元素事件

事件	描述
ondragenter	鼠标指针初次移到目标元素上并且正在进行拖曳时触发，相当于 onmouseover 事件
ondragover	拖曳时鼠标指针移到某个元素上的时候触发
ondragleave	拖曳时鼠标指针离开某个元素的时候触发，相当于 onmouseout 事件
ondrop	拖曳结束，放置元素时触发

下面通过一个案例学习拖放事件的用法，如例 7-7 所示。

例 7-7 example07.html

```
1  <!DOCTYPE html>
2  <html>
3  <head>
4  <meta charset="utf-8" />
5  <title>拖放事件</title>
6  <style type="text/css">
7  #box{
8      width: 658px;
9      height: 373px;
10     border: 1px solid black;
11 }
12 </style>
13 </head>
14 <body>
15 <img src="images/gugong.jpg" id="img1" draggable="true"  >
16 <div id="box"></div>
17 <script type="text/javascript">
18     var oBox=document.getElementById("box");
19     var oImg=document.getElementById("img1");
20     // 拖曳开始
21     oImg.ondragstart = function(){
22         this.style.border ="1px solid red";
23     };
24     // 拖曳的时候
25      oImg.ondrag=function()
26     {
27         document.title="ok";
28     };
29     // 拖曳结束
30     oImg.ondragend = function(){
31         this.style.border ="none";
32     };
33     // 进入目标元素
34     oBox.ondragenter = function(){
35         this.style.background ="skyblue";
```

```
36          };
37          //拖曳到目标元素
38          oBox.ondragover = function(ev){
39          //要想触发 drop 事件，就必须在 dragover 事件中阻止默认行为
40              ev.preventDefault();
41          };
42          // 离开目标元素
43          oBox.ondragleave = function(){
44              this.style.background = "white";
45          };
46          //在目标元素中释放
47          oBox.ondrop = function(){
48              alert("success!");
49          };
50  </script>
51  </body>
52  </html>
```

在上述代码中，第 18 行和第 19 行代码表示准备了两个盒子，oImg 表示拖曳元素，oBox 表示目标元素；第 21～23 行代码表示拖曳瞬间，图片的边框变成红色；第 25～28 行代码表示给 oImg 添加 ondrag 事件，拖曳的时候浏览器的标题显示"ok"；第 30～32 行代码表示拖曳结束时将图片的边框颜色去掉；第 34～45 行代码表示图片拖入 div 块中时，div 块的颜色变成天蓝色，离开时又变成原来的颜色；第 47～49 行代码表示拖曳结束的时候，弹出"success!"。

运行例 7-7，效果如图 7-8 和图 7-9 所示。

图 7-8　开始拖曳

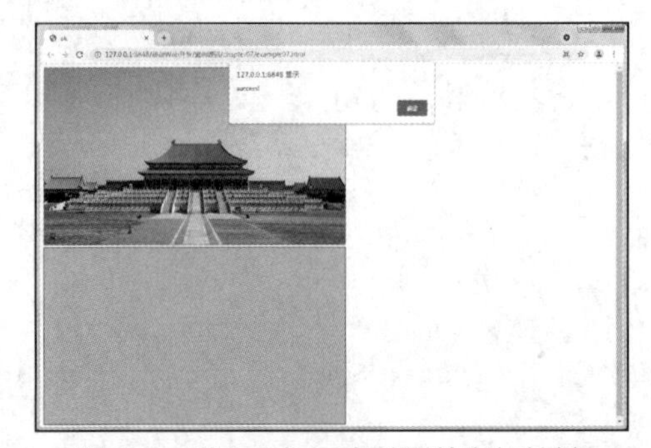

图 7-9　进入目标元素并释放鼠标按键

7.2.3　dataTransfer 对象

扫码观看
微课视频

dataTransfer 对象用于从被拖曳元素向目标元素传递字符串格式的数据。

在事件处理程序中，可以使用 dataTransfer 对象的方法来完善拖放功能。

1. setData()方法

以指定格式给dataTransfer对象赋予数据。要解决Firefox下的拖放问题，必须设置 setData()方法，才可以拖放除图片外的其他标签。

其基本语法格式如下。

```
setData(sFormat,sData);
```

说明如下。

（1）sFormat 属性定义数据的格式，也就是数据的类型。

（2）sData 属性为待赋值的数据。

2. getData()方法

从 dataTransfer 对象中获取数据，根据 key，获取相应的 value。

其基本语法格式如下。

```
getData(sFormat);
```

说明如下。

sFormat 属性代表数据格式，用来保存数据类型的字符串，取值是 text 或 URL。

下面通过一个案例学习 dataTransfer 对象方法的用法，如例 7-8 所示。

例 7-8　example08.html

```
1  <!DOCTYPE html>
2  <html>
3  <head>
4  <meta charset="utf-8" />
5  <title>dataTransfer 对象</title>
6  <style type="text/css">
7  div{
8      width: 658px;
9      height: 373px;
10     border: 1px solid black;
11 }
12 </style>
13 </head>
14 <body>
15 <img src="images/gugong.jpg" id="img1" draggable="true"  >
16 <div id="box"></div>
17 <script type="text/javascript">
18     var oBox=document.getElementById("box");
19     var oImg=document.getElementById("img1");
20     oImg.ondragstart=function(ev){
21         ev.dataTransfer.setData("text",ev.target.id);
22     }
23     oBox.ondragover=function(ev){
24         ev.preventDefault();
25     }
26     oBox.ondrop=function(ev){
27         var mydata=ev.dataTransfer.getData("text");
28         ev.target.append(document.getElementById(mydata));
29     }
30 </script>
31 </body>
32 </html>
```

运行例 7-8，效果如图 7-10 和图 7-11 所示。

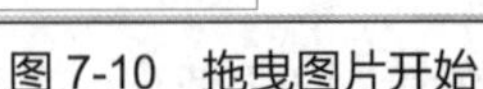

图 7-10　拖曳图片开始

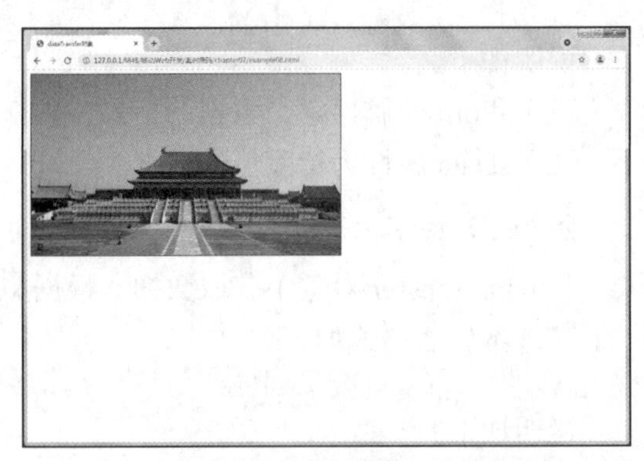

图 7-11　进入目标元素并释放鼠标按键

在上述代码中，第 18 行和第 19 行代码表示准备了两个盒子，oImg 表示拖曳元素，oBox 表示目标元素；第 20～24 行代码表示拖曳图片，给图片添加 ondragstart 事件，拖曳时将图片的 ID 记下来，放在变量 text 中。第 23～25 行代码表示放置图片的时候，图片会有默认行为，会自动打开，使用 ev.preventDefault 阻止该行为。第 26～29 行代码表示拖曳操作结束时，在 oBox 中添加被拖曳元素。

7.3 文件操作

以前的 Web 程序不能替代桌面程序，一个很重要的原因就是，浏览器对于文件操作 API 的缺失。照片处理中的裁剪和滤镜、二维码的读取与识别、文档的查看和编辑等，这些操作都依赖于文件操作，HTML5 赋予了浏览器和本地程序同样强大的文件操作能力。

File API 是 HTML5 在 DOM 标准中添加的功能，它允许 Web 程序在用户授权的情况下选择本地文件并读取内容——通过 File、FileList 和 FileReader 等对象共同作用来实现。

7.3.1 选择文件

1. 通过表单选择文件

可以通过 file 类型的 input 控件或者拖放的方式选择文件进行操作，代码如下：

```
<input type="file"  id="tfile">
```

File 对象可以让用户选取一个或多个文件（mutiple 属性），通过 File API，可在用户选择文件后访问到所选文件列表 FileList 对象，FileList 对象是一个类数组的对象，其中包含着一个或多个 File 对象。如果没有 multiple 属性或者用户只选了一个文件，那么只需要访问 FileList 对象的第一个元素。

```
1  var fileList=document.getElmentById("tfile").files;
2  var selectedFile=fileList[0];
```

使用 input 控件时，用户在选择文件后会触发其 change 事件。

```
1  var iElement=document.getElementById("tfile");
2  iElement.addEventListener("change",handleFiles,false);
3  function handleFiles(){
4            var fileList=this.files;
5  }
```

和其他类数组对象一样，FileList 对象也有 length 属性，可以轻松遍历其 File 对象。

```
1  for(var  i=0,numFiles=files.length;i<numFiles;i++)
2      var file=files[i];
3      …
4  }
```

File 对象有 3 个常用属性。

（1）name：文件名，不包含路径信息。

（2）size：文件大小，以字节为单位。

（3）type：文件的 MIME 类型。

注意：File 对象的属性

File 对象的 3 个属性（name、size、type）都是只读的。

2. 通过拖放选择文件

使用拖放的方式选择文件，需要通过访问 dataTransfer 的 files 属性来实现。

该属性获取外部拖放的文件，返回一个 filesList 列表。filesList 列表下有一个 type 属性，返回文件的类型。

从本地硬盘拖放文件到浏览器中时，通过该属性可获取文件列表，此时 type 属性的值为 files。

扫码观看
微课视频

7.3.2 操作文件

FileReader 对象作为文件 API 的重要成员用于读取文件。FileReader 对象提供了读取文件的方法和包含读取结果的事件模型。

使用 FileReader 对象，Web 应用程序可以处理以下两方面的内容。

（1）异步读取存储在用户计算机上的文件（或者原始数据缓冲）内容。

（2）使用 File 对象或者 Blob 对象指定所要处理的文件或数据。

1. FileReader 对象的使用

首先，要检测浏览器对 FileReader 对象的支持。检测方法如下。

```
1  if(window.FileReader) {                //表示浏览器支持 FileReader 对象
2          var fr = new FileReader(); //首先新建一个 FileReader 对象
3          // 接着再写其他的操作代码
4  }
5  else {
6       alert("Not supported by your browser!");  //否则弹出提示信息，表示您的浏览器不
7  支持 FileReader 对象
8   }
```

2. FileReader 对象的方法

FileReader 对象的方法有 abort()、readAsBinaryString()、readAsDataURL()、readAsText() 等，具体如表 7-9 所示。

表 7-9　FileReader 对象的方法

方法	参数	描述
abort()	none	中断读取
readAsBinaryString()	file	将文件读取为二进制码
readAsDataURL()	file	将文件读取为 DataURL
readAsText()	file, [encoding]	将文件读取为文本

3. FileReader 对象的事件

FileReader 对象的事件如表 7-10 所示。

表 7-10　FileReader 对象的事件

事件	描述
onabort	中断时触发
onerror	出错时触发
onload	文件读取成功完成时触发
onloadend	读取完成触发，无论成功或失败
onloadstart	读取开始时触发
onprogress	在读取数据过程中周期性调用

下面，我们重点学习 onload 事件的用法。

文件读取成功完成时触发此事件。具体语法格式是：

```
1   fr.onload=function(){
2       // alert(this.result);
3       //功能语句
4   };
```

说明如下。

（1）fr 为新创建的 FileReader 对象。

（2）用 this.result 来获取读取的文件数据，如读取的是图片，则为 Base64 格式的图片数据。

下面通过一个案例——上传图片预览，学习使用 FileReader 对象操作文件的用法。如例 7-9 所示。

例 7-9　example09.html

```
1   <!DOCTYPE html>
2   <html>
3   <head>
4   <meta charset="utf-8">
5   <title>上传图片预览</title>
6   <style>
7   #div1{
8       width:200px;
9       height:200px;
```

```
10      border: 2px dashed #ddd;
11      text-align: center;
12      line-height: 200px;
13      color: #999;
14  }
15  li{
16      width: 200px;
17      height: 150px;
18      margin: 5px;
19      float: left;
20      list-style: none;
21  }
22  li img{
23      width: 200px;
24      height:150px;
25  }
26  </style>
27  </head>
28  <body>
29  <div id="div1">将文件拖曳到此区域</div>
30  <ul id="ul1">
31  </ul>
32  <script type="text/javascript">
33    var oUl=document.getElementById("ul1");
34    var oDiv=document.getElementById("div1");
35    // 显示图片
36    oDiv.ondragenter=function(){
37      this.innerHTML="可以释放鼠标按键啦！";
38    };
39     oDiv.ondragover=function(ev){
40      ev.preventDefault();
41    };
42    oDiv.ondragleave=function(){
43      this.innerHTML="将文件拖曳到此区域";
44    };
45    // 阻止图片显示，弹出图片文件地址
46    oDiv.ondrop=function(ev){
47       ev.preventDefault();
48       var fs=ev.dataTransfer.files;
49       for (var i=0;i<fs.length;i++) {
50            var fr=new FileReader();
51            if (fs[i].type.indexOf("image")!=-1) {
52            fr.readAsDataURL(fs[i]);
53            fr.onload=function(){
54                  var oLi=document.createElement("li");
55                  var oImg=document.createElement("img");
56                  oImg.src=this.result;
57                  oLi.appendChild(oImg);
58                  oUl.appendChild(oLi);
```

```
59          };
60          }else{
61                  alert("亲，请拖曳图片文件~~");
62          }
63                  this.innerHTML="将文件拖曳到此区域";
64      }
65    };
66 </script>
67 </body>
68 </html>
```

演示效果如图 7-12 和图 7-13 所示，我们上传 3 张图片，图片上传预览成功。

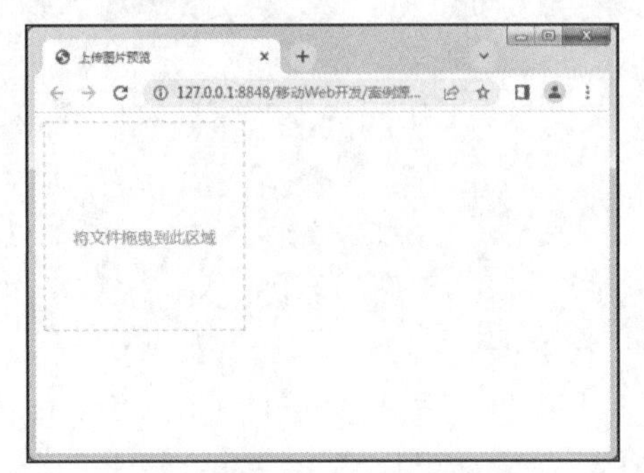

图 7-12　上传图片前

图 7-13　上传图片预览效果

7.4 单元案例——DIY 视频播放器

扫码观看
微课视频

本单元重点讲解了 HTML5 的多媒体概念、HTML5 的音频和视频，以及 HTML5 音频/视频的属性、方法和事件，初步学习了用 JavaScript 对 audio 和 video 元素进行编程的方法。本节将通过综合案例“DIY 视频播放器”进一步介绍 HTML5 中 audio/video 元素的操作方法。

小贴士

弘扬伟大的中华民族精神，高举爱国主义旗帜，锐意进取，自强不息，艰苦奋斗，顽强拼搏，真正把爱国之志变成报国之行。今天为振兴中华而勤奋学习，明天为创造祖国辉煌未来贡献自己的力量！

7.4.1 页面功能分析

DIY 视频播放器主页包含视频窗体、播放控制按钮及歌词显示，视频窗体包含封面图片。播放器实现如下播放功能。

（1）播放/暂停功能。

（2）关闭声音/打开声音功能。

（3）全屏播放功能。

7.4.2 页面效果展示

视频播放器的整个页面被设计成左右两块，左边一块放置视频窗体和播放控制按钮，即页面的主体部分，右边放置歌词。案例实现效果如图 7-14 所示。

图 7-14　视频播放器案例实现效果

7.4.3　页面设计与实现

1. 准备如下素材和资料

（1）视频文件：zuguo.mp4。

（2）歌词文件：我和我的祖国歌词.txt。

（3）播放器 HTML5 布局页面：example10.html。

（4）播放器 HTML5 布局页面的样式文件：mystyle.css。

（5）视频文件的封面图片：cover.png。

（6）歌词区域的背景图片：bg.png。

2. 页面布局和样式文件

视频播放器 HTML5 页面布局如例 7-10 所示。

例 7-10　example10.html

```
1    <!DOCTYPE html>
2    <html>
3        <head>
4            <meta charset="utf-8">
5            <title>DIY 视频播放器</title>
6            <link rel="stylesheet" href="mystyle.css" type="text/css" />
7        </head>
8        <body>
9            <div id="box-video">
10               <div class="cd">
11               <!-- 视频窗体和播放控制按钮 -->
12               </div>
13               <div class="song">
14               <!-- 歌词 -->
```

```
15                </div>
16            </div>
17        </body>
18  </html>
```

页面布局所用的样式文件可以自己设计，以下是样式文件 mystyle.css 的内容：

```
1   @charset "utf-8";
2   /* CSS Document */
3   /*清除浏览器默认样式*/
4   * {
5       margin: 0;
6       padding: 0;
7   }
8   /*整体控制视频播放页面*/
9   /*视频部分*/
10  .cd {
11      float: left;
12      width: 65%;
13      height: 65%;
14      position: absolute;
15      top: 10%;
16      left: 4%;
17  }
18  /*插入视频*/
19  #box-video video {
20      width: 100%;
21      height: 100%;
22      position: absolute;
23      top: 50%;
24      left: 50%;
25      transform: translate(-50%, -50%);
26  }
27  .control {
28      position: absolute;
29      margin-top:58%;
30      left: 5%;
31  }
32  /*歌词部分*/
33  .song {
34      text-align:left;
35      float: right;
36      margin: 4% 4% 0 0;
37      width: 25%;
38      height: 60%;
39      font-size:0.8rem;
40  }
41  h2 {
42      font-family: "楷体";
```

```
43     font-size: 4.0625rem;
44     color: #913805;
45 }
46 p {
47     height: 100%;
48     font-family: "微软雅黑";
49     padding: 10px 0 10px 10px;
50     line-height: 20px;
51     background: url(./images/bg.png) repeat-x;
52     box-sizing: border-box;
53 }
```

3. 制作视频窗体

在布局好的播放器 HTML5 页面 example10.html 中添加 video 元素“myVideo”；添加“myVideo”的视频资源属性 src，并将 src 属性与视频资源“zuguo.mp4”进行绑定；添加控制条；添加自动预加载功能；设置视频窗体的 width 属性；添加浏览器不识别视频资源时的显示文字。

在 video 元素“myVideo”中用 poster 属性指定视频封面图片为“cover.png”。

具体如下：

```
1 <video src="zuguo.mp4" id="myVideo" controls preload="auto" width="320px" >
2       该版本的浏览器不支持 video 元素
3 </video>
```

4. 添加歌词

在布局好的播放器 HTML5 页面中添加歌词，具体如下：

```
1  <div class="song">
2     <h2>我和我的祖国</h2>
3     <p>  我和我的祖国，一刻也不能分割<br />
4          无论我走到哪里，都流出一首赞歌<br />
5          我歌唱每一座高山，我歌唱每一条河<br />
6          袅袅炊烟，小小村落，路上一道辙<br />
7          我最亲爱的祖国，我永远紧贴着你的心窝<br />
8          你用你那母亲的脉搏和我诉说<br />
9          我的祖国和我，像海和浪花一朵<br />
10         浪是海的赤子，海是那浪的依托<br />
11         每当大海在微笑，我就是笑的旋涡<br />
12         我分担着海的忧愁，分享海的欢乐<br />
13         我最亲爱的祖国，你是大海永不干涸<br />
14         我和我的祖国，一刻也不能分割 <br />
15         无论我走到哪里，都流出一首赞歌<br />
16         我歌唱每一座高山，我歌唱每一条河<br />
17         袅袅炊烟，小小村落，路上一道辙<br />
18         我最亲爱的祖国，我永远紧贴着你的心窝<br />
19         永远给我，碧浪清波，心中的歌
20    </p>
21 </div>
```

保存并预览页面 example10.html 的运行效果。

5. 添加播放控制按钮及单击事件

在布局好的播放器 HTML5 页面 example10.html 中添加播放控制按钮，这些按钮分别用于播放、暂停、打开声音、关闭声音、全屏显示。

添加按钮的 onclick 属性，并为每个按钮分别绑定自定义方法 doPlay()、doPause()、ySound()、nSound()、fullScreen()，具体如下：

```
1  <div class="control">
2       <!-- 播放/暂停 -->
3       <button type="button" onclick="doPlay()">播放</button>
4       <button type="button" onclick="doPause()">暂停</button>
5       <!-- 打开声音/关闭声音 -->
6       <button onclick="ySound()" type="button">打开声音</button>
7       <button onclick="nSound()" type="button">关闭声音</button>
8       <!-- 全屏 -->
9       <button type="button" onclick="fullScreen()">全屏</button>
10 </div>
```

6. 用 JavaScript 对 video 元素进行编程

首先用 DOM 的 getElementById()方法捕获 video 元素的标识，具体代码为：

```
1  <script type="text/javascript">
2       var med = document.getElementById("myVideo");
3  </script>
```

用编程方法实现视频播放功能，具体代码为：

```
1  function doPlay() {
2       med.play();
3  }
```

用编程方法实现视频暂停功能，具体代码为：

```
1  function doPause() {
2       med.pause();
3  }
```

用编程方法实现打开声音的功能，具体代码为：

```
1  function ySound() {
2          med.muted =false;
3  }
```

用编程方法实现关闭声音的功能，具体代码为：

```
1  function nSound() {
2          med.muted = true;
3  }
```

用编程方法实现全屏显示的功能，具体代码为：

```
1  function fullScreen() {
2          med.webkitRequestFullscreen();
3  }
```

依次完成以上步骤后，保存 example10.html，刷新页面，运行效果如图 7-14 所示。依次测试各项功能：视频封面是否正确显示？播放、关闭声音、打开声音、全屏播放、暂停等功能是否实现？

至此，我们完成 DIY 视频播放器的设计与实现。

7.5 单元小结

本单元首先介绍了 HTML5 的音频与视频，然后讲解了 HTML5 的拖放操作和 HTML5 的文件操作，最后综合运用所学知识制作了 DIY 视频播放器。

通过本单元的学习，读者应该能够理解 HTML5 的多媒体技术、拖放操作和文件操作的用法，掌握 HTML5 的音视频制作和文件操作方法，能够实现常见的各种页面效果。

7.6 动手实践

【思考】

1. 用 HTML5 实现原生音视频播放需要哪些必备的技术条件？
2. 目前 HTML5 的常见音视频容器和音视频编解码器各有哪些？
3. 举例说明音视频元素怎样绑定音视频资源。
4. HTML5 的音频和视频常用的属性、方法和事件有哪些？
5. 请简述选择文件的两种方式。

【实践】

根据提供的视频素材，自制 HTML5 视频播放器，页面效果如图 7-15 和图 7-16 所示。要求如下。

1. 页面布局美观。
2. 添加按钮控制视频的播放，可以实现播放快进 5 秒、快退 5 秒、音量+、音量–和静音效果。
3. 设计按钮的样式。

图 7-15　视频播放器效果

图 7-16　播放和静音状态效果

单元 8 基于 HTML5 的移动 Web 应用（下）

HTML5 增加了很多新特性，其中值得一提的就是 HTML5 的 Canvas 和 SVG，它们可以对 2D 图形或位图进行动态脚本的渲染。在 HTML5 之前，网页显示图像用的是 JPG、PNG 等嵌入式图像格式，动画通常是由 Flash 实现的。图像显示会拖慢页面加载速度，Flash 依赖于第三方，也会出现一些用户无法解决的问题。现在出现了两种 HTML5 新增的绘图方法，即 Canvas 和 SVG，并且 HTML5 对它们提供了非常好的支持，本单元将对 Canvas 和 SVG 的用法进行详细介绍。

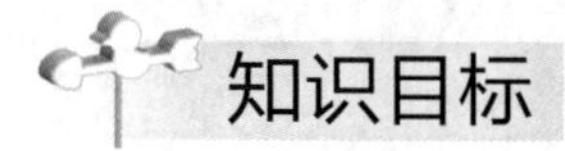

知识目标

★ 掌握 HTML5 中 Canvas 的主要属性和方法。
★ 掌握操作与使用图像的方法。
★ 掌握渐变、图案和阴影的绘制方法。
★ 掌握 SVG 的主要属性和方法。

能力目标

★ 能绘制各种图形和文字。
★ 能对图像进行操作。
★ 能绘制渐变图形、各种图案和阴影效果。
★ 能使用 SVG 绘制 2D 图形。

扫码观看
微课视频

8.1 认识 Canvas

Canvas 的中文意思是画布，HTML5 中的 Canvas 与画布类似，可以称为“网页中的画布”，有了这个画布便可以轻松地在网页中绘制图形、表格、文字、图片等。Canvas 是 HTML5 新增的开发跨平台动画和游戏的标准解决方案，能够对图像和视频进行像素级操作。借助 HTML5 的 Canvas，用户可以实现各种图形和动画效果。

1. 创建画布

HTML5 提供了<canvas>标签，使用<canvas>标签可以在网页中创建一个矩形区域的画布。<canvas>标签本身不具有绘制功能，可以通过 JavaScript 操作绘制图形的 API 进行绘制操作。

在网页中创建画布的代码如下：

```
1  <canvas id="myCanvas" width="300" height="300">
```

```
2        您的浏览器不支持 Canvas，请更新或更换浏览器!
3  </canvas>
```

在上述代码中，定义 id 属性是为了在 JavaScript 代码中引用元素。标签中间的文字在浏览器不支持 Canvas 的情况下才会显示。<canvas>标签与<img>标签一样，具有两个原生属性 width 和 height，默认为 300px 和 150px，没有单位的值将会被忽略不计。

要在画布中绘制图形，首先要通过 JavaScript 的 getElementById()方法获取网页中的画布对象，代码如下：

```
var oC=document.getElementById("myCanvas");
```

2. 准备画笔

我们使用 getContext("2d")方法准备画笔。getContext("2d")方法用来获取上下文（Context），即创建 Context 对象，以获取允许进行绘制的 2D 环境。

getContext("2d")方法用于返回一个内建的 HTML5 对象，指出使用绘图功能必要的 API，用户可以使用该对象在 Canvas 中画图。目前 HTML5 支持的只有“2d”，即二维绘图，三维操作目前还没有广泛应用。

具体代码如下：

```
var oCtx =oC.getContext("2d");
```

其中，参数 2d 代表画笔的种类，这里代表执行二维操作。

3. 坐标和起点

Canvas 构建的画布是一个基于二维(x, y)的网格，如图 8-1 所示。2D 代表一个平面，绘制图形时需要在平面上确定起点，也就是“从哪里开始画”，Canvas 的坐标原点(0, 0)位于画布的左上角。x 轴：从左到右，取值依次递增。y 轴：从上到下，取值依次递增。

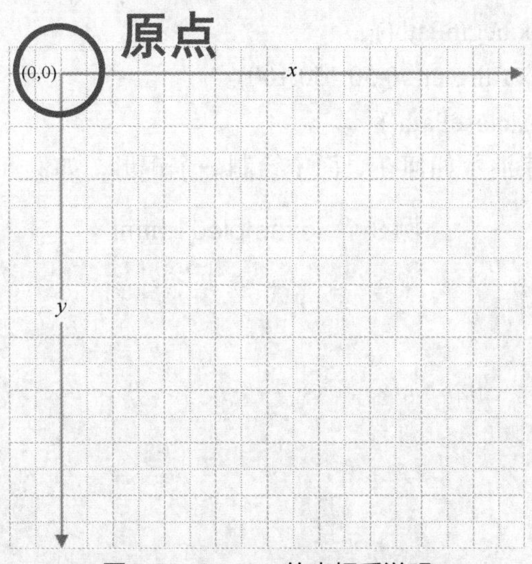

图 8-1 Canvas 的坐标系说明

设置上下文绘制路径起点的代码如下：

```
var oCtx =oC.getContext("2d");
oCtx.moveTo(x,y);
```

在上述代码中，x、y 都是相对于 Canvas 画布的左上角来定义的。使用 context 对象的

moveTo()方法对路径起点进行设置，相当于移动画笔到某个位置。

4. 绘制线条

在 Canvas 中使用 lineTo()方法绘制线条，代码如下：

```
oCtx.lineTo(x,y);
```

在上述代码中，（x, y）为线头点坐标，lineTo()方法用于定义从（x, y）的位置绘制一条直线到起点或者上一个线头点。

5. 路径

路径是所有图形绘制的基础，例如绘制直线时确定了起点和线头点，便形成了一条路径。如果绘制比较复杂的路径，必须使用开始路径和闭合路径的方法，代码如下：

```
1  oCtx.beginPath();
2  oCtx.closePath();
```

开始路径的作用是将用不同线条绘制的形状进行隔离，每次执行此方法，表示重新绘制一条路径，同之前绘制的路径可以分开设置和管理；闭合路径会自动把最后的线头点和开始的线头点连在一起。

6. 描边

在使用 Canvas 绘制图形的过程中，路径只是草稿，真正绘制时必须执行 stroke()方法进行描边，代码如下：

```
oCtx.stroke();
```

有了以上内容作为基础，就可以使用 Canvas 绘制一个简单的矩形，基本步骤如下。

（1）创建画布并获取 Canvas：<canvas></canvas>。

（2）准备画笔（获取上下文对象）：oCtx=oC.getContext("2d")。

（3）开始路径：oCtx.beginPath()。

（4）绘制矩形：oCtx.fillRect(50,50,150,100)。

（5）闭合路径：oCtx.closePath()。

下面通过一个案例来演示如何在页面中绘制一个矩形，如例 8-1 所示。

例 8-1　example01.html

```
1  <!DOCTYPE>
2  <html>
3  <head>
4  <meta content="text/html; charset=utf-8" />
5  <title>使用 Canvas 绘制矩形</title>
6  <style>
7  #myCanvas{
8    background:white;
9    border:1px solid black;
10 }
11 span{
12   color:white;
13 }
14 </style>
```

```
15 </head>
16 <body>
17 <canvas id="myCanvas" width="300" height="300">
18     您的浏览器不支持 Canvas，请更新或更换浏览器！
19 </canvas> <!--默认：宽 300 高 150-->
20 <script>
21     //1.创建画布并获取 Canvas
22     var oC = document.getElementById("myCanvas");
23     //2.准备画笔
24     var oCtx= oC.getContext("2d");
25     //3.开始路径
26    oCtx.beginPath();
27    //4.绘制矩形
28     oCtx.fillStyle="red";
29     oCtx.fillRect(50,50,150,100);
30    //5.闭合路径
31    oCtx.closePath();
32 </script>
33 </body>
34 </html>
```

运行例 8-1，页面效果如图 8-2 所示。

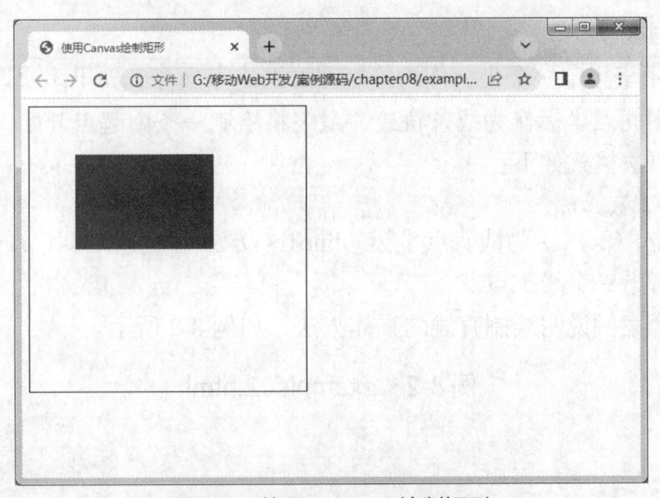

图 8-2　使用 Canvas 绘制矩形

注意

Canvas 的 width 和 height 属性应该写在<canvas>标签中，不要用 CSS 控制 Canvas 的宽度和高度，否则可能会导致画布上的图形变形。

8.2 绘制简单图形

扫码观看
微课视频

HTML5 的 Canvas 能够实现简单、直接的绘图，也能通过编写脚本实现极为复杂的应用，如各种精美绝伦的图形、精彩纷呈的游戏等。本节首先介绍如何使用 Canvas 和 JavaScript 绘制简单的图形，包括绘制直线、三角形和矩形，一起来初窥在 Canvas 中绘图的基本原理和方法。

8.2.1　绘制直线

绘制直线的方法如表 8-1 所示。moveTo()方法用于指定起点坐标，lineTo()方法用于指定终点坐标。

表 8-1　绘制直线的方法

方法	描述
moveTo()	指定起点坐标
lineTo()	指定终点坐标

1. moveTo()方法

moveTo()方法用于将光标移动至指定坐标，将该坐标作为绘制图形的起点坐标。其基本语法格式如下：

```
context.moveTo(x,y);
```

说明如下。

（1）x 为起点的横坐标。

（2）y 为起点的纵坐标。

2. lineTo()方法

lineTo()方法用于指定一个坐标作为绘制图形的终点坐标。如果多次调用 lineTo()方法，则可以定义多个中间点坐标作为线条轨迹，最终将绘制一条由起点开始，经过各个中间点的线条。其基本语法格式如下：

```
context.lineTo(x,y);
```

在上面语法中，（x，y）为线头点坐标，lineTo()方法用于定义从（x，y）的位置绘制一条直线到起点或者上一个线头点。

下面通过一个案例说明绘制直线的具体方法，如例 8-2 所示。

例 8-2　example02.html

```
1  <!DOCTYPE>
2  <html>
3  <head>
4  <meta content="text/html; charset=utf-8" />
5  <title>绘制直线</title>
6  <style>
7  #myCanvas{
8     border: 1px solid black;
9  }
10 </style>
11 </head>
12 <body>
13 <canvas id="myCanvas" width="400" height="400">
14    您的浏览器不支持 Canvas，请更新或更换浏览器！
```

```
15 </canvas>
16 <script>
17 var oC = document.getElementById("myCanvas");
18 var oCtx = oC.getContext("2d");
19 oCtx.beginPath();
20 oCtx.strokeStyle ="red";
21 oCtx.lineWidth = 5;
22 oCtx.moveTo(100,100);
23 oCtx.lineTo(200,200);
24 oCtx.closePath();
25 oCtx.stroke();
26 </script>
27 </body>
28 </html>
```

在上述代码中，第 20 行代码设置直线的颜色为红色，第 21 行代码设置直线的粗细为 5px，第 22 行代码用 moveTo()方法设置起点，横坐标和纵坐标都在 100px 的位置，第 23 行代码用 lineTo()方法设置终点，横坐标和纵坐标都在 200px 的位置，第 25 行代码用 stroke()方法画直线。

运行例 8-2，效果如图 8-3 所示，画了一条红色的直线。

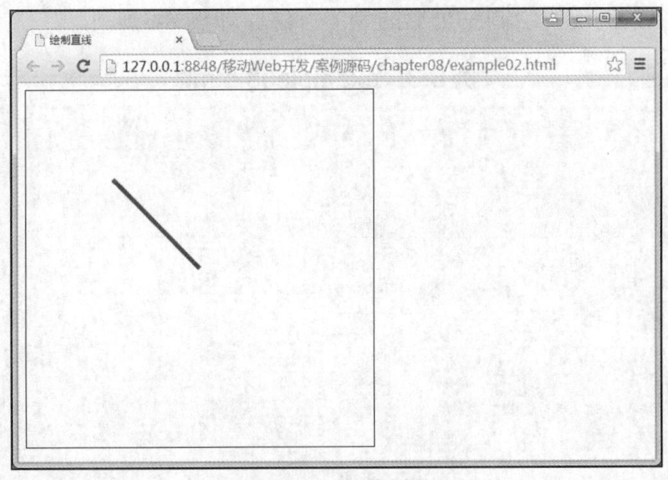

图 8-3　绘制直线

8.2.2　绘制三角形

使用绘制路径的方法可以自由绘制其他形状，如三角形。绘制三角形的方法如表 8-2 所示。综合运用 Canvas 的方法和属性可以绘制和填充不同的形状。

表 8-2　绘制三角形的方法

方法	描述
fill()	填充，默认黑色
save()	保存路径
restore()	恢复路径

1. fill()方法

fill()方法用来填充当前的图像（路径），默认颜色是黑色。在使用 Canvas 绘制图形的过程中，路径只是草稿，真正绘制时必须执行 stroke()方法根据路径进行描边，还可以使用 fill()方法进行图形的填充。其基本语法格式如下：

```
context.fill();
```

2. save()和 restore()方法

save()方法用来保存画布的绘制状态。restore()方法用于移除上一次调用 save()方法所添加的任何效果。

3. fillStyle 属性

fillStyle 属性设置或返回用于填充绘图的颜色、渐变对象或模式对象。其基本语法格式如下：

```
context.fillStyle=color|gradient|pattern;
```

对其属性值的说明如下。

（1）color 指示绘图填充色的 CSS 颜色值，默认值是#000000。

（2）gradient 用于填充绘图的渐变对象（线性或放射性）。

（3）pattern 用于填充绘图的模式对象。

下面通过一个案例说明绘制三角形的具体方法，如例 8-3 所示。

例 8-3　example03.html

```
1  <!DOCTYPE>
2  <html>
3  <head>
4  <meta content="text/html; charset=utf-8" />
5  <title>绘制三角形</title>
6  <style>
7  #myCanvas{
8      border: 1px solid black;
9  }
10 </style>
11 </head>
12 <body>
13 <canvas id="myCanvas" width="400" height="400">
14       您的浏览器不支持 Canvas，请更新或更换浏览器！
15 </canvas>
16 <script>
17       var oC = document.getElementById("myCanvas");
18       var oCtx = oC.getContext("2d");
19       oCtx.save();
20       oCtx.fillStyle = "red";
21       oCtx.beginPath();
22       oCtx.moveTo(100,100);
23       oCtx.lineTo(200,200);
24       oCtx.lineTo(300,200);
```

```
25        oCtx.closePath();
26        oCtx.fill();
27        oCtx.restore();
28 </script>
29 </body>
30 </html>
```

运行例 8-3，效果如图 8-4 所示，绘制了一个填充色为红色的三角形。

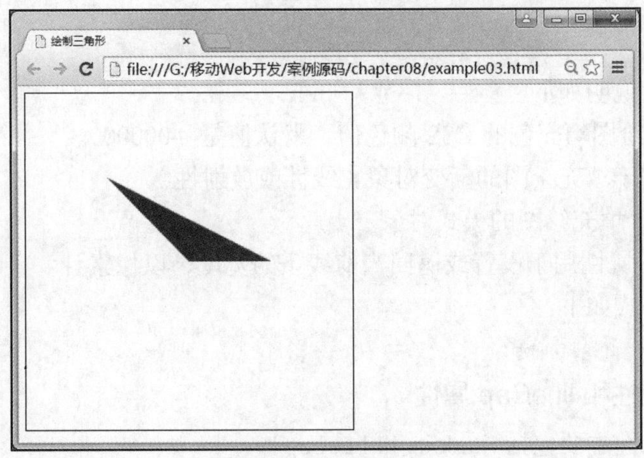

图 8-4 绘制三角形

8.2.3 绘制矩形

1. fillRect()方法和 strokeRect()方法

可以使用 fillRect()方法和 strokeRect()方法来填充矩形和绘制矩形边框。

（1）fillRect()方法用于以指定的颜色填充矩形，默认颜色是黑色。其基本语法格式如下：

```
context.fillRect(L,T,W,H);
```

说明如下。

① L、T 用于指定矩形的坐标位置。

② W、H 用于指定矩形的宽度和高度。

（2）strokeRect()方法用于绘制矩形边框（无填充），笔触的默认颜色是黑色。其基本语法格式如下：

```
context.strokeRect(x,y,width,height);
```

说明如下。

① x、y 指矩形左上角的横坐标和纵坐标。

② width 和 height 为矩形的宽度和高度。

2. strokeStyle 属性和 lineWidth 属性

使用 strokeStyle 属性和 lineWidth 属性可设置矩形边框的颜色和线条的宽度，绘制矩形的属性如表 8-3 所示。

表 8-3　绘制矩形的属性

属性	描述
strokeStyle	边框颜色
lineWidth	线条宽度，是一个数值

（1）可以使用 strokeStyle 属性设置或返回用于笔触的颜色、渐变对象或模式对象。其基本语法格式如下：

```
context.strokeStyle=color|gradient|pattern;
```

对其属性值的说明如下。

① color 指示绘图填充色的 CSS 颜色值，默认值是 #000000。

② gradient 用于填充绘图的渐变对象（线性或放射性）。

③ pattern 用于填充绘图的模式对象。

（2）lineWidth 属性用于设置或返回当前线条的宽度，以像素计。

其基本语法格式如下：

```
context.lineWidth=number;
```

3. lineJoin 属性和 lineCap 属性

边界绘制的属性主要包括 lineJoin 和 lineCap。

（1）lineJoin 属性用于设置矩形的边界样式。其取值包括 miter（默认）、round（圆角）、bevel（斜角）。

（2）lineCap 属性用于设置或返回线条末端线帽的样式。

下面通过一个案例说明绘制矩形的具体方法，如例 8-4 所示。

例 8-4　example04.html

```
1  <!DOCTYPE>
2  <html>
3  <head>
4  <meta content="text/html; charset=utf-8" />
5  <title>绘制矩形</title>
6  <style>
7  #myCanvas{
8      border: 1px solid black;
9  }
10 </style>
11 </head>
12 <body>
13 <canvas id="myCanvas" width="400" height="400">
14     您的浏览器不支持 Canvas，请更新或更换浏览器！
15 </canvas>
16 <script>
17     var oC = document.getElementById("myCanvas");
18     var oCtx = oC.getContext("2d");
19     oCtx.fillStyle ="red";
```

```
20      oCtx.strokeStyle ="blue";
21      oCtx.lineWidth = 10;
22      oCtx.lineJoin ="bevel";
23      oCtx.fillRect(50,50,150,100);
24      oCtx.strokeRect(50,50,150,100);
25  </script>
26  </body>
27  </html>
```

运行例 8-4，效果如图 8-5 所示，绘制了一个带蓝色边框的红色圆角矩形。

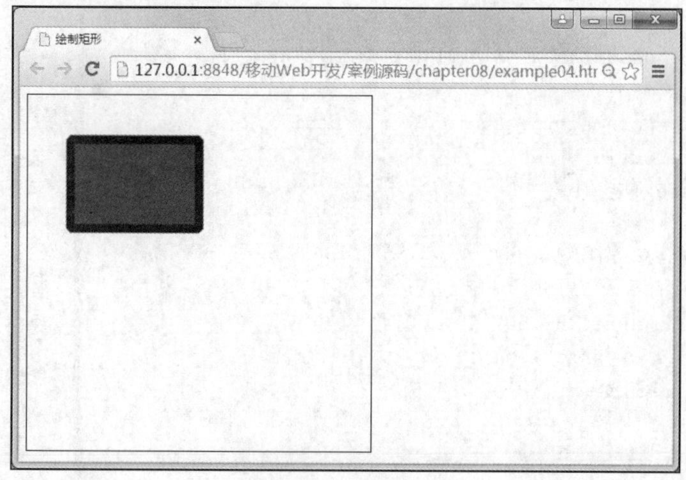

图 8-5　绘制矩形

注意

fillRect()方法和 strokeRect()方法的位置是有顺序的，如果先写 fillRect()方法，就是先填充图形，再绘制边框；如果先写 strokeRect()方法，就是先绘制边框，再填充图形。

8.2.4　清空画布

clearRect()方法用于清除指定的矩形区域内的所有图形，显示出画布的背景。其语法格式如下：

```
context.clearRect(x,y,width,height);
```

说明如下。

（1）x、y 用于指定要清除的矩形左上角的横坐标和纵坐标。

（2）width、height 用于指定要清除的矩形的宽度和高度。

下面通过一个案例说明清空画布的具体方法，如例 8-5 所示。

例 8-5　example05.html

```
1   <!DOCTYPE>
2   <html>
3   <head>
4   <meta content="text/html; charset=utf-8" />
5   <title>清空画布</title>
6   <style>
7   #myCanvas{
```

```
8        border: 1px solid black;
9    }
10  </style>
11  </head>
12  <body>
13  <canvas id="myCanvas" width="400" height="400">
14       //您的浏览器不支持 Canvas，请更新或更换浏览器!
15  </canvas>
16  <br/>
17  <input type="button" id="btn1" value="清空画布" />
18  <script>
19      var oC = document.getElementById("myCanvas");
20      var oCtx = oC.getContext("2d");
21      var oBtn=document.getElementById("btn1");
22      oCtx.fillStyle ="red";
23      oCtx.strokeStyle ="blue";
24      oCtx.lineWidth = 10;
25      oCtx.lineJoin ="round";
26      oCtx.fillRect(50,50,100,100);
27      oCtx.strokeRect(50,50,100,100);
28      oBtn.onclick=function(){
29         oCtx.clearRect(0,0,400,400);
30      };
31  </script>
32  </body>
33  </html>
```

运行例 8-5，效果如图 8-6 所示，绘制了一个带蓝色边框的红色圆角矩形。单击“清空画布”按钮，画布中的矩形被清除，效果如图 8-7 所示。

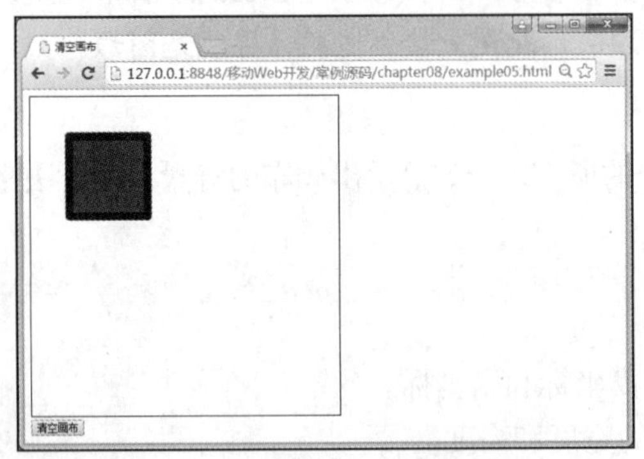

图 8-6 “清空画布”页面运行效果

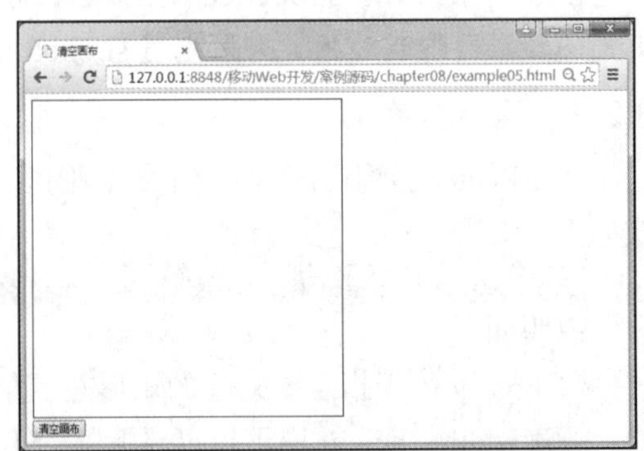

图 8-7 单击“清空画布”按钮的效果

8.3 绘制曲线

Canvas 综合 JavaScript 不但可以绘制简单的矩形，还可以绘制一些其他的常见图形，例如圆和其他曲线等。

8.3.1 绘制圆

在 Canvas 中可以使用 arc()方法绘制弧和圆，具体语法格式如下：

```
context.arc(x,y,半径,起始弧度,结束弧度,旋转方向);
```

说明如下。

（1）x、y 用于指定起点坐标。

（2）弧度与角度的关系：弧度=角度*Math.PI/180。

（3）旋转方向：顺时针（默认，false）、逆时针（true）。

下面通过一个案例说明绘制圆的具体方法，如例 8-6 所示。

例 8-6 example06.html

```
1  <!DOCTYPE>
2  <html>
3  <head>
4  <meta content="text/html; charset=utf-8" />
5  <title>绘制圆</title>
6  <style>
7  #myCanvas{
8  border: 1px solid black;
9  }
10 </style>
11 </head>
12 <body>
13 <canvas id="myCanvas" width="400" height="400">
14     //您的浏览器不支持 Canvas，请更新或更换浏览器!
15 </canvas>
16 <script>
17     var oC = document.getElementById("myCanvas");
18     var oCtx = oC.getContext("2d");
19     oCtx.moveTo(200,200);
20     oCtx.beginPath();
21     oCtx.arc(200,200,100,0,Math.PI*2,true);
22    //弧度 = 角度*Math.PI/180
23     oCtx.closePath();
24     oCtx.fillStyle="red";
25     oCtx.fill();
26 </script>
27 </body>
28 </html>
```

在上述代码中，第 19 行代码表示把中心移到画布的中心，也就是横、纵坐标都是 200px 的位置。第 20 行代码表示开始绘制路径。第 21 行代码表示用 arc()方法绘制圆，第 1 个和第 2 个参数指圆心的横、纵坐标都是 200px，第 3 个参数指半径是 100px，第 4 个参数指起始弧度是 0，第 5 个参数指结束弧度是 360°，可以写成 Math.PI*2。可以使用 Math.PI 来获取圆周率 π 的值，并且使用它来计算弧度。特殊角度和弧度的关系如表 8-4 所示。最后一个参数 true，代表逆时针方向。第 23 行代码表示结束绘制路径。第 24 行代码表示设置圆的填充颜色为红色，第 25 行代码表示在圆中进行填充。

表 8-4　特殊角度和弧度的关系

角度	0	30°	45°	60°	90°	120°	135°	150°	180°	270°	360°
弧度	0	π/6	π/4	π/3	π/2	2π/3	3π/4	5π/6	π	3π/2	2π

运行例 8-6，效果如图 8-8 所示，绘制了一个红色的圆。

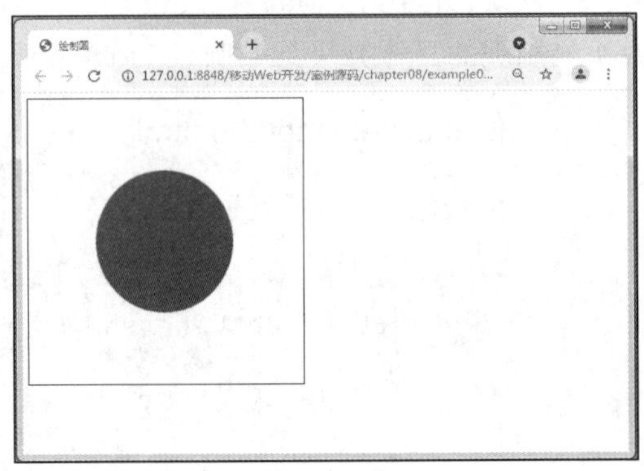

图 8-8　绘制圆

8.3.2　绘制其他曲线

1. arcTo()方法

arcTo()方法用于在画布上创建介于两条切线之间的弧/曲线。其具体语法格式如下：

```
context.arcTo(x1, y1, x2, y2, r);
```

说明如下。

（1）x1、y1 用于指定弧的起点横坐标和起点纵坐标。

（2）x2、y2 用于指定弧的终点横坐标和终点纵坐标。

（3）r 为弧的半径。

我们通过一个案例说明绘制曲线的具体方法，如例 8-7 所示。

例 8-7　example07.html

```
1   <!DOCTYPE>
2   <html>
3   <head>
4   <meta content="text/html; charset=utf-8" />
5   <title>绘制曲线</title>
6   <style>
7   #myCanvas{
8       border: 1px solid black;
9   }
10  </style>
11  </head>
12  <body>
13  <canvas id="myCanvas" width="400" height="400">
14      //您的浏览器不支持 Canvas，请更新或更换浏览器!
```

```
15 </canvas>
16 <script>
17     var oC = document.getElementById("myCanvas");
18     var oCtx = oC.getContext("2d");
19     oCtx.moveTo(100,200);
20     oCtx.bezierCurveTo(100,100,200,200,200,100);
21     oCtx.stroke();
22 </script>
23 </body>
24 </html>
```

运行例 8-7，效果如图 8-9 所示，绘制了一条曲线。

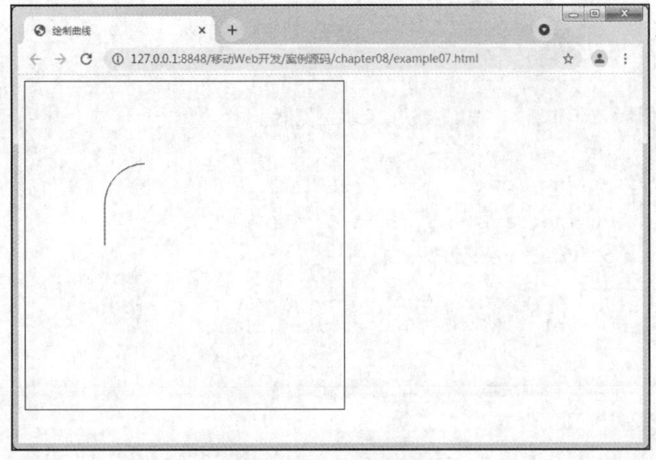

图 8-9 绘制曲线

2. quadraticCurveTo()方法

quadraticCurveTo()方法通过使用表示二次贝塞尔曲线的指定控制点，向当前路径添加点。其具体语法格式如下：

```
context.quadraticCurveTo(dx, dy, x1, y1);
```

说明如下。

（1）dx、dy 为控制点的横坐标和纵坐标。

（2）x1、y1 为结束点的横坐标和纵坐标。

3. bezierCurveTo()方法

bezierCurveTo()方法通过使用表示三次贝塞尔曲线的指定控制点，向当前路径添加点。其具体语法格式如下：

```
context.bezierCurveTo(dx1, dy1, dx2, dy2, x1, y1);
```

说明如下。

（1）dx1、dy1 为第一个贝塞尔控制点的横坐标和纵坐标。

（2）dx2、dy2 为第二个贝塞尔控制点的横坐标和纵坐标。

（3）x1、y1 为结束点的横坐标和纵坐标。

下面通过一个案例说明绘制三次贝塞尔曲线的具体方法，如例 8-8 所示。

例 8-8　example08.html

```
1  <!DOCTYPE>
2  <html>
3  <head>
4  <meta content="text/html; charset=utf-8" />
5  <title>绘制三次贝塞尔曲线</title>
6  <style>
7  #myCanvas{
8      border: 1px solid black;
9  }
10 </style>
11 </head>
12 <body>
13 <canvas id="myCanvas" width="400" height="400">
14     //您的浏览器不支持 Canvas，请更新或更换浏览器！
15 </canvas>
16 <script>
17     var oC = document.getElementById("myCanvas");
18     var oCtx = oC.getContext("2d");
19     oCtx.moveTo(100,200);
20     oCtx.bezierCurveTo(100,100,200,200,200,100);
21     oCtx.stroke();
22 </script>
23 </body>
24 </html>
```

运行例 8-8，效果如图 8-10 所示，绘制了一条三次贝塞尔曲线。

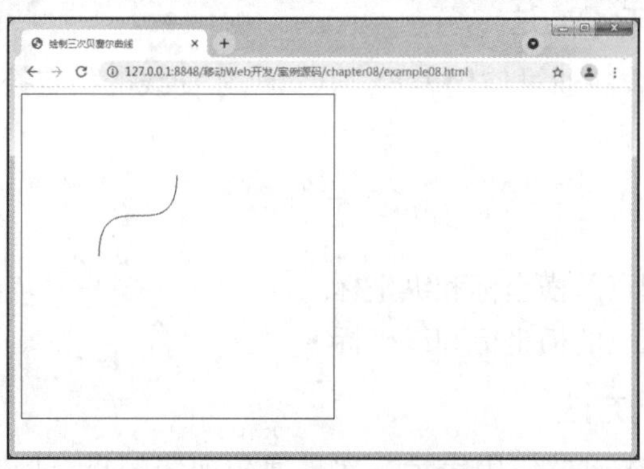

图 8-10　绘制三次贝塞尔曲线

8.4 图形的变换

扫码观看
微课视频

运用图形的变换，如旋转和缩放等，可以创建出大量复杂多变的图形。

8.4.1　移动坐标空间

在绘制图形时，可以使用 translate()方法移动坐标空间，使画布的变换矩阵发生水平和垂直方向的偏移。其具体语法格式如下：

```
context.translate(dx,dy);
```

其中，dx 和 dy 分别为坐标原点沿水平和垂直方向的偏移量。

下面通过一个案例说明移动坐标空间的具体方法，如例 8-9 所示。

例 8-9　example09.html

```
1  <!DOCTYPE>
2  <html>
3  <head>
4  <meta content="text/html; charset=utf-8" />
5  <title>移动的小方块</title>
6  <style>
7  #myCanvas
8  {
9   border: 1px solid black;
10 }
11 </style>
12 </head>
13 <body>
14 <canvas id="myCanvas" width="400" height="400">
15     //您的浏览器不支持 Canvas，请更新或更换浏览器!
16 </canvas>
17 <script>
18     var oC = document.getElementById("myCanvas");
19     var oCtx = oC.getContext("2d");
20     oCtx.fillStyle="red";
21     oCtx.translate(100,100);
22     oCtx.fillRect(0,0,100,100);
23 </script>
24 </body>
25 </html>
```

运行例 8-9，效果如图 8-11 所示，绘制了一个移动的小方块。

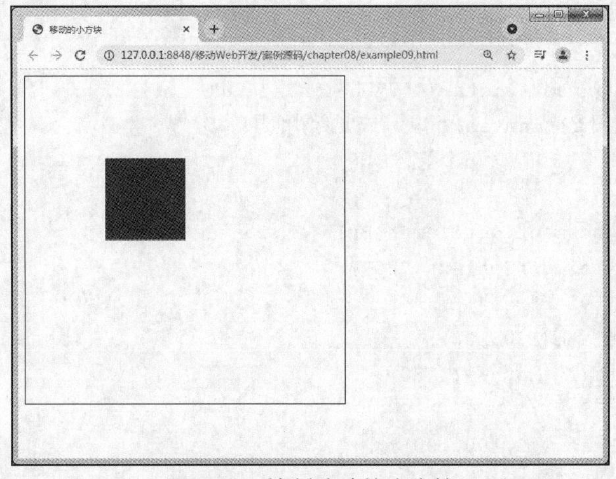

图 8-11　绘制移动的小方块

8.4.2 旋转坐标空间

1. rotate()方法

rotate()方法用于以原点为中心旋转坐标空间。其具体语法格式如下：

```
context.rotate(dx,dy);
```

说明如下。

（1）参数 dx、dy 是旋转角度。

（2）旋转角度以顺时针方向为正方向，以弧度为单位。

2. scale()方法

scale()方法用于增减 Canvas 上下文对象中的像素数目，从而实现图形的放大或缩小。其具体语法格式如下：

```
context.scale(x,y);
```

说明如下。

（1）x 为横轴的缩放因子，值必须是正数。

（2）y 为纵轴的缩放因子，值必须是正数。

下面通过一个案例说明旋转坐标空间的具体方法，如例 8-10 所示。

例 8-10　example10.html

```
1  <!DOCTYPE>
2  <html>
3  <head>
4  <meta content="text/html; charset=utf-8" />
5  <title>旋转的小方块</title>
6  <style>
7  #myCanvas
8  {
9   border: 1px solid black;
10 }
11 </style>
12 </head>
13 <body>
14 <canvas id="myCanvas" width="400" height="400">
15      //您的浏览器不支持 Canvas，请更新或更换浏览器!
16 </canvas>
17 <script>
18      var oC = document.getElementById("myCanvas");
19      var oCtx = oC.getContext("2d");
20      oCtx.fillStyle="red";
21      oCtx.translate(100,100);
22      oCtx.rotate(20*Math.PI/180);
23      oCtx.scale(2,2);
24      oCtx.fillRect(0,0,100,100);
25 </script>
26 </body>
```

```
27  </html>
```

运行例 8-10，效果如图 8-12 所示，绘制了一个旋转的小方块。小方块以自己的左上角为中心点旋转 20°，宽度和高度都变成原来的 2 倍。

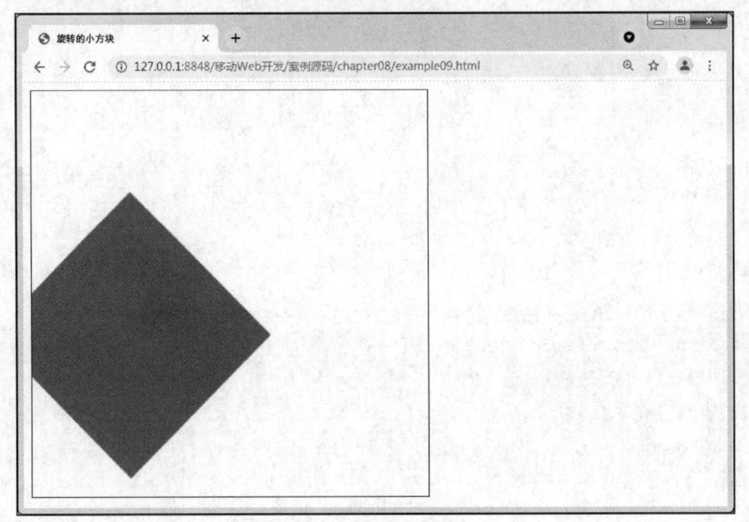

图 8-12　绘制旋转的小方块

8.5 操作与使用图像

扫码观看
微课视频

在 Canvas 中可以使用 drawImage()方法操作图像。使用 drawImage()方法可以在画布上绘制图像、画布或视频，也可以绘制图像的某些部分，以及增大或减小图像的尺寸。图像来源可以是页面中的<img>标签、JavaScript 中的 Image 对象或视频的一帧。该方法有 3 个重载方法，通过这些重载方法可将图像绘制在画布上。

8.5.1 绘制图像

drawImage()方法的第一个重载方法用于绘制图像。

当画布的大小大于图像的大小时，整个图像被绘制；当图像的大小大于画布的大小时，多余的部分被裁剪。

具体语法格式如下：

```
context.drawImage(image,sx,sy);
```

说明如下。

（1）image 为要使用的图像、画布或视频。

（2）sx 为开始剪切的横坐标位置，sy 为开始剪切的纵坐标位置。

下面通过一个案例说明绘制图像的具体方法，如例 8-11 所示。

例 8-11　example11.html

```
1   <!DOCTYPE>
2   <html>
3   <head>
```

```
4   <meta content="text/html; charset=utf-8" />
5   <title>绘制图像</title>
6   <style>
7   #myCanvas
8   {
9     border: 1px solid black;
10  }
11  </style>
12  </head>
13  <body>
14  <canvas id="myCanvas" width="400" height="400">
15  </canvas>
16  <script type="text/javascript">
17       var oC=document.getElementById("myCanvas");
18       var oCtx=oC.getContext("2d");
19       var oImg=new Image();
20       oImg.onload=function(){
21           draw(this);
22       }
23       oImg.src="images/icon.jpg";
24       function draw(obj){
25           //绘制图像
26           oCtx.drawImage(obj,0,0);
27       }
28  </script>
29  </body>
30  </html>
```

运行例 8-11，效果如图 8-13 所示，我们完成了图像的绘制。

图 8-13　绘制图像

8.5.2 改变图像大小

drawImage()方法的第二个重载方法用于改变图像大小。其具体语法格式如下：

```
context.drawImage(image,sx,sy,dw,dh);
```

说明如下。

（1）sx、sy 为在画布上放置图像的横坐标和纵坐标位置。

（2）dw、dh 为被切割下来的源图像放置到目标画布上后显示的宽度和高度。

下面通过一个案例来说明改变图像大小的具体方法，如例 8-12 所示。我们要把图像调成画布大小。

例 8-12　example12.html

```
1  <!DOCTYPE>
2  <html>
3  <head>
4  <meta content="text/html; charset=utf-8" />
5  <title>改变图像大小</title>
6  <style>
7  #myCanvas
8  {
9    border: 1px solid black;
10 }
11 </style>
12 </head>
13 <body>
14 <canvas id="myCanvas" width="400" height="400">
15 </canvas>
16 <script type="text/javascript">
17      var oC=document.getElementById("myCanvas");
18      var oCtx=oC.getContext("2d");
19      var oImg=new Image();
20      oImg.onload=function(){
21              draw(this);
22      }
23      oImg.src="images/icon.jpg";
24      function draw(obj){
25      //改变大小
26      oCtx.drawImage(obj,0,0,200,200);
27      }
28 </script>
29 </body>
30 </html>
```

浏览页面，效果如图 8-14 所示，图像的宽度和高度都调整成了 200px。

图 8-14 改变图像大小

8.5.3 创建图像切片

drawImage()方法的第三个重载方法用于创建图像切片。其具体语法格式如下：

```
context.drawImage(image,sx,sy,sw,sh,dx,dy,dw,dh);
```

说明如下。

（1）sx、sy 为源图像被裁切区域的起始坐标。

（2）sw、sh 为源图像被裁切下的宽度和高度。

（3）dx、dy 为源图像上被裁切下来的部分放置到目标画布上的起始坐标位置。

（4）dw、dh 为源图像上被裁切下来的部分放置到目标画布上显示的宽度和高度。

下面通过一个案例说明创建图像切片的具体方法，如例 8-13 所示。我们希望在源图像 icon.jpg 的右下角横坐标是 0、纵坐标是 60px 的位置，截取一幅宽度和高度都是 60px 的图像，放在横、纵坐标都是 300px 的位置。

例 8-13 example13.html

```
1  <!DOCTYPE>
2  <html>
3  <head>
4  <meta content="text/html; charset=utf-8" />
5  <title>创建图像切片</title>
6  <style>
7  #myCanvas
8  {
9    border: 1px solid black;
10 }
11 </style>
12 </head>
```

```
13 <body>
14 <canvas id="myCanvas" width="400" height="400">
15 </canvas>
16 <script type="text/javascript">
17      var oC=document.getElementById("myCanvas");
18      var oCtx=oC.getContext("2d");
19      var oImg=new Image();
20      oImg.onload=function(){
21              draw(this);
22      }
23      oImg.src="images/icon.jpg";
24      function draw(obj){
25      oCtx.drawImage(obj,0,60,60,60,300,300,60,60); // 裁切图像
26      }
27 </script>
28 </body>
29 </html>
```

在上述代码中，第 25 行代码中 drawImage()方法的第 2 个和第 3 个参数代表裁切的起始位置，第 4 个和第 5 个参数代表裁切图像的宽度和高度，第 6 个和第 7 个参数代表最后要放置在画布中的位置，最后 2 个参数代表图像切片显示的宽度和高度。

运行效果如图 8-15 所示，右下角显示的是创建的图像切片。

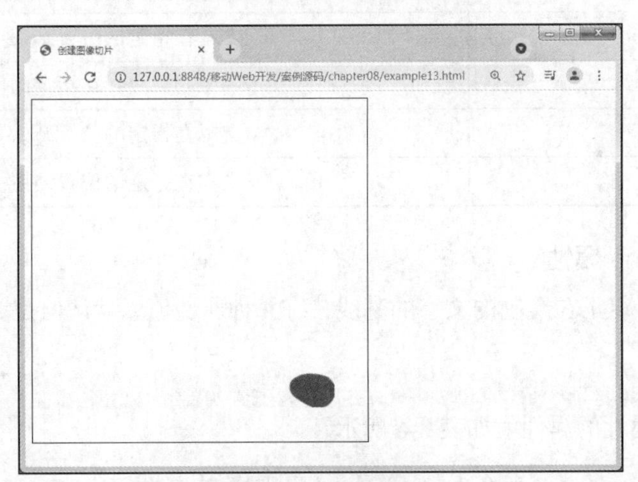

图 8-15　创建图像切片

8.6 绘制文字

绘制文字使用的是 fillText()方法和 strokeText()方法，这两个方法分别用于以填充方式和轮廓方式绘制文字。

扫码观看
微课视频

8.6.1　绘制填充文字

1. fillText()方法

fillText()方法以填充方式绘制文字。其具体语法格式如下：

```
context.fillText(text,x,y);
```

说明如下。

（1）text 为要绘制的文字。

（2）x、y 为要绘制文字的起始横坐标与起始纵坐标。

2. font 属性

font 属性用于设置正在绘制的文字的样式。

其可设置的属性值（按顺序）："font-style font-variant font-weight font-size/line-height font- family"。其中，font-size 和 font-family 的值是必需的，如果缺少了其他值，默认值将被插入。其具体语法格式如下：

```
object.style.font="italic small-caps bold 12px arial,sans-serif";
```

3. textAlign 属性

textAlign 属性根据锚点，设置或返回文本内容的当前对齐方式。其具体语法格式如下：

```
context.textAlign="center|end|left|right|start";
```

通常，文本会从指定位置开始，不过，如果设置 textAlign="right"并将文本放置到水平坐标是 150 位置，那么文本会在 150px 的位置结束。textAlign 属性的属性值如表 8-5 所示。

表 8-5　textAlign 属性的属性值

属性值	描述
start	默认。文本在指定的位置开始
end	文本在指定的位置结束
center	文本的中心被放置在指定的位置
left	文本在指定的位置开始
right	文本在指定的位置结束

4. textBaseline 属性

该属性用于指定正在绘制的文字的基线，有 4 种属性值，默认值是 alphabetic。其具体语法格式如下：

```
context.textBaseline="top|middle|alphabetic|bottom";
```

textBaseline 属性的属性值如表 8-6 所示。

表 8-6　textBaseline 属性的属性值

属性值	描述
alphabetic	指定文本基线为通常的字母基线
top	文本基线是 em 方框的顶端
middle	文本基线是 em 方框的正中
bottom	文本基线是 em 方框的底端

下面通过一个案例说明绘制填充文字的具体方法，如例 8-14 所示。

例 8-14 example14.html

```
1  <!DOCTYPE>
2  <html>
3  <head>
4  <meta content="text/html; charset=utf-8" />
5  <title>绘制填充文字</title>
6  <style>
7  #myCanvas
8  {
9    border: 1px solid black;
10 }
11 </style>
12 </head>
13 <body>
14 <canvas id="myCanvas" width="400" height="400">
15 </canvas>
16 <script>
17      var oC =document.getElementById("myCanvas");
18      var oCtx = oC.getContext("2d");
19      oCtx.fillStyle="red";
20      oCtx.font ="60px impact";
21      oCtx.textBaseline ="top";
22      oCtx.fillText("趣味课堂",0,0);
23 </script>
24 </body>
25 </html>
```

在上述代码中，第 20 行代码设置文字的大小是 60px，文字的样式是 impact。第 21 行代码设置文字以顶端为基准。运行效果如图 8-16 所示。

图 8-16 绘制填充文字

8.6.2 绘制轮廓文字

1. strokeText()方法

strokeText()方法以轮廓方式绘制文字。其具体语法格式如下：

```
context.strokeText(text,x,y);
```

说明如下。

（1）text 为要绘制的字符串。

（2）x、y 为要绘制文字的起始横坐标与起始纵坐标。

下面通过一个简单的案例说明 strokeText()方法的具体用法，如例 8-15 所示。我们一起来绘制轮廓文字“学好移动 Web 开发”。

例 8-15　example15.html

```
1  <!DOCTYPE>
2  <html>
3  <head>
4  <meta content="text/html; charset=utf-8" />
5  <title>绘制轮廓文字</title>
6  <style>
7  #myCanvas
8  {
9    border: 1px solid black;
10 }
11 </style>
12 </head>
13 <body>
14 <canvas id="myCanvas" width="400" height="400">
15 </canvas>
16 <script>
17      var oC =document.getElementById("myCanvas");
18      var oCtx = oC.getContext("2d");
19      oCtx.strokeStyle="red";   // 轮廓红色
20      oCtx.font ="30px impact";
21      oCtx.textBaseline ="top";
22      var word="学好移动 Web 开发";
23      oCtx.strokeText(word,0,0);
24 </script>
25 </body>
26 </html>
```

运行效果如图 8-17 所示，文字会显示在左上角。

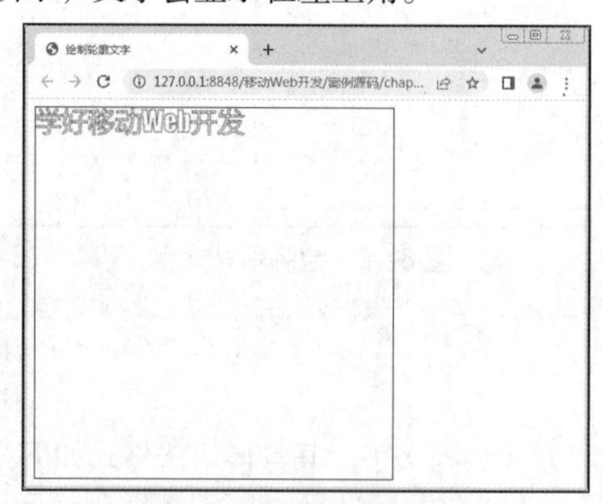

图 8-17　绘制轮廓文字 1

2. mesureText()方法

使用 mesureText()方法可以测量当前所绘制文字中指定文字的宽度，返回一个 TextMetrics 对象。使用该对象的 width 属性可以得到指定文字参数后所绘制文字的总宽度。

mesureText()方法具体语法格式如下：

```
metrics=context.measureText(text);
```

其中，text 为要绘制的文字。

下面通过一个简单的案例说明 measureText()方法的具体用法，如例 8-16 所示。我们一起来绘制轮廓文字“努力成为优秀的前端开发工程师”，让文字显示于画布正中间。

例 8-16　example16.html

```
1  <!DOCTYPE>
2  <html>
3  <head>
4  <meta content="text/html; charset=utf-8" />
5  <title>绘制轮廓文字</title>
6  <style>
7  #myCanvas
8  {
9    border: 1px solid black;
10 }
11 </style>
12 </head>
13 <body>
14 <canvas id="myCanvas" width="500" height="500">
15 </canvas>
16 <script>
17      var oC =document.getElementById("myCanvas");
18      var oCtx = oC.getContext("2d");
19      // 轮廓红色
20      oCtx.strokeStyle="red";
21      oCtx.font ="30px impact";
22      oCtx.textBaseline ="top";
23      var word="努力成为优秀的前端开发工程师";
24      oCtx.strokeText(word,(oC.width - 420)/2,(oC.height - 30)/2);
25 </script>
26 </body>
27 </html>
```

运行效果如图 8-18 所示。

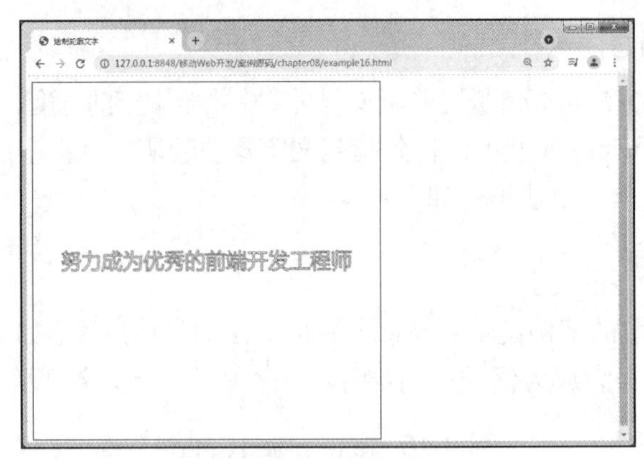

图 8-18　绘制轮廓文字 2

8.7 图形的组合与裁切

本节将介绍在 Canvas 中进行图形组合和裁切的方法与技巧。

8.7.1　图形的组合

可以使用 globalCompositeOperation 属性组合图形，当两个或两个以上的图形存在重叠区域时，默认后一个图形画在前一个图形之上。通过改变 globalCompositeOperation 属性的值，可以改变图形的绘制顺序或绘制方式。

globalCompositeOperation 属性的语法格式如下：

```
context.globalCompositeOperation=属性值;
```

globalCompositeOperation 属性的属性值如表 8-7 所示。

表 8-7　globalCompositeOperation 属性的属性值

属性值	描述
source-over（默认）	A over B，默认设置，即新图形覆盖在原有内容之上
destination-over	B over A，即原有内容覆盖在新图形之上
source-atop	只绘制原有内容和新图形与原有内容重叠的部分，且新图形位于原有内容之上
destination-atop	只绘制新图形和新图形与原有内容重叠的部分，且原有内容位于重叠部分之下
source-in	新图形只出现在与原有内容重叠的部分，其余地区变为透明
destination-in	原有内容只出现在与新图形重叠的部分，其余地区变为透明
source-out	新图形中与原有内容不重叠的部分被保留

下面通过一个简单的案例说明组合图形的具体方法，如例 8-17 所示。

例 8-17　example17.html

```
1   <!DOCTYPE html>
2   <html>
3       <head>
4           <meta charset="utf-8">
5           <title>图形组合</title>
```

```
6           <style type="text/css">
7               #myCanvas{
8                  border: 1px solid black;
9               }
10          </style>
11      </head>
12      <body>
13          <canvas id="myCanvas" width="300" height="300">
14          </canvas>
15          <script type="text/javascript">
16               var oC=document.getElementById("myCanvas");
17               var oCtx=oC.getContext("2d");
18               oCtx.fillStyle="red";
19               oCtx.fillRect(20,20,75,50);
20               oCtx.globalCompositeOperation="source-in";
21               oCtx.fillStyle="green";
22               oCtx.fillRect(50,50,75,50);
23          </script>
24      </body>
25  </html>
```

运行效果如图 8-19 和图 8-20 所示。在（20, 20）的位置绘制了宽度是 75px、高度是 50px 的红色矩形，在（50, 50）的位置绘制了宽度是 75px、高度是 50px 的绿色矩形。组合后只显示重叠部分。

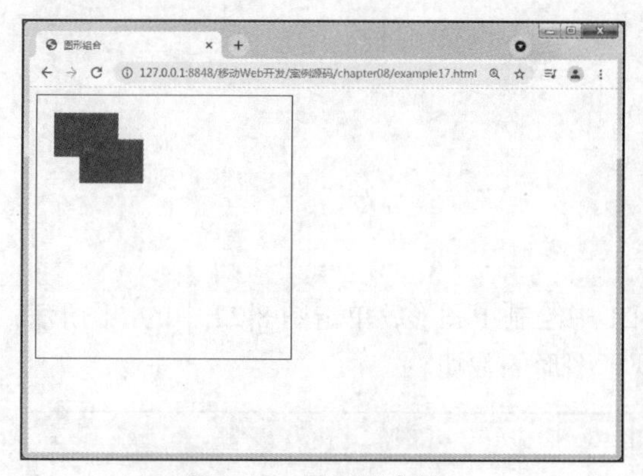

图 8-19　图形组合前

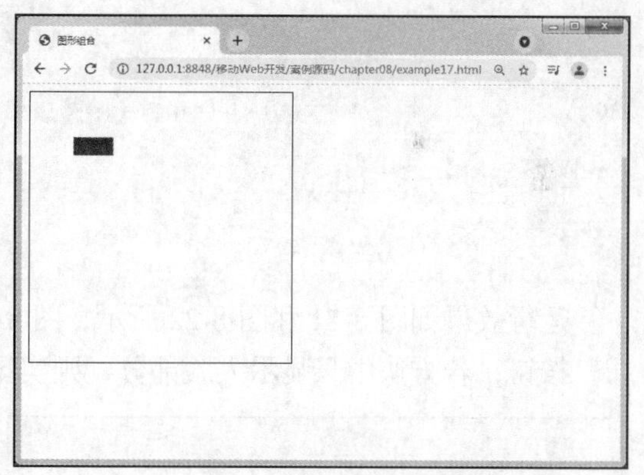

图 8-20　图形组合后（只显示重叠部分）

8.7.2　图形的裁切

clip()方法用于图形的裁切，其原理与在 Canvas 中绘制普通图形类似。只不过 clip()方法的作用是形成一个蒙版，没有被蒙版覆盖的区域会被隐藏。

下面通过一个简单的案例说明 clip()方法的具体用法，如例 8-18 所示。

例 8-18　example18.html

```
1   <!DOCTYPE html>
2   <html>
3       <head>
```

```
4           <meta charset="utf-8">
5           <title>图形裁切</title>
6           <style type="text/css">
7               #myCanvas{
8                  border: 1px solid black;
9               }
10          </style>
11      </head>
12      <body>
13          <canvas id="myCanvas" width="300" height="300">
14        </canvas>
15        <br>
16          <button type="button" id="cut">图形裁切</button>
17          <script type="text/javascript">
18               var oC=document.getElementById("myCanvas");
19               oCut=document.getElementById("cut");
20               var oCtx=oC.getContext("2d");
21               var oImg=new Image();
22               oImg.src="images/draw.jpg";
23               window.onload=function(){
24                   oCtx.drawImage(oImg,0,0);
25               }
26               oCut.onclick=function(){
27                   oCtx.clearRect(0,0,oC.width,oC.height);
28                   oCtx.arc(100,100,50,0,Math.PI*2,true);
29                   oCtx.clip();
30                   oCtx.drawImage(oImg,0,0);
31               }
32          </script>
33      </body>
34  </html>
```

运行效果如图 8-21 和图 8-22 所示，图 8-21 中绘制了图形，单击图 8-22 中的“图形裁切”按钮，若方块中只显示人脸部分，则实现了图形的裁切。

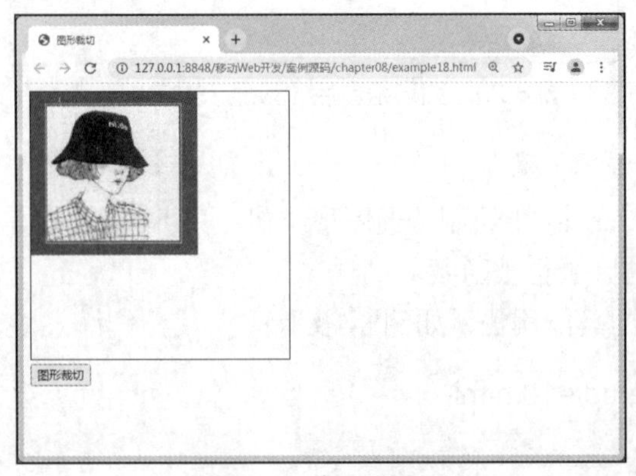

图 8-21　图形裁切前

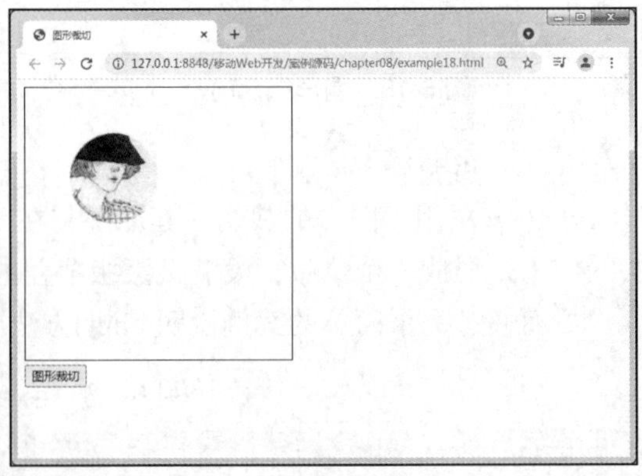

图 8-22　图形裁切后

8.8 更多的颜色和样式选择

Canvas 支持更多的颜色和样式选择，具体包括渐变、图案和阴影。巧妙地运用这些选择，对于绘制出引人注目的内容非常有帮助。

渐变是常见的一种为图形填充颜色或描边的方式。渐变是两种或多种颜色的平滑过渡，是指在颜色集上使用逐步抽样算法，并将结果应用于描边样式或填充样式。Canvas 的绘图上下文支持两种类型的渐变，即线性渐变和放射性渐变，其中，放射性渐变也称为径向渐变。

8.8.1 绘制线性渐变

在 Canvas 中绘制简单的渐变非常容易，比使用 Photoshop 还要容易，绘制渐变需要 3 个步骤。

（1）创建渐变对象。

创建渐变对象的具体语法格式如下：

```
var gradient=context.createLinearGradient(0,0,0,canvas.height) ;
```

（2）为渐变对象设置颜色，指明过渡方式。

```
1  gradient.addColorStop(0,'#fff' ) ;
2  gradient.addColorStop(1,'#000' ) ;
```

（3）在 context 上为填充样式或者描边样式设置渐变。

```
context.fillStyle=gradient ;
```

绘制线性渐变，会使用到下面 2 个方法。

1. createLinearGradient()方法

createLinearGradient()方法用于绘制线性渐变。其具体语法格式如下：

```
context.createLinearGradient(x1, y1, x2, y2);
```

说明如下。

（1）x1、y1 为起始点坐标。

（2）x2、y2 为结束点坐标。

2. addColorStop()方法

addColorStop()方法用于规定渐变对象中的颜色和位置。其具体语法格式如下：

```
gradient.addColorStop(stop,color);
```

要设置显示的颜色，在渐变对象上使用 addColorStop()方法即可。addColorStop()方法允许指定两个参数：颜色和偏移量。颜色参数是指开发人员希望在偏移位置描边或填充时所使用的颜色。偏移量是一个 0.0～1.0 的数值，代表沿着渐变线渐变的距离有多远。除了可以变换颜色外，还可以为颜色设置 alpha 值，并且 alpha 值也是可以变化的。为了达到这样的效果，需要使用颜色值的另一种表示方法，例如内置 alpha 组件的 CSS rgba()函数。

addColorStop()方法的参数值如表 8-8 所示。

表 8-8 addColorStop()方法的参数值

参数值	描述
stop	0.0～1.0 的值，表示渐变开始与结束之间的位置
color	在 stop 位置显示的 CSS 颜色值

下面通过一个案例来说明绘制线性渐变的具体方法，如例 8-19 所示。

例 8-19　example19.html

```
1  <!DOCTYPE html>
2  <html>
3  <head>
4  <meta charset=utf-8" />
5  <title>绘制线性渐变</title>
6  <style>
7  #myCanvas{
8     background:white;
9     border: 1px solid black;
10 }
11 </style>
12 </head>
13 <body>
14 <canvas id="myCanvas" width="400" height="400">
15     //您的浏览器不支持 Canvas，请更新或更换浏览器!
16 </canvas>
17 <script>
18      var oC =document.getElementById("myCanvas");
19      var oCtx = oC.getContext("2d");
20      var obj = oCtx.createLinearGradient(150,100,250,200);
21      obj.addColorStop(0,"red");
22      obj.addColorStop(0.5,"yellow");
23      obj.addColorStop(1,"blue");
24      oCtx.fillStyle = obj;
25      oCtx.fillRect(150,100,100,100);
26 </script>
27 </body>
28 </html>
```

上面的代码使用 2D 环境对象创建了一个线性渐变对象，渐变的起始点是（150, 100），渐变的结束点是（250, 200），使用 addColorStop()方法设置渐变颜色，最后将渐变填充到上下文的样式中。

运行效果如图 8-23 所示，可以看到，网页中呈现的是一个具有红黄蓝渐变效果的矩形。

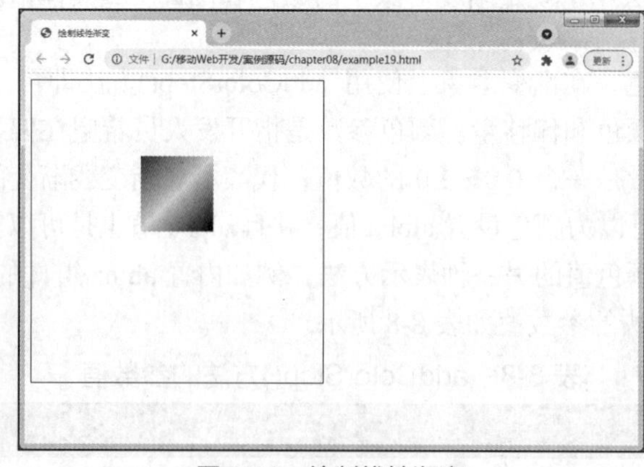

图 8-23　绘制线性渐变

8.8.2 绘制放射性渐变

除了线性渐变以外，HTML5 Canvas API 还支持放射性渐变。所谓放射性渐变，就是颜色会介于两个指定圆间的锥形区域平滑变化。放射性渐变和线性渐变使用的颜色结束点是一样的。如果要实现放射性渐变，需要使用函数 createRadialGradient()。其语法格式如下。

```
context.createRadialGradient(x1, y1, r1, x2, y2, r2);
```

说明如下。

（1）x1、y1 组成开始圆的圆心，r1 为半径。

（2）x2、y2 组成结束圆的圆心，r2 为半径。

createRadialGradient()函数表示沿着两个圆之间的锥形区域绘制渐变。其中，前 3 个参数代表开始圆的圆心为(*x*1, *y*1), 半径为 r1。最后 3 个参数代表结束圆的圆心为(*x*l, *y*l), 半径为 rl。

下面通过一个案例说明绘制放射性渐变的具体方法，如例 8-20 所示。

例 8-20 example20.html

```
1  <!DOCTYPE html>
2  <html>
3  <head>
4  <meta charset=utf-8" />
5  <title>绘制放射性渐变</title>
6  <style>
7  #myCanvas{
8     background:white;
9     border: 1px solid black;
10 }
11 </style>
12 </head>
13 <body>
14 <canvas id="myCanvas" width="400" height="400">
15     //您的浏览器不支持 Canvas，请更新或更换浏览器!
16 </canvas>
17 <script>
18     var oC =document.getElementById("myCanvas");
19     var oCtx = oC.getContext("2d");
20     var obj = oCtx.createRadialGradient(200,200,100,200,200,150);
21     obj.addColorStop(0,"red");
22     obj.addColorStop(0.5,"yellow");
23     obj.addColorStop(1,"blue");
24     oCtx.fillStyle = obj;
25     oCtx.fillRect(0,0, oC.width,oC.height);
26 </script>
27 </body>
28 </html>
```

运行例 8-20，效果如图 8-24 所示，绘制了一个具有红黄蓝放射性渐变效果的图案。

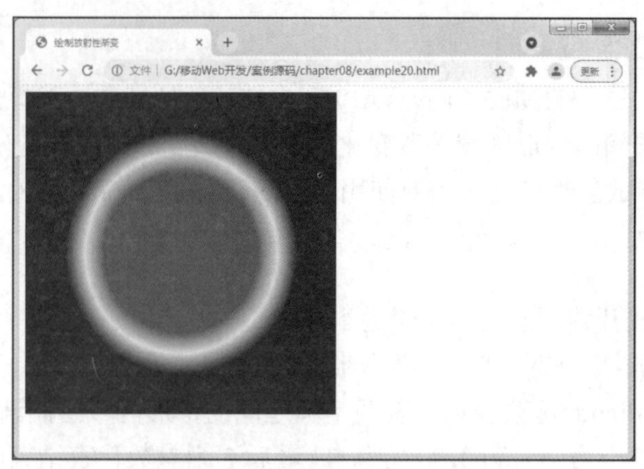

图 8-24　绘制放射性渐变

8.8.3　绘制图案

1. createPattern()方法

createPattern()方法用来实现图案效果。其具体语法格式如下：

```
context.createPattern(oImg, type);
```

说明如下。

oImg 为要引用的 image 对象，type 为所引用对象的平铺类型，可以是 repeat、repeat-x、repeat-y、no-repeat。repeat 表示同时沿 *x* 轴与 *y* 轴方向平铺；repeat-x 表示沿 *x* 轴方向平铺；repeat-y 表示沿 *y* 轴方向平铺；no-repeat 表示不平铺。

2. 阴影的属性

阴影的属性如表 8-9 所示。

表 8-9　阴影的属性

属性	描述
shadowOffsetX	阴影的水平偏移
shadowOffsetY	阴影的垂直偏移
shadowBlur	阴影羽化的程度
shadowColor	阴影的颜色

下面通过一个案例说明绘制图案的具体方法，设计文字阴影效果，如例 8-21 所示。

例 8-21　example21.html

```
1  <!DOCTYPE html>
2  <html>
3  <head>
4  <meta charset=utf-8 />
5  <title>创建文字阴影效果</title>
6  <style>
7  #myCanvas{
8     border: 1px solid black;
```

```
9   }
10  </style>
11  </head>
12  <body>
13  <canvas id="myCanvas" width="400" height="400">
14      //您的浏览器不支持 Canvas，请更新或更换浏览器!
15  </canvas>
16  <script>
17      var oC =document.getElementById("myCanvas");
18      var oCtx = oC.getContext("2d");
19      oCtx.font ="40px impact";
20      oCtx.textBaseline ="top";
21      oCtx.shadowOffsetX = 10;
22      oCtx.shadowOffsetY = 10;
23      oCtx.shadowBlur = 3;
24      oCtx.shadowColor ="yellow";
25      var w = oCtx.measureText("争当优秀毕业生").width;
26      oCtx.fillText("争当优秀毕业生",(oC.width - w)/2,(oC.height - 60)/2);
27  </script>
28  </body>
29  </html>
```

运行例 8-21，效果如图 8-25 所示，创建了文字阴影效果。

图 8-25　创建文字阴影效果

8.9 使用 SVG 创建 2D 图形

扫码观看微课视频

可缩放矢量图形（Scalable Vector Graphics，SVG）是一种 2D 图形表示语言。

借助 SVG，我们可以实现很多和 Canvas API 相同的绘制操作。

SVG 主要有三大特点。

（1）定义用于网络的基于矢量的图形；

（2）使用 XML 格式定义图形；

（3）SVG 图形在放大或缩小尺寸的情况下其图形质量不会有损失。

我们将 Canvas 和 SVG 进行比较，如表 8-10 所示。

表 8-10　Canvas 和 SVG 比较

Canvas	SVG
依赖分辨率	不依赖分辨率
不支持事件处理器	支持事件处理器
文本渲染能力弱	最适合带有大型渲染区域的应用程序（如 Google 地图）
最适合图像密集型的游戏应用，其中的许多对象会被频繁重绘	不适合游戏应用

8.9.1　在页面中添加 SVG

1. 内联方式

SVG 像 HTML 中的其他元素一样使用，在此基础上可以编写 HTML、JavaScript 和 SVG 的交互应用。

使用内联方式在页面中添加 SVG 的语法格式如下：

```
1  <svg width="200" height="200">
2  </svg>
```

2. 外联方式

通过<img>标签，在 HTML 中导入外部 SVG 文件的语法格式如下。

```
<img src="example.svg" />
```

使用外联方式的缺点：无法编写与 SVG 进行交互的脚本。

8.9.2　应用 SVG

1. SVG 的<line>标签

<line>标签用来创建一条直线，其语法格式如下。

```
<line x1="" y1="" x2="" y2="" >
```

说明如下。

（1）x1 属性在 x 轴上定义线条的开始，y1 属性在 y 轴上定义线条的开始。

（2）x2 属性在 x 轴上定义线条的结束，y2 属性在 y 轴上定义线条的结束。

2. SVG 的 stroke 属性

通过 stroke 属性可以设置线条的颜色和粗细。stroke 属性如表 8-11 所示。

表 8-11　stroke 属性

属性值	描述
stroke	定义一条线、文本或元素轮廓颜色
stroke-width	定义一条线、文本或元素轮廓厚度
stroke-linecap	定义不同类型的开放路径的终结
stroke-dasharray	用于创建虚线

下面通过一个案例说明使用 SVG 画线的具体方法，如例 8-22 所示。

例 8-22 example22.html

```
1  <!doctype html>
2  <html>
3  <head>
4  <meta charset="utf-8">
5  <title>使用 SVG 画线</title>
6  </head>
7  <body>
8  <h2>使用 SVG 画线</h2>
9  <svg id="svgline" style="border-style:solid;border-width:2px;" height="200px" width=
10 "200px" >
11         <line x1="10" y1="20" x2="100" y2="200" style="stroke:Green;stroke-width:2"/>
12 </svg>
13 </body>
14 </html>
```

运行代码，效果如图 8-26 所示，我们使用 SVG 画了一条绿色的线。

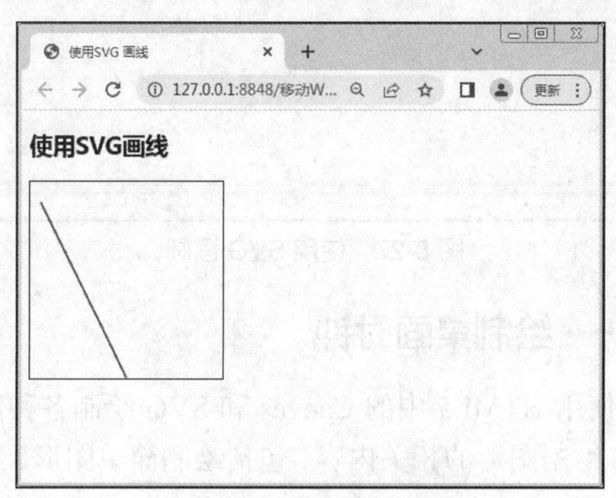

图 8-26 使用 SVG 画线

3. SVG 的<circle>标签

<circle>标签用来创建圆形。其具体语法格式如下：

```
<circle cx="" cy="" r="" >
```

说明如下。

（1）cx 和 cy 属性定义圆心的 x 轴和 y 轴坐标。如果省略，圆心会被设置为（0, 0）。

（2）r 属性定义圆的半径。

下面通过一个案例说明使用 SVG 画圆的具体方法，如例 8-23 所示。

例 8-23 example23.html

```
1  <!doctype html>
2  <html>
3  <head>
4  <meta charset="utf-8">
5  <title>使用 SVG 画圆</title>
```

```
6   </head>
7   <body>
8   <h2>使用 SVG 画圆</h2>
9   <svg id="svgCircle" height="250">
10    <circle id="myCircle" cx="55" cy="55" r="50" fill="green" stroke="black" stroke-
11  width="2" />
12  </svg>
13  </body>
14  </html>
```

运行例 8-23，效果如图 8-27 所示，本例使用 SVG 画了一个圆。

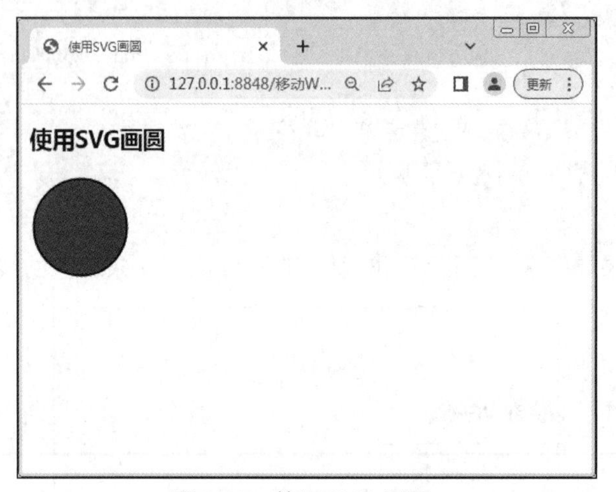

图 8-27　使用 SVG 画圆

8.10 单元案例——绘制桌面时钟

本单元讲解了如何使用 HTML5 中的 Canvas 和 SVG 绘制各种图形，重点讲解了使用 Canvas 绘制图形的相关内容，包括绘制简单图形、绘制曲线、绘制文字、绘制渐变等。

为了使读者更好地掌握 Canvas，本节将完成一个桌面时钟的绘制。

小贴士

“一寸光阴一寸金，寸金难买寸光阴。”只有把握时间、珍惜时间、和时间赛跑，才会成功。珍惜属于自己的时间，尽可能地做一些有意义的事情，用有限的时间去为社会创造价值。

8.10.1　页面效果分析

时钟可以精确报时、定时事务提醒，是我们工作和学习的好助手。我们用 Canvas 设计的这款时钟是带秒表的动态时钟，模拟系统时钟设计，和系统时间同步。

如何应用 Canvas 绘制一个自己喜爱的时钟呢？下面一起来看桌面时钟的实现方法。

时钟页面效果如图 8-28 所示。该页面的具体实现如下。

（1）在画布上绘制时钟。时钟包括五大部件：表盘、刻度、时针、分针、秒针。然后将这几个部件组合起来构成一个时钟。

（2）根据系统时间确定分针、秒针和时针，用 JavaScript 实现。完成后，效果如图 8-29 所示。

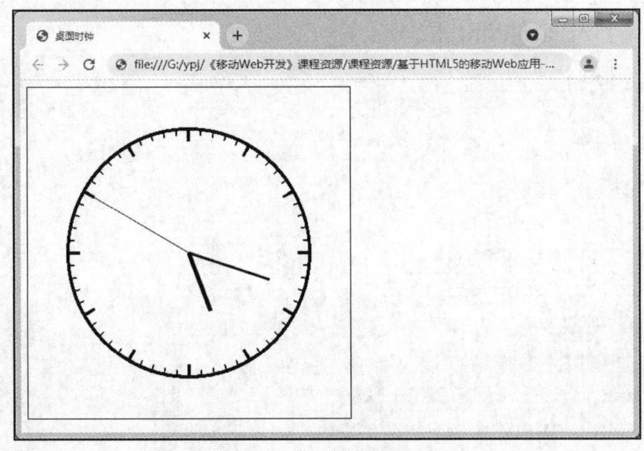

图 8-28　时钟页面效果

8.10.2　页面实现

1. 绘制画布

在 HTML 页面上绘制画布，如例 8-24 所示。

例 8-24　example24.html

```
1   <!DOCTYPE html>
2   <html>
3       <head>
4           <meta charset="utf-8">
5           <title>桌面时钟</title>
6           <style type="text/css">
7               canvas{
8                   border: 1px solid black;
9               }
10          </style>
11      </head>
12      <body>
13          <canvas id="myCanvas" width="400" height="400">
14          </canvas>
15      </body>
16  </html>
```

例 8-24 创建了一个宽度为 400px、高度为 400px、带有 1px 黑色边框的画布。

2. 添加 JavaScript 代码，绘制各种图形

（1）新建 draw.js 文件，在页面 example24.html 的<body>标签中引入该文件。在例 8-24 中添加如下代码。

```
1       <body>
2           <canvas id="myCanvas" width="400" height="400">
```

```
3            </canvas>
4          <script type="text/javascript" src="draw.js"> </script>
5        </body>
```

上面第 4 行代码为引入 draw.js 文件的代码。

（2）在 draw.js 文件中添加如下代码。

```
1   var oC=document.getElementById("myCanvas");
2   function showTime(){
3       // 获取本地时间
4       var oDate=new Date();
5       var oH=oDate.getHours();
6       var oM=oDate.getMinutes();
7       var oS=oDate.getSeconds();
8       // 计算弧度
9       var oHvalue=(oH*30-90+oM/2)*Math.PI/180;
10      var oMvalue=(oM*6-90)*Math.PI/180;
11      var oSvalue=(oS*6-90)*Math.PI/180;
12      // 由 60 个 6°的扇形构成一个圆
13      oCtx.beginPath();
14      for(var i=0;i<60;i++) {
15          oCtx.moveTo(200,200);
16          oCtx.arc(200,200,150,6*i*Math.PI/180,6*(i+1)*Math.PI/180,false);
17          oCtx.stroke();
18      }
19      oCtx.closePath();
20      // 绘制白色圆盘
21      oCtx.fillStyle="white";
22      oCtx.beginPath();
23      oCtx.moveTo(200,200);
24      oCtx.arc(200,200,150*19/20,0,Math.PI*2,false);
25      oCtx.fill();
26      oCtx.closePath();
27      // 绘制大的分隔线，线的粗细是 3px
28      oCtx.beginPath();
29      oCtx.lineWidth=3;
30      for (var i=0;i<12;i++) {
31          oCtx.moveTo(200,200);
32          oCtx.arc(200,200,150,30*i*Math.PI/180,30*(i+1)*Math.PI/180,false);
33          oCtx.stroke();
34      }
35      oCtx.closePath();
36      // 绘制稍微小点儿的白色表盘
37      oCtx.fillStyle="white";
38      oCtx.beginPath();
39      oCtx.moveTo(200,200);
40      oCtx.arc(200,200,150*18/20,0,Math.PI*2,false);
41      oCtx.fill();
42      oCtx.closePath();
```

```
43      // 绘制时针
44      oCtx.lineWidth=5;
45      oCtx.beginPath();
46      oCtx.moveTo(200,200);
47      oCtx.arc(200,200,150*10/20,oHvalue,oHvalue,false);
48      oCtx.stroke();
49      oCtx.closePath();
50      // 绘制分针
51      oCtx.lineWidth=3;
52      oCtx.beginPath();
53      oCtx.moveTo(200,200);
54      oCtx.arc(200,200,150*14/20,oMvalue,oMvalue,false);
55      oCtx.stroke();
56      oCtx.closePath();
57      // 绘制秒针
58      oCtx.lineWidth=1;
59      oCtx.beginPath();
60      oCtx.moveTo(200,200);
61      oCtx.arc(200,200,150*19/20,oSvalue,oSvalue,false);
62      oCtx.stroke();
63      oCtx.closePath();
64  }
65  setInterval(showTime,1000);
66  showtime();
```

在上述代码中，第 4～7 行代码表示获取本地时间，第 9～11 行代码表示计算弧度，第 13～19 行代码设置由 60 个 6°的扇形构成的圆，第 21～26 行代码绘制白色圆盘，第 28～35 行代码绘制大的分隔线，第 37～42 行代码绘制稍微小点儿的白色表盘，第 44～49 行代码绘制时针，第 51～56 行代码绘制分针，第 58～63 行代码绘制秒针。第 65、66 行代码开启一个定时器，1s 调用一次系统时间。时钟为动态时钟，和本地系统时间一致。

运行例 8-24，效果如图 8-29 所示，绘制了一个桌面时钟。

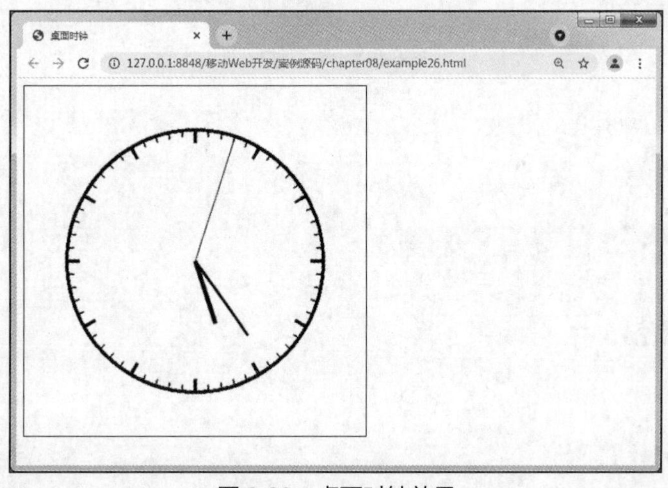

图 8-29　桌面时钟效果

8.11 单元小结

本单元首先介绍了如何使用 HTML5 中的 Canvas 绘制图形，然后讲解了如何使用 HTML5 中的 SVG 绘制图形，最后综合运用所学知识绘制了桌面时钟。

通过本单元的学习，读者应该能够理解 HTML5 中 Canvas 的用法，掌握使用 HTML5 中的 Canvas 和 SVG 绘制图形的方法，能够使用它们绘制各种常见的图形。

8.12 动手实践

【思考】

1. 是否可以在 CSS 属性中定义 Canvas 的宽度和高度呢？
2. 画布中的 stroke()方法和 fill()方法的区别是什么？

【实践】

请使用 HTML5 中的 Canvas 绘制动态饼图，页面效果如图 8-30 所示。

要求在 4 个季度对应的文本输入框中输入数值，并单击“提交”按钮时，会生成对应的饼图。

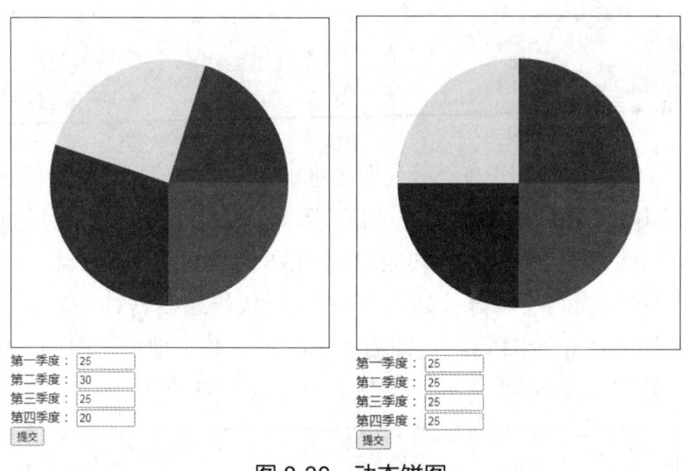

图 8-30　动态饼图

单元⑨ 响应式 Web 设计“神器”Bootstrap

Bootstrap 是前端开发中比较受欢迎的框架。它基于 HTML、CSS 和 JavaScript，HTML 负责定义页面元素，CSS 负责定义页面布局，而 JavaScript 负责定义页面元素的响应。Bootstrap 将 HTML、CSS 和 JavaScript 封装成一个个功能组件，用起来简单、便捷。

本单元主要对 Bootstrap 的环境安装、内置 CSS 样式类、常用的布局组件和插件进行讲解。

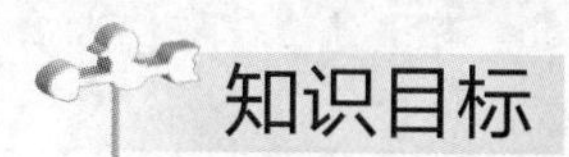

知识目标

★ 了解 Bootstrap 的环境安装。

★ 掌握 Bootstrap 内置的 CSS 样式类。

★ 掌握 Bootstrap 常用的布局组件。

★ 掌握 Bootstrap 常用的插件。

能力目标

★ 能下载并安装 Bootstrap。

★ 能熟练地应用 Bootstrap 内置的 CSS 样式类。

★ 能熟练地使用 Bootstrap 常用布局组件设计页面。

★ 能熟练地使用 Bootstrap 常用的插件。

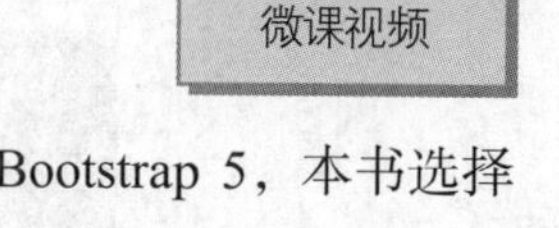

扫码观看
微课视频

9.1 Bootstrap 环境安装

到目前为止，Bootstrap 已经发布了多个版本，当前最新版本为 Bootstrap 5，本书选择的版本为较稳定、使用率较高的 Bootstrap 3。

Bootstrap 安装是非常容易的。本节将讲解如何下载并安装 Bootstrap，讨论 Bootstrap 目录结构，并通过一个案例演示它的用法。

1. Bootstrap 下载

我们可以通过访问 Bootstrap 的官网来进行下载，其官网首页如图 9-1 所示。

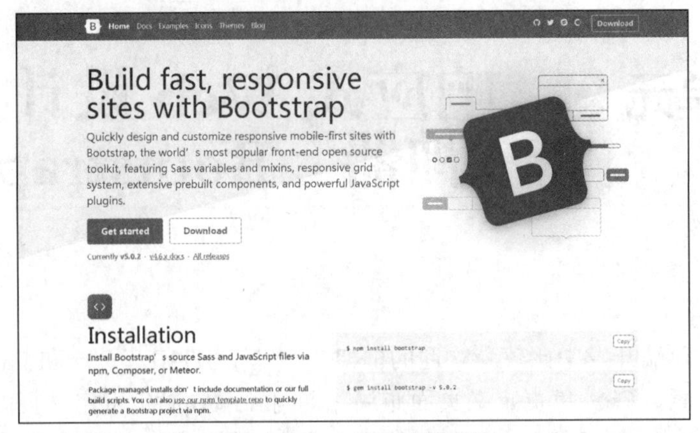

图 9-1　Bootstrap 官网首页

单击“All releases”来获取 Bootstrap 的历史版本，如图 9-2 所示。

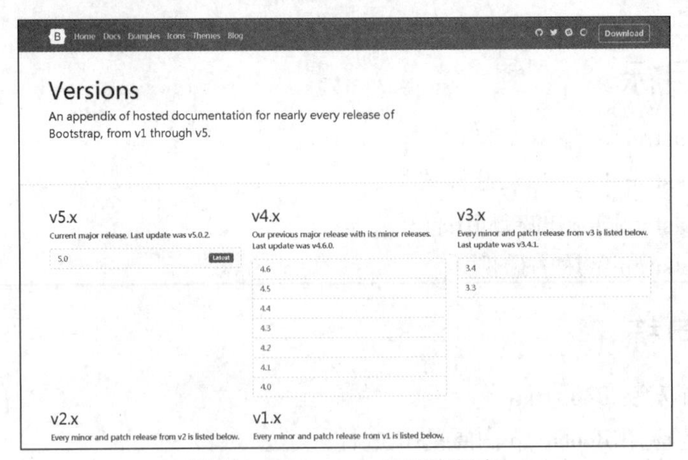

图 9-2　Bootstrap 的历史版本

单击 v3.x 下面的“3.3”进入 Bootstrap 3.3 的页面，如图 9-3 所示。

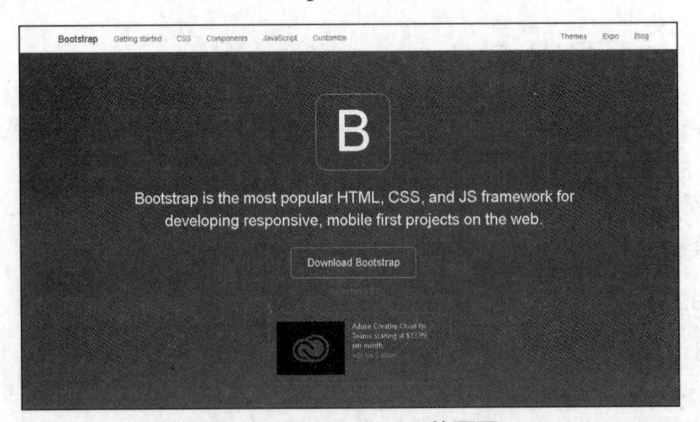

图 9-3　Bootstrap 3.3 的页面

单击“Download Bootstrap”进入 Bootstrap 下载页面，如图 9-4 所示。

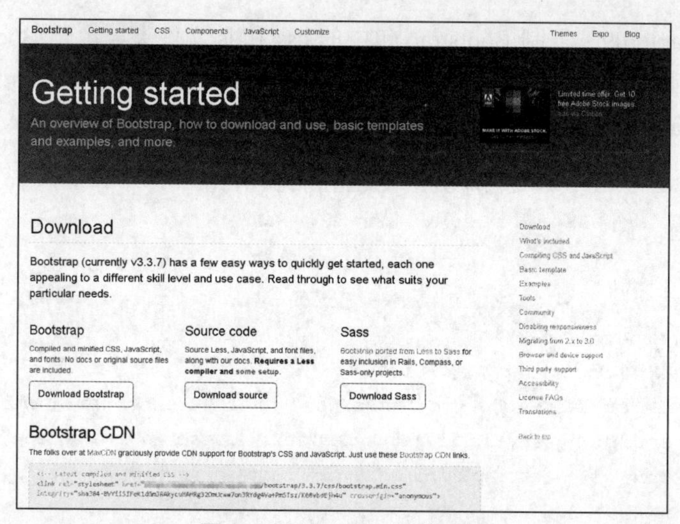

图 9-4　Bootstrap 下载页面

单击最左侧的“Download Bootstrap”按钮即可下载 Bootstrap。

2. 目录结构

下载压缩包之后，将其解压缩到任意目录，即可看到以下（压缩版的）目录结构（Bootstrap 基本文件结构），如图 9-5 所示。

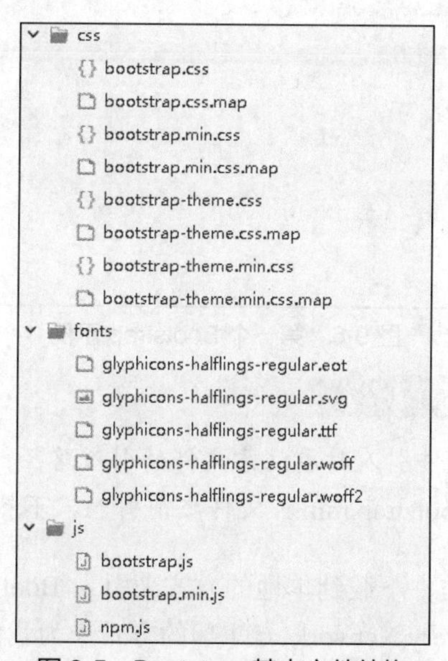

图 9-5　Bootstrap 基本文件结构

Bootstrap 提供了编译好的 CSS 和 JS（bootstrap.*）文件，还有经过压缩的 CSS 和 JS（bootstrap.min.*）文件。同时提供了 CSS 源码映射表（bootstrap.*.map），可以在某些浏览器的开发工具中使用。Bootstrap 还提供了来自 Glyphicons 的图标字体，我们可以在实际的项目开发中使用这些图标。

3. Bootstrap 初体验

下面通过一个案例对 Bootstrap 的基础用法进行演示，如例 9-1 所示。打开 HBuilderX，新建一个项目 chapter09，复制 Bootstrap 包中的 css 和 js 文件夹，由于 Bootstrap 的 js 文件夹是基于 jQuery 的，因此我们还需要将下载后的 jQuery 文件也放置在 js 文件夹下，然后新建一个名为 example01.html 的 HTML 文档，在 example01.HTML 中写入以下代码。

例 9-1　example01.html

```
1 <!DOCTYPE html>
2 <html>
3   <head>
4       <meta charset="utf-8">
5       <title>第一个 Bootstrap 示例</title>
6       <link rel="stylesheet" type="text/css" href="css/bootstrap.min.css"/>
7       <script src="js/jquery-3.3.1.js" type="text/javascript"></script>
8       <script src="js/bootstrap.min.js" type="text/javascript"></script>
9   </head>
10  <body>
11      <h3 class="text-info">第一个 Bootstrap 示例</h3>
12  </body>
13 </html>
```

运行例 9-1，效果如图 9-6 所示。

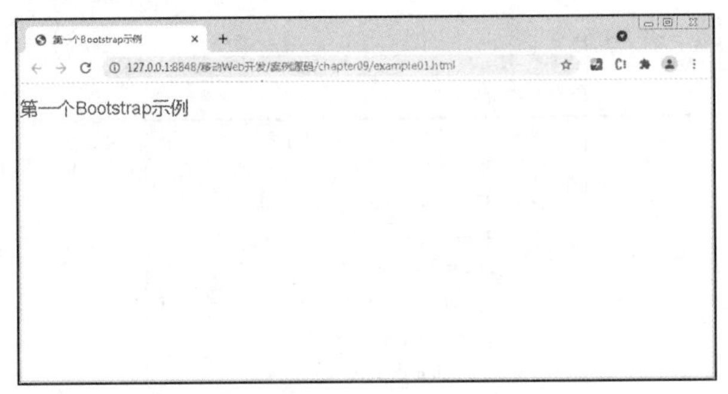

图 9-6　第一个 Bootstrap 示例

注意

（1）在进行 Bootstrap 文件引入时要注意文件的引入路径。

（2）jQuery 文件应在 Bootstrap.min.js 文件之前引入，不然在加载页面时会抛出异常。

除了通过将 Bootstrap 文件下载到本地的方式来引入 Bootstrap 以外，我们还可以通过内容分发网络（Content Delivery Network，CDN）的方式来为我们的 Web 项目引入 Bootstrap 文件，引入方式如下：

```
1 <!-- Bootstrap 核心 CSS 文件 -->
2 <link href="https://cdn.static****.org/twitter-bootstrap/3.3.7/css/bootstrap.min. css"
3 rel="stylesheet">
4 <!-- jQuery 文件。务必在 bootstrap.min.js 之前引入 -->
5 <script src="https://cdn.static***.org/jquery/3.3.1/jquery.min.js"></script>
6 <!-- Bootstrap 核心 JavaScript 文件 -->
7 <script src="https://cdn.static***.org/twitter-bootstrap/3.3.7/js/bootstrap.min.js">
8 </script>
```

注意

CDN 是建立并覆盖在承载网之上，由分布在不同区域的边缘节点服务器群组成的分布式网络。

9.2 Bootstrap 常用 CSS 样式

Bootstrap 使用了一些 HTML5 元素和 CSS 属性，所以需要使用 HTML5 文档类型（DUCTYPE），这样我们就可以正常使用 Bootstrap 的 CSS 样式了。接下来我们就来介绍常用的几种 CSS 样式。

9.2.1 Bootstrap 栅格系统

栅格系统也称网格系统，其通过一系列包含内容的行和列来创建页面布局，以规则的栅格阵列来排版。栅格系统的优点是使网页版面工整、简洁，因此受到一众开发者的喜欢。

在实际开发过程中，Bootstrap 的响应式栅格系统随着屏幕或视口尺寸的增加，会自动分为最多 12 列，布局如图 9-7 所示。

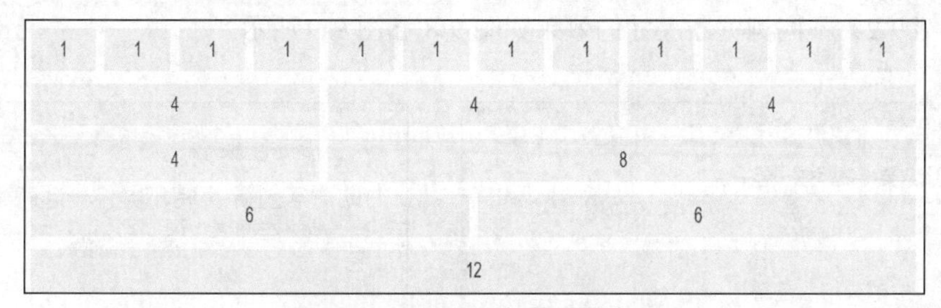

图 9-7　Bootstrap 栅格系统布局

Bootstrap 栅格系统的工作原理如下。

（1）行必须放在.container 或.container-fluid 类中。

（2）内容应该放置在列（Column）中。

（3）行使用的样式是“.row”，列使用的样式是“.col-*-*”。

下面通过一个案例对栅格系统的用法进行演示，如例 9-2 所示。

例 9-2　example02.html

```
1 <!DOCTYPE html>
2 <html>
3 <head>
4       <meta charset="utf-8">
5       <title>不同浏览器尺寸的效果</title>
6       <link rel="stylesheet" type="text/css" href="css/bootstrap.min.css"/>
7       <script src="js/jquery-3.3.1.js" type="text/javascript"></script>
8       <script src="js/bootstrap.min.js" type="text/javascript"></script>
9       <style type="text/css">
10          div.col-md-6{
11               background: #EEFFFF;
```

```
12                box-shadow: inset 1px -1px 1px #444, inset -1px 1px 1px #444;
13                text-indent: 2em;
14            }
15        </style>
16    </head>
17    <body>
18        <div class="container">
19            <h1>助力青年创新 英特尔等你一起来“造”</h1>
20            <div class="row">
21                <div class="col-md-6 col-lg-4 col-sm-3">
22                    <p>第七轮中美人文交流高层磋商全体会议在京举行</p>
23                </div>
24                <div class="col-md-6 col-lg-8 col-sm-9">
25                    <p>中美青年创客大赛自 2014 年至今已成功举办两届，
26 大赛由教育部主办</p></div>
27            </div>
28        </div>
29    </body>
30 </html>
```

运行例 9-2，不同浏览器尺寸的效果如图 9-8 和图 9-9 所示。

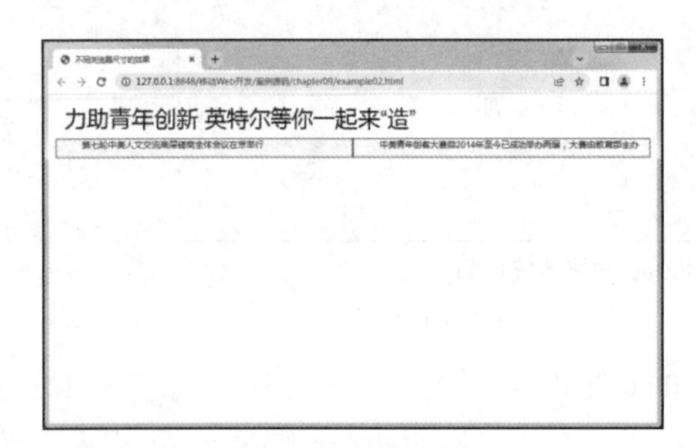

图 9-8　992px≤浏览器尺寸≤1200px 的效果

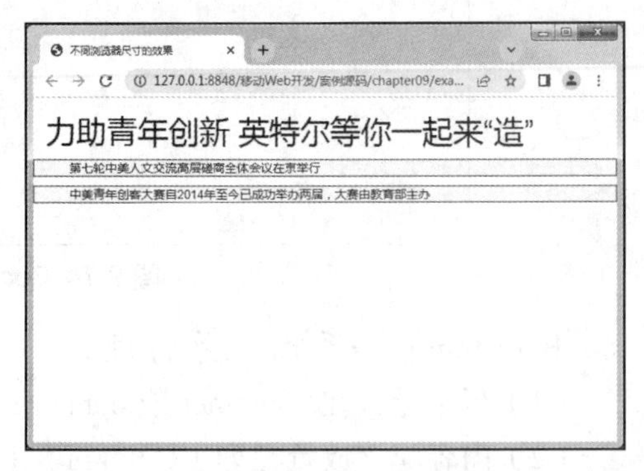

图 9-9　768px≤浏览器尺寸≤992px 的效果

注意

Bootstrap 是移动设备优先的，从这个意义来讲，Bootstrap 代码从小屏幕设备（比如手机、平板电脑）开始，然后扩展到大屏幕设备（比如笔记本计算机、台式计算机）。

扫码观看微课视频

9.2.2 Bootstrap 排版

Bootstrap 使用 Helvetica Neue、Helvetica、Arial 和 Sans-serif 作为默认的字体栈。使用 Bootstrap 的排版特性，可以创建标题、段落、列表及其他内联元素。

1. 标题

Bootstrap 定义了 HTML 标题（h1 到 h6）的样式。

2. 副标题

如果需要向任何标题添加一个内联子标题（副标题），只需要简单地在元素两旁添加<small>标签，或者添加.small 类，就能得到一个字号更小的、颜色更浅的文本。

3. 内联文本元素

使用标签设置内联文本元素，如表 9-1 所示。

表 9-1 内联文本元素

内联文本元素	说明
标记文本	使用<mark>标签。效果是文本高亮显示
被删除文本	使用<del>标签
无用文本	使用<s>标签
插入文本	使用<ins>标签
带下划线的文本	使用<u>标签
小号文本	使用<small>标签
着重	使用<strong>标签强调一段文本
斜体	使用<em>标签强调一段文本

4. 对齐

通过文本对齐类，可以简单、方便地将文本重新对齐，如表 9-2 所示。

表 9-2 文本对齐类

类名	说明
text-left	设定文本左对齐
text-center	设定文本居中对齐
text-right	设定文本右对齐
text-justify	设定文本对齐，在段落中，超出屏幕的部分自动换行
text-nowrap	在段落中，超出屏幕的部分不换行

5. 缩写

Bootstrap 使用<abbr>标签实现缩写效果，当鼠标指针悬停在缩写词上时就会显示完整内容。

<abbr>标签带有 title 属性，外观表现为带有较浅的虚线框，鼠标指针移至缩写词上面时会变成带有“问号”的指针。添加.initialism 类，可以让 font-size 变得稍微小些。

6. 地址

使用<address>标签，可以在网页上显示联系信息。由于<address>标签默认为 display: block;，需要使用
标签来为封闭的地址文本添加换行。

7. 引用

引用包括默认样式的引用和其他样式的引用。

（1）默认样式的引用。将 HTML 元素包裹在<blockquote>标签中即可使其表现为引用样式。对于直接引用，建议使用<p>标签。

（2）其他样式的引用。添加<footer>标签用于标明引用来源。来源的名称可以包裹在<cite>标签中。通过赋予.pull-right 类，可以让引用呈现内容右对齐。

8. 列表

列表包括有序列表、无序列表和定义列表。

（1）有序列表：以数字或其他有序字符开头的列表。

（2）无序列表：没有特定顺序的列表，以项目符号开头。可以使用.list-unstyled 类来移除列表样式。

（3）定义列表：每个列表项可以包含<dt>标签和<dd>标签。

下面通过一个案例对 Bootstrap 排版的效果进行演示，如例 9-3 所示。

例 9-3　example03.html

```
1 <!DOCTYPE html>
2 <html>
3  <head>
4       <meta charset="utf-8">
5       <title> Bootstrap 排版</title>
6       <link rel="stylesheet" type="text/css" href="css/bootstrap.min.css" />
7       <script src="js/jquery-3.3.1.js" type="text/javascript" charset="utf-8"></script>
8       <script src="js/bootstrap.min.js" type="text/javascript" charset="utf-8"></script>
9  </head>
10 <body>
11           <h1>h1. Bootstrap heading</h1>
12           <p>2020 年 7 月 30 日，第九届“中国软件杯”大赛（第一批赛题）<mark>内联文本
13 元素</mark>公布。</p>
14           <p class="text-justify">这是一个对齐样式。</p>
15           <abbr title="World Wide Web">这是缩写</abbr><br>
16           <address>
17             <strong>地址</strong>
18             <a href="mailto:shirley@ccit.js.cn">shirley@ccit.js.cn</a>
19           </address>
20           <blockquote>
21             <p>这是一个默认的引用实例。</p>
22           </blockquote>
23           <h4>有序列表</h4>
24           <ol>
25             <li>地球</li>
26             <li>太阳</li>
27           </ol>
28           <h4>无序列表</h4>
```

```
29          <ul>
30            <li>海洋</li>
31            <li>陆地</li>
32          </ul>
33          <h4>定义列表</h4>
34          <dl>
35            <dt>描述项 1</dt>
36            <dd>内容项 1</dd>
37            <dt>描述项 2</dt>
38            <dd>内容项 2</dd>
39          </dl>
40          <h4>水平的定义列表</h4>
41          <dl class="dl-horizontal">
42            <dt>描述项 1</dt>
43            <dd>内容项 1</dd>
44            <dt>描述项 2</dt>
45            <dd>内容项 2</dd>
46          </dl>
47  </body>
48 </html>
```

运行例 9-3，效果如图 9-10 所示。

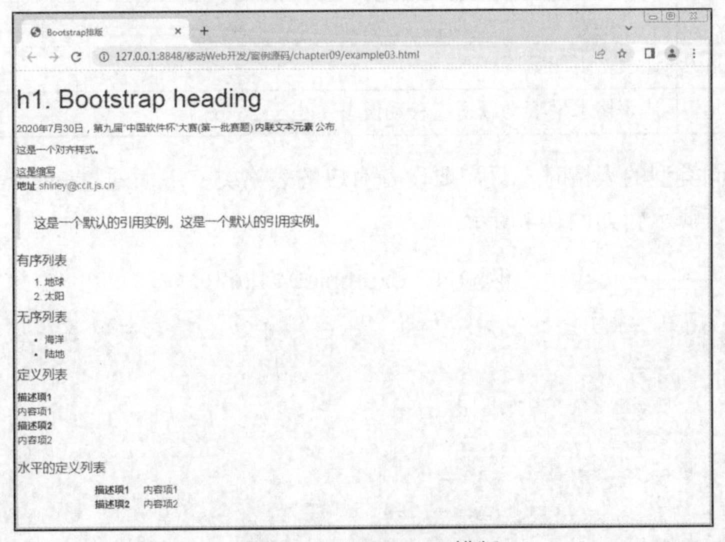

图 9-10　Bootstrap 排版

9.2.3　Bootstrap 表格

扫码观看
微课视频

Bootstrap 表格是在 HTML 原有的表格样式中做一些样式的定制，对原生的表格元素进行美化使其更加符合大众的审美。

1. 表格元素

为了正确地绘制出表格，首先需要掌握基础表格元素，如表 9-3 所示。

表 9-3　基础表格元素

元素	说明
table	为表格添加基础样式
thead	表格标题行的容器元素（tr），用来标识表格行
tbody	表格主体中的表格行的容器元素（tr）
tr	一组出现在单行上的表格单元格的容器元素（td 或 th）
td	默认的表格单元格
th	特殊的表格单元格，用来标识列或行（取决于范围和位置）。必须在 thead 内使用

2. 表格类

Bootstrap 提供了一些可以用于表格中的表格类，如表 9-4 所示。

表 9-4　表格类

类	说明
.table	为任意 table 添加基本样式（只有横向分隔线）
.table-striped	在 tbody 内添加斑马线形式的条纹（IE8 不支持）
.table-bordered	为所有表格的单元格添加边框
.table-hover	在 tbody 内的任一行启用鼠标指针悬停状态
.table-condensed	让表格更加紧凑
.table-responsive	让表格水平滚动以适应移动设备（小于 768px）

在创建不同类型的表格时，只需要设置对应的表格类。下面通过一个案例对 Bootstrap 表格的用法进行演示，如例 9-4 所示。

例 9-4　example04.html

```
1 <!DOCTYPE html>
2 <html>
3  <head>
4      <meta charset="utf-8">
5      <title> Bootstrap 表格</title>
6      <link rel="stylesheet" type="text/css" href="css/bootstrap.min.css" />
7      <script src="js/jquery-3.3.1.js" type="text/javascript" charset="utf-8"></script>
8      <script src="js/bootstrap.min.js" type="text/javascript" charset="utf-8"></script>
9  </head>
10 <body>
11     <div class="table-responsive">
12         <table class="table table-bordered">
13             <thead>
14                 <tr>
15                     <th>ID</th>
16                     <th>赛项</th>
```

```
17                        <th>报名人数</th>
18                    </tr>
19                </thead>
20                <tbody>
21                    <!--对某一特定的行或单元格应用悬停颜色-->
22                    <tr class="active">
23                        <td>1</td>
24                        <td>中国软件杯</td>
25                        <td>223</td>
26                    </tr>
27                    <!--表示一个成功的或积极的动作-->
28                    <tr class="success">
29                        <td>2</td>
30                        <td>蓝桥杯</td>
31                        <td>333</td>
32                    </tr>
33                </tbody>
34            </table>
35        </div>
36    </body>
37 </html>
```

运行例 9-4，效果如图 9-11 所示。

Bootstrap表格

127.0.0.1:8848/移动Web开发/案例源码/c...

ID	赛项	报名人数
1	中国软件杯	223
2	蓝桥杯	333

图 9-11 Bootstrap 表格

9.2.4 Bootstrap 表单

Bootstrap 通过一些简单的 HTML 标签和扩展的类即可创建出不同样式的表单，按照布局的不同，表单主要分为垂直表单、内联表单、水平表单 3 类。

扫码观看
微课视频

1. 垂直表单

垂直表单也称为基本表单，制作垂直表单的主要步骤如下。

（1）向父<form>标签添加 role= "form"。

（2）把标签和控件放在一个类名为 form-group 的<div>标签中，获取最佳间距。

（3）为所有的文本标签<input>、<textarea>和<select>添加.form-control 类。

2. 内联表单

内联表单只需要在垂直表单的基础上，为<form>标签添加.form-inline 类。

3. 水平表单

水平表单与其他表单不仅在标签的数量上不同，而且在表单的呈现形式上也不同。创建水平表单的步骤具体如下。

（1）向父<form>标签添加类.form-horizontal，改变.form-group 的行为，并使用 Bootstrap 预置的栅格类将标签和控件组水平并排布局。

（2）把<label>标签和控件放在一个带有.form-group 类的<div>标签中。

（3）向标签中添加.control-label 类。

在实际开发中，有时需要改变表单控件的默认尺寸和样式，可以通过如下方式来改变表单控件的尺寸和样式。

（1）使用.input-lg 和.input-sm 为控件设置高度。

（2）通过.col-*-*为控件设置宽度。

（3）通过覆盖.form-control 的样式来改变控件的样式。

下面通过一个案例对 Bootstrap 中表单样式类的用法进行演示，如例 9-5 所示。

例 9-5　example05.html

```
1 <!DOCTYPE html>
2 <html>
3  <head>
4       <meta charset="utf-8">
5       <title> Bootstrap 表单</title>
6       <link rel="stylesheet" type="text/css" href="css/bootstrap.min.css" />
7       <script src="js/jquery-3.3.1.js" type="text/javascript" charset="utf-8"></script>
8       <script src="js/bootstrap.min.js" type="text/javascript" charset="utf-8"></script>
9  </head>
10 <body>
11      <h3>垂直表单</h3>
12      <div class="search">
13           <div class="container">
14                <div class="box">
15                     <form role="form">
16                          <div class="form-group">
17                               <label>准考证号：</label>
18                               <input type="text" id="sno" class="form-control" placeholder= "
19 请输入准考证号"/>
20                          </div>
21                          <div class="form-group">
22                               <label>姓名：</label>
23                               <input type="text" id="name" class="form-control" placeholder=
24 "请输入姓名"/>
25                          </div>
26                          <div class="form-group">
```

```
27                          <div class="searchbtn">
28                              <button type="submit" class="btn btn-success"><img
29 src="images/search-icon.png" alt=""> 查询</button>
30                          </div>
31                      </div>
32                  </form>
33              </div>
34          </div>
35      </div>
36      <h3>内联表单</h3>
37      <div class="search">
38          <div class="container">
39              <div class="box">
40                  <form role="form" class="form-inline">
41                      <div class="form-group">
42                          <label>准考证号: </label>
43                          <input type="text" id="sno" class="form-control" placeholder=
44 "请输入准考证号"/>
45                      </div>
46                      <div class="form-group">
47                          <label>姓名: </label>
48                          <input type="text" id="name" class="form-control" placeholder=
49 "请输入姓名"/>
50                      </div>
51                      <div class="form-group">
52                          <div class="searchbtn">
53                              <button type="submit" class="btn btn-success">
54 <img src="images/search-icon.png" alt=""> 查询</button>
55                          </div>
56                      </div>
57                  </form>
58              </div>
59          </div>
60      </div>
61      <h3>水平表单</h3>
62      <div class="search">
63          <div class="container">
64              <div class="box">
65                  <form role="form" class="form-horizontal">
66                      <div class="form-group">
67                          <label class="col-sm-2 control-label">准考证号: </label>
68                          <input class="col-sm-10" type="text" id="sno" class=
69 "form-control" placeholder="请输入准考证号"/>
70                      </div>
71                      <div class="form-group">
72                          <label class="col-sm-2 control-label">姓名: </label>
73                          <input class="col-sm-10" type="text" id="name" class=
```

```
74 "form-control" placeholder="请输入姓名"/>
75                     </div>
76                     <div class="form-group">
77                         <div class="col-sm-offset-2 col-sm-10">
78                             <button type="submit" class="btn btn-success">
79 <img src="images/search-icon.png" alt=""> 查询</button>
80                         </div>
81                     </div>
82                 </form>
83             </div>
84         </div>
85     </div>
86   </body>
87 </html>
```

运行例 9-5，效果如图 9-12 所示。

图 9-12　Bootstrap 表单

9.2.5　Bootstrap 按钮

Bootstrap 提供了一些类来定义按钮的样式，支持<a>标签、<button>标签和<input>标签，具体如表 9-5 所示。

表 9-5　按钮样式类

类	说明
.btn	为按钮添加基本样式
.btn-default	默认/标准按钮
.btn-primary	原始按钮样式（未被操作）

续表

类	说明
.btn-success	表示成功的按钮
.btn-info	用于要弹出信息的按钮
.btn-warning	表示需要谨慎操作的按钮
.btn-danger	表示一个危险动作的按钮操作

Bootstrap 提供了一些类用于控制按钮的大小，具体如表 9-6 所示。

表 9-6 按钮大小样式类

类	说明
.btn-lg	大按钮
.btn-sm	小按钮
.btn-xs	超小按钮
.btn-block	创建块级的按钮，会横跨父元素的全部宽度

同时 Bootstrap 使用.active 类来显示按钮是否被激活，使用 disable 属性来设置按钮禁用状态。下面通过一个案例对 Bootstrap 中的按钮样式类、按钮大小样式类用法进行演示，如例 9-6 所示。

例 9-6 example06.html

```
1 <!DOCTYPE html>
2 <html>
3       <head>
4       <meta charset="utf-8">
5       <title> Bootstrap 按钮</title>
6       <link rel="stylesheet" type="text/css" href="css/bootstrap.min.css"/>
7       <script src="js/jquery-3.3.1.js" type="text/javascript" charset="utf-8"></script>
8       <script src="js/bootstrap.min.js" type="text/javascript" charset="utf-8"></script>
9  </head>
10 <body>
11      <p>
12        <button type="button" class="btn btn-primary btn-lg">大的原始按钮</button>
13        <button type="button" class="btn btn-default">默认大小的按钮</button>
14      </p>
15      <p>
16        <button type="button" class="btn btn-primary btn-sm">小的原始按钮</button>
17        <button type="button" class="btn btn-default btn-xs">特别小的按钮</button>
18      </p>
19      <p>
20        <button type="button" class="btn btn-default btn-lg btn-block">块级的按钮
21 </button>
22      </p>
23      <button type="button" class="btn btn-default">（默认样式）Default</button>
```

```
24          <button type="button" class="btn btn-primary">（首选项）Primary</button>
25          <button type="button" class="btn btn-success">（成功）Success</button>
26          <button type="button" class="btn btn-info">（一般信息）Info</button>
27          <button type="button" class="btn btn-warning">（警告）Warning</button>
28          <button type="button" class="btn btn-danger">（危险）Danger</button>
29  </body>
30  </html>
```

运行例 9-6，效果如图 9-13 所示。

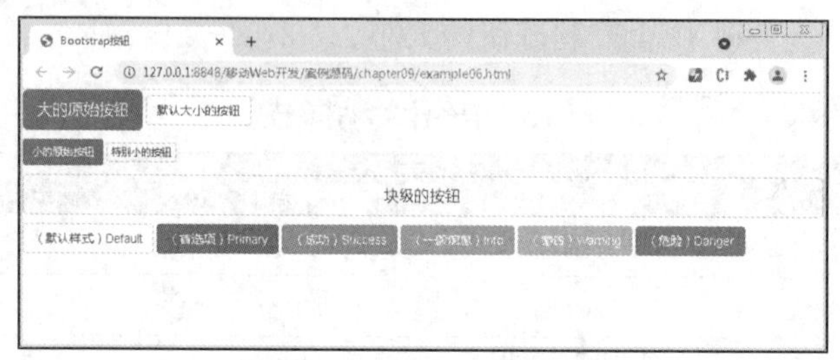

图 9-13　Bootstrap 按钮

9.3 Bootstrap 布局组件

扫码观看
微课视频

9.3.1　Bootstrap 字体图标

字体图标能够实现带有一定语义的图标展示，减少网页对于图片资源的加载，提高网站的访问速度。借助 Bootstrap 字体图标技术，用户可以实现常见小图标的快速添加和展示。

常用字体图标如图 9-14 所示。

	glyphicon glyphicon-search
	glyphicon glyphicon-heart
	glyphicon glyphicon-star
	glyphicon glyphicon-star-empty
	glyphicon glyphicon-user
	glyphicon glyphicon-film
	glyphicon glyphicon-th-large
	glyphicon glyphicon-th
	glyphicon glyphicon-th-list
	glyphicon glyphicon-ok
	glyphicon glyphicon-remove
	glyphicon glyphicon-zoom-in
	glyphicon glyphicon-zoom-out

图 9-14　常用字体图标

在实际开发过程中，可以选择性地使用自身需要的字体图标，使用时只需在对应标签中引入字体图标类 glyphicon glyphico-xxx，同时根据自身需求修改图标的样式，比如颜色、大小等。下面通过一个案例对 Bootstrap 中的字体图标样式类用法进行演示，如例 9-7 所示。

例 9-7　example07.html

```
1 <!DOCTYPE html>
2 <html>
3  <head>
4      <meta charset="utf-8">
5      <title> Bootstrap 字体图标</title>
6      <link rel="stylesheet" type="text/css" href="css/bootstrap.min.css" />
7      <script src="js/jquery-3.3.1.js" type="text/javascript" charset="utf-8"></script>
8      <script src="js/bootstrap.min.js" type="text/javascript" charset="utf-8"></script>
9  </head>
10 <body>
11     <button type="button" class="btn btn-default btn-lg">
12          <span class="glyphicon glyphicon-user"></span> User
13     </button>
14     <button type="button" class="btn btn-default btn-sm">
15          <span class="glyphicon glyphicon-heart"></span> User
16     </button>
17     <button type="button" class="btn btn-default btn-xs">
18          <span class="glyphicon glyphicon-home"></span> User
19     </button>
20 </body>
21 </html>
```

运行例 9-7，效果如图 9-15 所示。

图 9-15　Bootstrap 字体图标

注意

如需实现定制化图标，需要在字体图标外创建一级父元素，对父元素进行样式的添加。

扫码观看
微课视频

9.3.2　Bootstrap 下拉列表与按钮组

下拉列表是可切换的，是以列表格式显示链接的上下文菜单。

首先使用一个类名为 dropdown 的容器包裹整个下拉列表元素：<div class="dropdown"> </div>。在其内部可以使用<button>标签作为列表标题，并且添加类名 dropdown-toggle 和自定义"data-toggle"属性，其值为"dropdown"。在按钮下方创建一个 ul

列表，并且定义类名为 dropdown-menu。

下面通过一个案例对 Bootstrap 中下拉列表与按钮组的用法进行演示，如例 9-8 所示。

例 9-8　example08.html

```
1 <!DOCTYPE html>
2 <html>
3   <head>
4       <meta charset="utf-8">
5       <title> Bootstrap 下拉列表</title>
6       <link rel="stylesheet" type="text/css" href="css/bootstrap.min.css"/>
7       <script src="js/jquery-3.3.1.js" type="text/javascript" charset="utf-8"></script>
8       <script src="js/bootstrap.min.js" type="text/javascript" charset="utf-8"></script>
9   </head>
10  <body>
11          <div class="dropdown">
12              <button type="button" class="btn
13                  btn-default dropdown-toggle" data-toggle="dropdown">
14                  大学生创新创业大赛
15                  <span class="caret"></span>
16              </button>
17              <ul class="dropdown-menu">
18                  <li><a href="#">省赛</a></li>
19                  <li><a href="#">国赛</a></li>
20              </ul>
21          </div>
22   </body>
23  </html>
```

运行例 9-8，效果如图 9-16 所示。

图 9-16　Bootstrap 下拉列表

9.3.3　Bootstrap 导航

Bootstrap 导航是指位于页面顶部或者侧边区域的、在页眉横幅图片上边或下边的一排水平导航按钮，它起着链接站点或者网站内的各个页面的作用。

导航是一个复合组件，在创建导航时，以一个带有.nav 类的无序列表开始。导航有基本和胶囊两种样式，分别对应.nav-tabs 类和.nav-pills。其下可以使用<li>标签来展示导航内容。下面通过一个案例对 Bootstrap 导航的用法进行演示，如例 9-9 所示。

例 9-9　example09.html

```
1 <!DOCTYPE html>
2 <html>
3  <head>
4       <meta charset="utf-8">
5       <title> Bootstrap 导航</title>
6       <link rel="stylesheet" type="text/css" href="css/bootstrap.min.css"/>
7       <script src="js/jquery-3.3.1.js" type="text/javascript" charset="utf-8"></script>
8       <script src="js/bootstrap.min.js" type="text/javascript" charset="utf-8"></script>
9  </head>
10 <body>
11      <p>带有下拉列表的胶囊</p>
12      <ul class="nav nav-pills">
13          <li class="active">
14              <a href="#">首页</a>
15          </li>
16          <li class="dropdown">
17              <a class="dropdown-toggle" data-toggle="dropdown" href="#">
18                  投融资 <span class="caret"></span>
19              </a>
20              <ul class="dropdown-menu">
21                  <li>
22                      <a href="#">寻找融资</a>
23                  </li>
24                  <li>
25                      <a href="#">寻找项目</a>
26                  </li>
27              </ul>
28          </li>
29          <li>
30              <a href="#">创业孵化</a>
31          </li>
32          <li>
33              <a href="#">逐梦之旅</a>
34          </li>
35      </ul>
36 </body>
37 </html>
```

运行例 9-9，效果如图 9-17 所示。

图 9-17　Bootstrap 导航

9.3.4　Bootstrap 导航栏

导航栏作为网站中响应式基础组件，在移动设备的视图中是折叠的，随着可用视口宽度的增加，导航栏也会水平展开。在 Bootstrap 导航栏的核心中，包括了站点名称和基本的导航定义样式。

扫码观看
微课视频

创建导航栏时，先向<nav>标签添加.navbar 和.navbar-default 类，再添加 role= "navigation"，有助于提高导航栏的可访问性。接着添加<div>标签，在其中添加.navbar-header 类，内部包含了带有.navbar-brand 类的<a>标签。这会让文本看起来大一号。同时为了向导航栏添加链接，需要添加带有.navbar-nav 类的无序列表。

下面通过一个案例对 Bootstrap 中导航栏的用法进行演示，如例 9-10 所示。

例 9-10　example10.html

```
1 <!DOCTYPE html>
2 <html>
3 <head>
4       <meta charset="utf-8">
5       <title>导航栏效果图</title>
6       <link rel="stylesheet" type="text/css" href="css/bootstrap.min.css"/>
7       <script src="js/jquery-3.3.1.js" type="text/javascript" charset="utf-8"></script>
8       <script src="js/bootstrap.min.js" type="text/javascript" charset="utf-8"></script>
9  </head>
10 <body>
11  <nav class="navbar navbar-default" role="navigation">
12  <div class="container-fluid">
13  <div class="navbar-header">
14      <a class="navbar-brand" href="#">导航栏</a>
15      </div>
16      <div>
17      <ul class="nav navbar-nav">
18          <li class="active"><a href="#">iOS</a></li>
19          <li><a href="#">SVN</a></li>
```

```
20          <li class="dropdown">
21              <a href="#" class="dropdown-toggle" data-toggle="dropdown">  Java
22                  <b class="caret"></b>
23              </a>
24              <ul class="dropdown-menu">
25                  <li><a href="#">Jmeter</a></li>
26                  <li><a href="#">EJB</a></li>
27                  <li><a href="#">Jasper Reports</a></li>
28              </ul>
29          </li>
30      </ul>
31  </div>
32  </div>
33 </nav>
34 </body>
35 </html>
```

运行例 9-10，导航栏在 PC 端和移动端的运行效果如图 9-18 和图 9-19 所示。

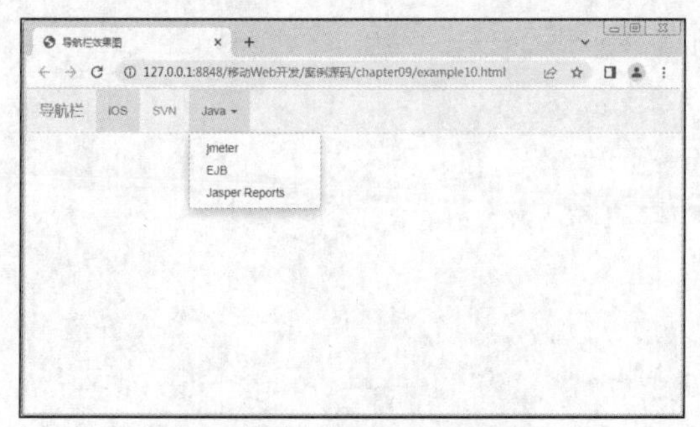

图 9-18　导航栏（PC 端）

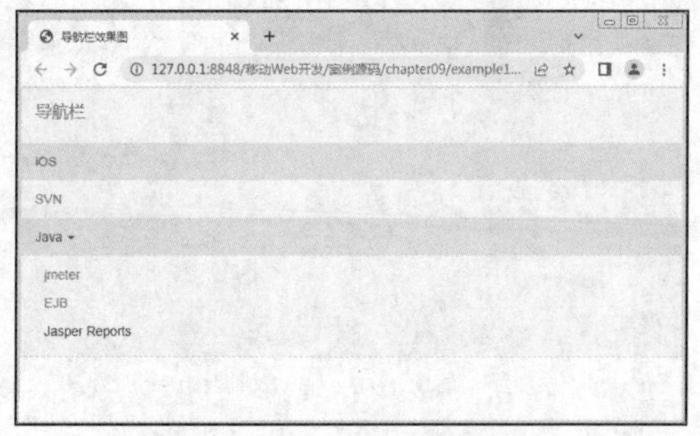

图 9-19　导航栏（移动端）

9.3.5　Bootstrap 分页和列表组

扫码观看
微课视频

Bootstrap 支持分页特性。分页（Pagination）是一种无序列表，Bootstrap 可以像处理其他页面元素一样处理分页。

分页在无序列表标签<ul>中定义，使用.pagination 类，同时可以使用.previous 来设置分页的左对齐。列表组创建时则向元素 ul 添加.list-group 类，其向 li 添加.list-group-item 类。

下面通过一个案例对 Bootstrap 中分页和列表组的用法进行演示，如例 9-11 所示。

例 9-11　example11.html

```
1 <!doctype html>
2 <html>
3   <head>
4       <meta charset="utf-8">
5       <title> Bootstrap 分页和列表组</title>
6       <link rel="stylesheet" type="text/css" href="css/bootstrap.min.css"/>
7       <script src="js/jquery-3.3.1.js" type="text/javascript"></script>
```

```
8       <script src="js/bootstrap.min.js" type="text/javascript"></script>
9   </head>
10 <body>
11  <section>
12      <ul class="list-group">
13        <li class="list-group-item">
14            <span class="badge">蓝桥杯大赛组委会</span>
15            <h4>【青少组联系方式蓝桥杯大赛组委会】</h4>
16            蓝桥杯青少组联系方式：xxxx
17        </li>
18        <li class="list-group-item">
19            <span class="badge">蓝桥杯大赛组委会</span>
20            <h4>【计算机在线实验教学研讨会的通知（蓝桥杯大赛组委会）】</h4>
21            蓝桥杯组委会字 xxxxxx
22        </li>
23        <li class="list-group-item">
24            <span class="badge">蓝桥杯大赛组委会</span>
25            <h4>【第十一届蓝桥杯大赛（第一场）】</h4>
26            关于对第十一届蓝桥杯大赛个人赛（第一场）省赛 xxxx
27        </li>
28      </ul>
29  </section>
30      <ul class="pagination">
31      <li>
32        <a href="#" aria-label="Previous">
33            <span aria-hidden="true">&laquo;</span>
34        </a>
35      </li>
36      <li><a href="#">1</a></li>
37      <li><a href="#">2</a></li>
38      <li><a href="#">3</a></li>
39      <li><a href="#">4</a></li>
40      <li><a href="#">5</a></li>
41      <li>
42        <a href="#" aria-label="Next">
43            <span aria-hidden="true">&raquo;</span>
44        </a>
45      </li>
46    </ul>
47  </body>
48 </html>
```

运行例 9-11，效果如图 9-20 所示。

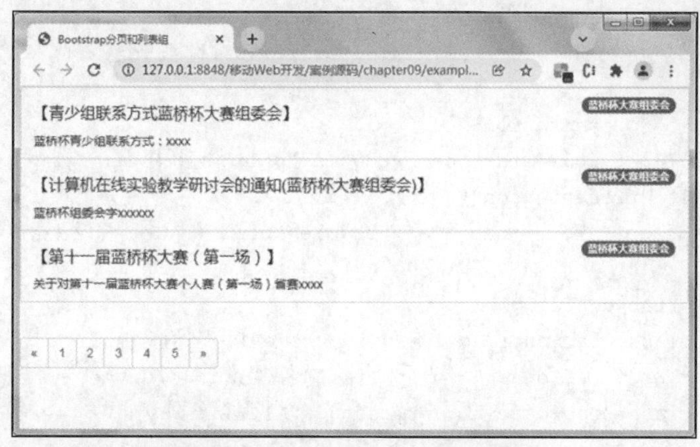

图 9-20　Bootstrap 分页和列表组

9.4 Bootstrap 常用插件

在 9.3 节中所讨论到的组件仅仅是开始。Bootstrap 自带很多插件，这些插件扩展了 Bootstrap 的功能，可以给站点添加更多的互动。即使你不是一名高级的 JavaScript 开发人员，也可以着手学习 Bootstrap 的 JavaScript 插件。利用 Bootstrap 数据 API（Bootstrap Data API），大部分插件可以在不编写任何代码的情况下被触发。

所有的插件都依赖于 jQuery，所以必须在插件文件之前引用 jQuery。

9.4.1 Bootstrap 标签页

扫码观看
微课视频

标签页也叫选项卡，是一个常见的交互组件，其将不同的内容重叠放置在某一区块内。重叠的内容区块，每次只有其中一层是可见的。用户通过单击某一个标签，来请求显示与之对应的内容区块，通过这种方式可以在有限的页面区块内显示更多的内容，一般在电商类的网站中比较常见。

以制作胶囊标签页为例，一个完整的标签页分为页头和内容两部分。页头使用<ul>标签，在<ul>标签中添加.nav 和.nav-tabs 类，会应用 Bootstrap 标签页样式；添加.nav 和.nav- pills 类会应用胶囊标签样式，需要几个标签项就在<ul>标签中添加几个<li>标签。

下面通过一个案例对 Bootstrap 中标签页的用法进行演示，如例 9-12 所示。

例 9-12　example12.html

```
1 <!DOCTYPE html>
2 <html>
3  <head>
4      <meta charset="utf-8">
5      <title> Bootstrap 标签页</title>
6      <link rel="stylesheet" type="text/css" href="css/bootstrap.min.css"/>
7      <script src="js/jquery-3.3.1.js" type="text/javascript"></script>
8      <script src="js/bootstrap.min.js" type="text/javascript"></script>
9  </head>
10  <body>
```

```
11    <ul class="nav nav-pills">
12        <li role="presentation" class="active">
13        <a href="#home" role="tab" data-toggle="pill">中国软件杯</a>
14        </li>
15        <li role="presentation">
16  <a href="#profile" role="tab" data-toggle="pill">蓝桥杯</a></li>
17        <li role="presentation">
18  <a href="#messages" role="tab" data-toggle="pill"> ACM程序设计竞赛</a></li>
19    </ul>
20    <div class="tab-content">
21         <div class="tab-pane active " id="home">我是第一页</div>
22         <div class="tab-pane " id="profile">我是第二页</div>
23         <div class="tab-pane " id="messages">我是第三页</div>
24    </div>
25 </body>
26 </html>
```

运行例 9-12，效果如图 9-21 所示。

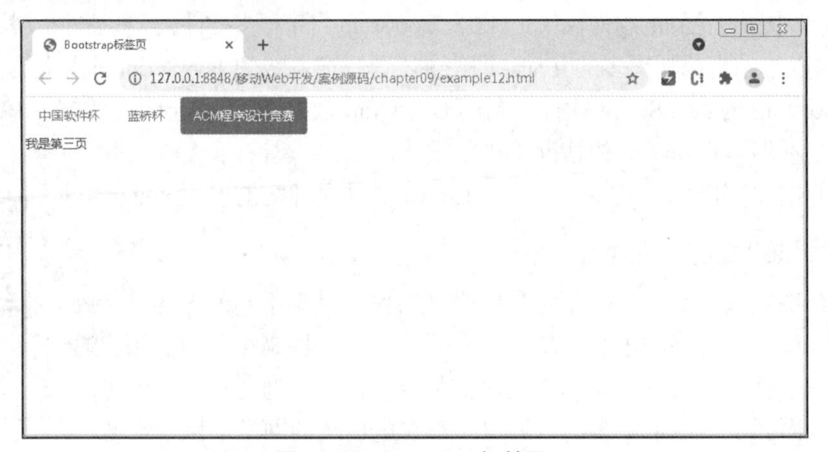

图 9-21 Bootstrap 标签页

注意

（1）在<head>和</head>标签中加载 Bootstrap 依赖。

（2）在<li>标签中添加<a>标签，<a>标签的 href 的值直接与标签页下面的内容<div>的 id 关联。

（3）在<a>标签中添加 data-toggle="tab"或 data-toggle="pill"。

9.4.2 Bootstrap 轮播图插件

扫码观看
微课视频

Bootstrap 轮播图插件是一种灵活的、响应式的向站点添加滑块的方式。其中的内容也是灵活的，可以是图像、内嵌框架、视频或者其他内容。

轮播图在使用时包含 3 个部分：轮播指标（页码）、轮播项目、轮播导航。在开发过程中使用<div>标签来包裹整个轮播图，可以写成<div id="myCarousel" class="carousel slide"></div>。

轮播指标通常用<ol>标签包裹，如下所示：

```
1   <ol class="carousel-indicators">
2       <li data-target="#myCarousel" data-slide-to="0" class="active"></li>
3       <li data-target="#myCarousel" data-slide-to="1"></li>
4       <li data-target="#myCarousel" data-slide-to="2"></li>
5   </ol>
```

轮播项目表示显示主体，其中，carousel-caption 类表示向幻灯片添加标题（自定义部分），如下所示：

```
1 <div class="carousel-inner">
2       <div class="item active">
3           <img src="/wp-content/uploads/2014/07/slide1.png" alt="First slide">
4           <div class="carousel-caption">标题 1</div>
5       </div>
6       <div class="item">
7           <img src="/wp-content/uploads/2014/07/slide2.png" alt="Second slide">
8           <div class="carousel-caption">标题 2</div>
9       </div>
10      <div class="item">
11           <img src="/wp-content/uploads/2014/07/slide3.png" alt="Third slide">
12           <div class="carousel-caption">标题 3</div>
13       </div>
14 </div>
```

轮播导航表示左右翻页标签（通常不需要修改），如下所示：

```
1 <a class="left carousel-control" href="#myCarousel" role="button" data-slide="prev">
2         <span class="glyphicon glyphicon-chevron-left" aria-hidden="true"></span>
3         <span class="sr-only">Previous</span>
4       </a>
5       <a class="right carousel-control" href="#myCarousel" role="button" data-slide=
6  "next">
7         <span class="glyphicon glyphicon-chevron-right" aria-hidden="true"></span>
8         <span class="sr-only">Next</span>
9       </a>
```

除此之外，Bootstrap 还提供了一些选项来控制轮播是否循环及速度。轮播属性如表 9-7 所示。

表 9-7 轮播属性

属性名	默认值	说明
interval	5000	自动循环每个项目之间间隔时间。如果为 false，轮播将不会自动循环。单位为毫秒
pause	hover	鼠标指针移入时暂停轮播循环，鼠标指针离开时恢复轮播循环
wrap	true	轮播是否连续循环

可根据自己的要求自定义轮播。

下面通过一个案例对 Bootstrap 中轮播的用法进行演示，如例 9-13 所示。

例 9-13　example13.html

```
1 <!DOCTYPE html>
2 <html>
3  <head>
4       <meta charset="utf-8">
5       <title> Bootstrap 轮播</title>
6       <link rel="stylesheet" type="text/css" href="css/bootstrap.min.css"/>
7       <script src="js/jquery-3.3.1.js" type="text/javascript" charset="utf-8"></script>
8       <script src="js/bootstrap.min.js" type="text/javascript" charset="utf-8"></script>
9  </head>
10 <body>
11      <div style="width:800px;height:400px;margin: auto;"
12           id="carousel-example-generic" class="carousel slide" data-ride="carousel">
13      <ol class="carousel-indicators">
14        <li data-target="#carousel-example-generic" data-slide-to="0" class= "active">
15 </li>
16       <li data-target="#carousel-example-generic" data-slide-to="1"></li>
17       <li data-target="#carousel-example-generic" data-slide-to="2"></li>
18      </ol>
19      <div class="carousel-inner" role="listbox">
20      <div class="item active">
21      <img src="img/img1.png" alt="img1.png">
22      <div class="carousel-caption">
23           图片 1
24      </div>
25      </div>
26      <div class="item">
27      <img src="img/img2.png" alt="img2.png">
28      <div class="carousel-caption">
29           图片 2
30      </div>
31      </div>
32      <div class="item">
33      <img src="img/img3.png" alt="img3.png">
34      <div class="carousel-caption">
35           图片 3
36      </div>
37    </div>
38  </div>
39 <a class="left carousel-control" href="#carousel-example-generic" role="button"
40 data-slide="prev">
41    <span class="glyphicon glyphicon-chevron-left" aria-hidden="true"></span>
42    <span class="sr-only">Previous</span>
43 </a>
44 <a class="right carousel-control" href="#carousel-example-generic" role="button"
45 data-slide="next">
46    <span class="glyphicon glyphicon-chevron-right" aria-hidden="true"></span>
```

```
47     <span class="sr-only">Next</span>
48   </a>
49  </div>
50  </body>
51  <script>
52       $("#carousel-example-generic").carousel({
53             interval: 2000
54       })
55  </script>
56 </html>
```

运行例 9-13，效果如图 9-22 所示。

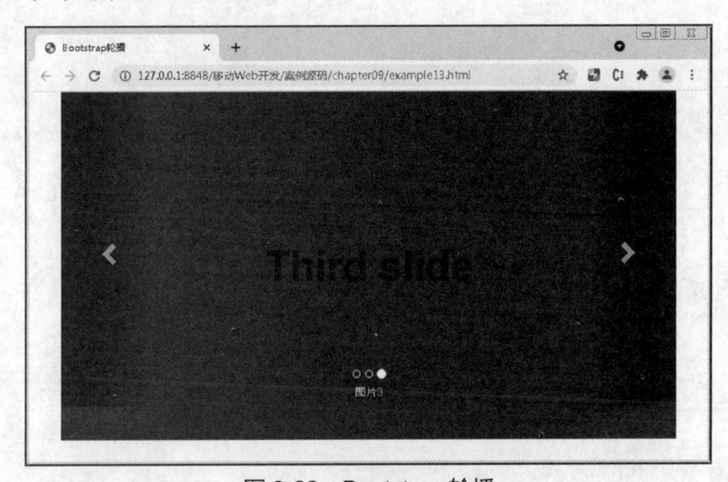

图 9-22　Bootstrap 轮播

注意

我们主要使用（carousel）方法来初始化轮播的一些属性，如轮播的切换速度、鼠标指针移入是否暂停轮播、是否连续循环轮播等。

9.4.3　Bootstrap 折叠

扫码观看微课视频

折叠（Collapse）插件可以很容易地让页面区域折叠起来。无论你用它来创建折叠导航还是内容面板，它都允许很多内容选项。

想要实现折叠功能，需要先准备一个 div，并自定义一个 id 名，如<div class= "panel- group" id="accordion"></div>，再将每一个折叠面板用 div 包裹，用<a>标签的 href 属性定位需要隐藏展示的内容 div。

下面通过一个案例对 Bootstrap 中折叠的用法进行演示，如例 9-14 所示。

例 9-14　example14.html

```
1 <!DOCTYPE html>
2 <html>
3  <head>
4       <meta charset="utf-8">
5       <title> Bootstrap 折叠</title>
6       <link rel="stylesheet" type="text/css" href="css/bootstrap.min.css"/>
```

```
7       <script src="js/jquery-3.3.1.js" type="text/javascript" charset="utf-8"></script>
8       <script src="js/bootstrap.min.js" type="text/javascript" charset="utf-8"></script>
9   </head>
10  <body>
11      <div class="panel-group" id="accordion">
12          <div class="panel panel-default">
13              <div class="panel-heading">
14                  <h4 class="panel-title">
15                      <a data-toggle="collapse" data-parent="#accordion"
16                         href = "#collapseOne">
17                         中国软件杯
18                      </a>
19                  </h4>
20              </div>
21              <div id="collapseOne" class="panel in">
22                  <div class="panel-body">
23                      大赛秉承“政府指导，企业出题，高校参与，专家评审，育才选才”
24                  </div>
25              </div>
26          </div>
27          <div class="panel panel-default">
28              <div class="panel-heading">
29              <h4 class="panel-title">
30              <a data-toggle="collapse" data-parent="#accordion" href="#collapseTwo">
31              “互联网+”创新创业大赛
32              </a>
33              </h4>
34              </div>
35              <div id="collapseTwo" class="panel-collapse collapse">
36                  <div class="panel-body">
37                      中国“互联网+”大学生创新创业大赛，以“互联网+”成就梦想
38                  </div>
39              </div>
40           </div>
41      </div>
42   </body>
43   <script type="text/javascript">
44       $(function () {
45           $("#collapseOne").on("hide.bs.collapse", function () {
46                   alert("隐藏警告");})
47       })
48   </script>
49  </html>
```

运行例 9-14，效果如图 9-23 所示。

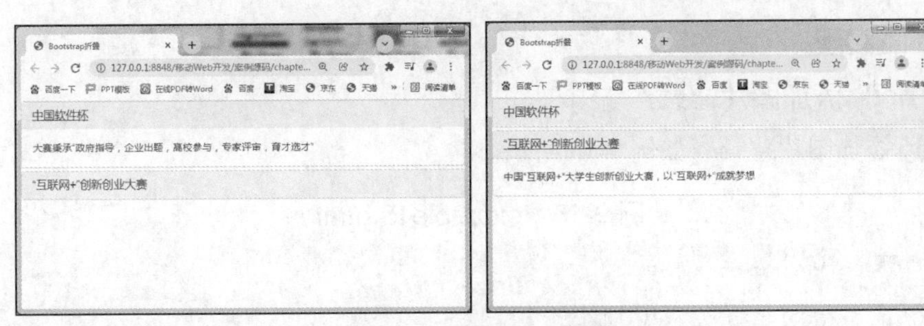

图 9-23 Bootstrap 折叠

注意

（1）将 data-toggle="collapse"添加到你想要展开或折叠的组件的链接上。

（2）将 href 或 data-target 属性添加到父组件，它的值是子组件的 id。

（3）data-parent 属性把折叠面板的 id 添加到要展开或折叠的组件的链接上。

9.5 单元案例——流感疫苗预约网站登录页面

本单元讲解了如何使用 Bootstrap 进行页面的快速构建，重点讲解了 Bootstrap 的安装、常用 CSS 样式、布局组件、常用插件等。

为了使读者更好地认识 Bootstrap，本节将完成流感疫苗预约网登录页面的制作。

小贴士

当前，流感疫情形势不容乐观。我们要尽快前往就近的疫苗接种点接种疫苗，在接种疫苗后，仍要牢记“戴口罩、勤洗手、常通风、少聚集、一米线、用公筷”等防疫要点，严格遵守疫情防控要求，保护自身和家人的健康。

9.5.1 页面效果分析

登录页面的功能是告知用户本网站需要对访问者进行身份验证，并且需要通过文本输入框的方式采集用户的身份信息并加以验证。

如何应用Bootstrap技术完成登录页面的编写呢？下面我们一起来看登录页面的实现方法。

登录页面效果如图 9-24 所示。该页面的具体实现如下。

（1）在 body 上添加一张背景图片。

（2）使用 Bootstrap 的模态框样式结合 Bootstrap 表单样式构建出登录窗口。完成后，效果如图 9-24 所示。

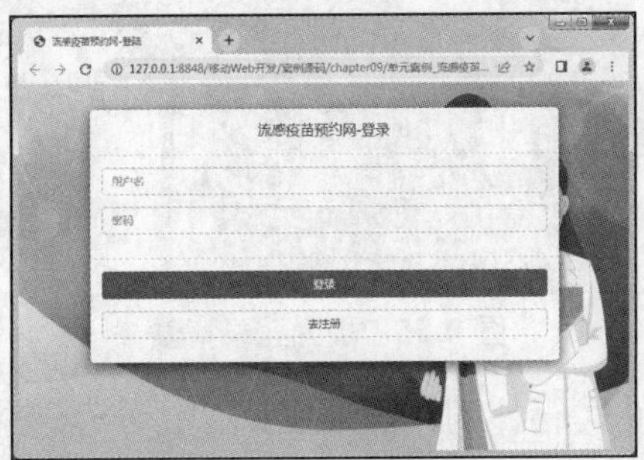

图 9-24 登录页面效果

9.5.2 页面实现

1. 给 body 添加图片背景

给 body 添加图片背景，如例 9-15 所示。

例 9-15 example15.html

```
1  <!DOCTYPE html>
2  <html>
3      <head>
4          <meta charset="utf-8">
5          <title>流感疫苗预约网-登录</title>
6          <link rel="stylesheet" type="text/css" href="css/bootstrap.min.css"/>
7          <script src="js/jquery-3.3.1.js" type="text/javascript" charset="utf-8"></script>
8          <script src="js/bootstrap.min.js" type="text/javascript" charset="utf-8">
9  </script>
10         <style type="text/css">
11             *{
12                    margin: 0px;
13                    padding: 0px;
14              }
15             html{
16                   height: 100%;
17             }
18             body{
19                   background-image: url("img/bg.jpg");
20                   background-size:100% 100%;
21                   background-repeat: no-repeat;
22             }
23         </style>
24     </head>
25     <body>
26     </body>
27 </html>
```

上述代码清空了浏览器的内外边距，为了使背景图片全屏显示，把<html>标签的高度设置为 100%，并为 body 添加了背景样式。页面登录背景如图 9-25 所示，可以看到显示了一个全屏图片背景。

图 9-25 页面登录背景

2. 添加 Bootstrap 组件代码，制作登录窗口

在<body>标签内部使用 Bootstrap 模态框样式类以及表单样式类。在例 9-15 中添加代

码如下：

```
1  <body>
2      <div class="modal-dialog">
3          <div class="modal-content">
4              <div class="modal-header">
5                  <h4 class="modal-title text-center">流感疫苗预约网-登录</h4>
6              </div>
7              <div class="modal-body" id="model-body">
8                  <div class="form-group">
9                      <input type="text" name="username" class="form-control"
10 placeholder= "用户名" autocomplete="off">
11                 </div>
12                 <div class="form-group">
13                     <input type="password" name="password" class="form-control"
14 placeholder="密码" autocomplete="off">
15                 </div>
16             </div>
17             <div class="modal-footer">
18                 <div class="form-group">
19                 <button type="button" class="btn btn-primary form-control">登录
20                     </button>
21                 </div>
22                 <div class="form-group">
23                     <a href="" class="btn btn-default form-control">去注册</a>
24                 </div>
25             </div>
26         </div>
27     </div>
28  </body>
```

在上述代码中，modal-dialog 类为登录窗口提供了一个整体的布局（窗口宽度、居中等），modal-content 类为登录窗口添加了阴影，使其呈现效果更加立体，通过 modal-header 类、modal-body 类、modal-footer 类让窗口层次分明，最后使用表单样式类的 form-group、form-control、btn、btn-primary 等为输入框提供样式美化。

运行例 9-15，效果如图 9-26 所示。至此，完成了登录页面的制作。

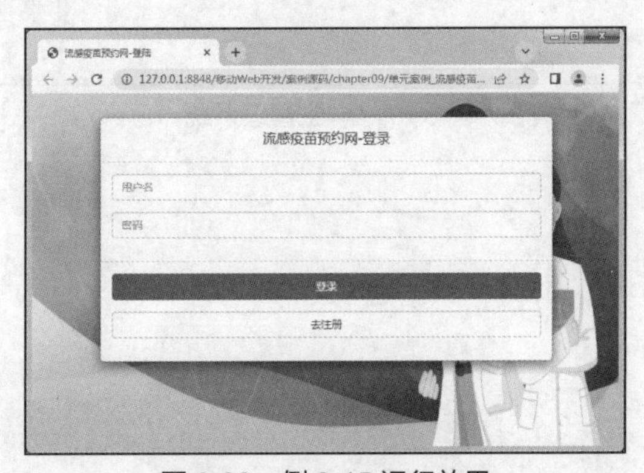

图 9-26　例 9-15 运行效果

9.6 单元小结

本单元首先介绍了 Bootstrap 的由来、特点以及使用方式，然后讲解了 Bootstrap 常用的 CSS 样式、布局组件、常用插件。

通过本单元的学习，读者能够理解 Bootstrap 栅格系统的用法，掌握响应式开发的原理，能够使用常用的 CSS 样式、布局组件、插件等构建一个响应式的 Web 页面，并实现常见的交互效果。

9.7 动手实践

【思考】

1. Bootstrap 的栅格系统可以适配哪几种设备？对应的 CSS 类名是什么？
2. 当 Bootstrap 的默认样式不满足需求时，如何定制样式？

【实践】

请使用文字素材制作页面 student.html 完成静态数据版学生管理系统，效果如图 9-27 所示。要求如下。

1. 网页标题为“学生管理系统”。
2. 使用 Bootstrap 常用 CSS 样式完成整体页面的美化。
3. 使用 Bootstrap 中的表单、按钮、表格等组件完成页面的整体功能。
4. 在搜索栏表单中提示用户输入文字“请输入搜索内容”。

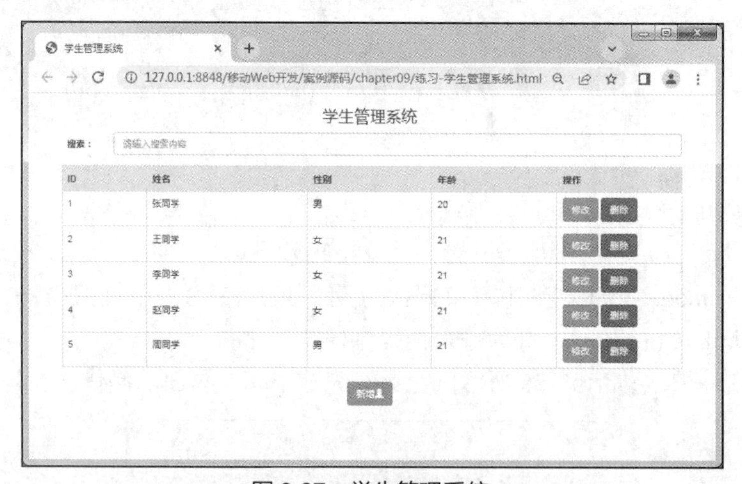

图 9-27　学生管理系统

单元 10 实战开发——英语学习网

英语学习网是基于 Bootstrap 的 Web 系统，本项目着重强化读者在企业应用中使用 Bootstrap 需要掌握的技能知识，以及指导读者应用这些技能知识进行 Web 应用程序的设计与开发工作。

英语学习网的开发涉及 HTML5、CSS3、Bootstrap 等技术，要求读者能够独立完成 Web 应用项目，具备解决问题的能力。本单元主要对英语学习网的整个开发过程进行详细的讲解。

知识目标

★ 掌握网站规划的基本流程。
★ 熟练掌握 HTML5 语义化结构标签与 CSS3 高级样式的使用。
★ 掌握 Bootstrap 常用样式、组件、插件等的使用方法。
★ 掌握将 HTML5、CSS3 与 Bootstrap 相结合的实战技巧。

能力目标

★ 能整体规划网站页面。
★ 能熟练地应用 HTML5 语义化结构标签与 CSS3 高级样式设计页面。
★ 能熟练地应用 Bootstrap 常用样式、组件、插件。
★ 能将 HTML5、CSS3 与 Bootstrap 相结合，设计常见的响应式页面。

10.1 Bootstrap 项目的搭建

首先选取一个磁盘作为项目的存储磁盘，这里以 E 盘为例，在 E 盘内有一个“移动 Web 开发”文件夹，在该文件夹的“案例源码”文件夹中新建一个文件夹“英语学习网”，将 Bootstrap 框架中的 css 和 js 文件夹复制到“英语学习网”文件夹内，如图 10-1 所示。

由于项目包含图片资源，因此我们在该目录下新建一个 img 文件夹，将我们预先准备好的图片放置在该目录下，如图 10-2 所示。

文档 (E:) ▸ 移动Web开发 ▸ 案例源码 ▸ 英语学习网 ▸
工具(T) 帮助(H)
共享 ▾ 刻录 新建文件夹

名称	类型	大小
css	文件夹	
fonts	文件夹	
js	文件夹	

图 10-1 Bootstrap 解压后的源文件

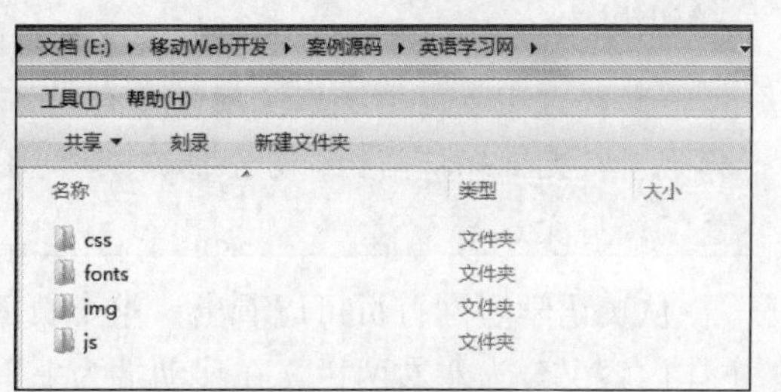

图 10-2 项目目录

然后我们将该项目使用 HBuilderX 开发工具打开，就完成了 Bootstrap 项目的搭建。

10.2 首页效果预览与首页结构搭建

英语学习网首页主要通过轮播图展示本网站的特色，通过“用户的话”“老师的话”栏目提供本网站良好的用户体验，并能够很好地适配移动端的访问。PC 端首页效果如图 10-3 所示，移动端首页效果如图 10-4 所示。

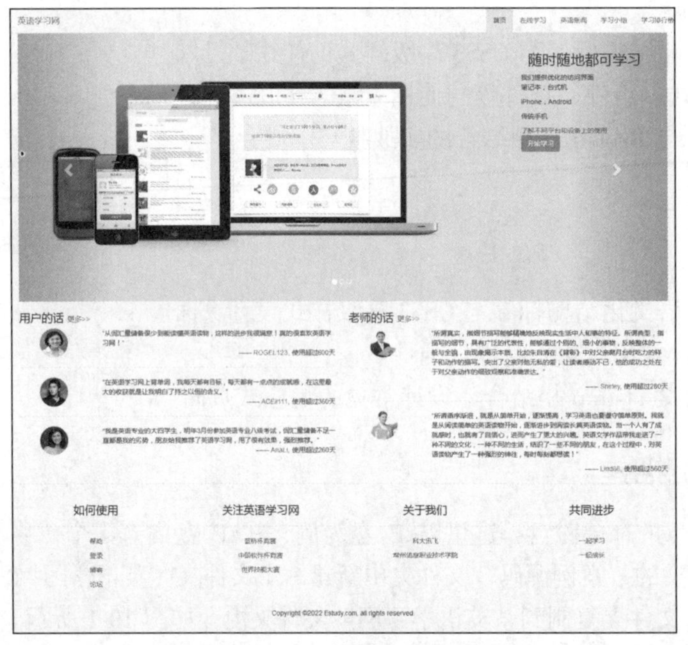

图 10-3　PC 端英语学习网首页

图 10-4　移动端英语学习网首页

小贴士

让终身学习成为我们生命的常态。“活到老，学到老”，树立终生学习观念，拓宽知识视野，更新知识结构。勇于探索创新，不断提高自己各方面的能力。任何学习，都会让我们终身受益。

从英语学习网首页可以看出，整个页面分为导航栏、轮播图、主体内容和底部菜单，主体内容又分为左右两栏，在移动端为上下排列，在 PC 端，底部菜单的链接为一行四列，在移动端为四行，整体框架如图 10-5 所示。

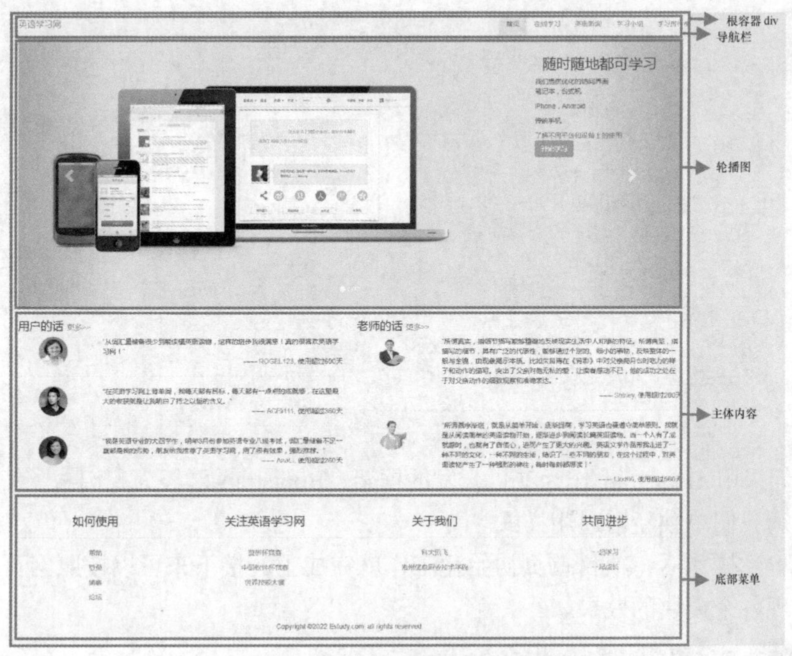

图 10-5 英语学习网首页结构

对首页效果进行结构化分析之后，我们使用 HBuilderX 开发工具在项目根目录下新建一个 index.html 文件并打开，对首页进行整体布局。由于我们使用 Bootstrap 进行项目的开发，并且要实现响应式的页面效果，因此，我们首先需要在<head>标签内添加<meta>标签来适配移动端，然后引入 Bootstrap 的依赖文件，最后在<body>标签内新增一个<div>标签作为响应式布局的根容器，具体代码如下：

```
1   <!DOCTYPE html>
2   <html>
3       <head>
4           <meta charset="utf-8">
5           <meta name="viewport" content="width=device-width,initial-scale=1,minimum-
6   scale=1,maximum-scale=1,user-scalable=no" />
7           <title>英语学习网-首页</title>
8           <link rel="stylesheet" type="text/css" href="css/bootstrap.min.css" />
9           <script src="js/jquery-3.3.1.js" type="text/javascript" charset="utf-8"></script>
10          <script src="js/bootstrap.min.js" type="text/javascript" charset="utf-8"></script>
11      </head>
12      <body>
13          <!-- 响应式布局开始 -->
14          <div class="container-fluid">
15              <!-- 导航栏开始 -->
16              <nav>
17              </nav>
18              <!-- 导航栏结束 -->
19              <!-- 轮播图开始 -->
20              <div>
21              </div>
```

```
22              <!-- 轮播图结束 -->
23              <!-- 主体内容开始 -->
24              <main>
25              </main>
26              <!-- 主体内容结束 -->
27              <!-- 底部菜单开始 -->
28              <footer>
29              </footer>
30              <!-- 底部菜单结束 -->
31          </div>
32          <!-- 响应式布局结束 -->
33      </body>
34  </html>
```

由于我们采用 Bootstrap 作为项目开发的框架，Bootstrap 已经为我们做了一些通用样式的申明，无须我们单独新增通用样式。

在完成上述操作后，项目首页初始化工作就完成了，接下来可以按照网页内容从上往下的顺序实现各个模块的效果。

注意

（1）在引入样式及 JavaScript 文件时，需要注意引入的路径及顺序。

（2）为了移动端适配，我们添加了 name 值为 viewport 的<meta>标签。

10.3 首页导航栏与轮播图实现

扫码观看
微课视频

10.3.1 首页导航栏实现

本小节将实现首页中的导航栏，导航栏在 PC 端和移动端的效果分别如图 10-6 和图 10-7 所示。

本小节将实现首页的导航栏，通过分析我们得出该部分采用了 Bootstrap 开发组件中的导航栏组件。

打开 index.html，在<nav>标签中进行 Bootstrap 导航栏组件的结构与样式类的开发，并在其标签内添加对应的文本内容，代码如下：

```
1   <!-- 导航栏开始 -->
2   <nav class="navbar navbar-default navbar-fixed-top">
3     <div class="navbar-header">
4     <button type="button" class="navbar-toggle" data-toggle="collapse" data-target=
5   "#nav-title">
6         <span class="icon-bar"></span>
7         <span class="icon-bar"></span>
8         <span class="icon-bar"></span>
9     </button>
10    <a href="index.html" class="navbar-brand">英语学习网</a>
11    </div>
12    <div class="collapse navbar-collapse" id="nav-title">
13        <ul class="nav navbar-nav navbar-right">
```

```
14              <li class="active"><a href="index.html">首页</a></li>
15              <li><a href="learn.html">在线学习</a></li>
16              <li><a href="news.html">英语新闻</a></li>
17              <li><a href="team.html">学习小组</a></li>
18              <li><a href="top.html">学习排行榜</a></li>
19          </ul>
20      </div>
21  </nav>
22  <!-- 导航栏结束 -->
```

运行代码，PC 端导航栏效果如图 10-6 所示，移动端导航栏效果如图 10-7 所示。

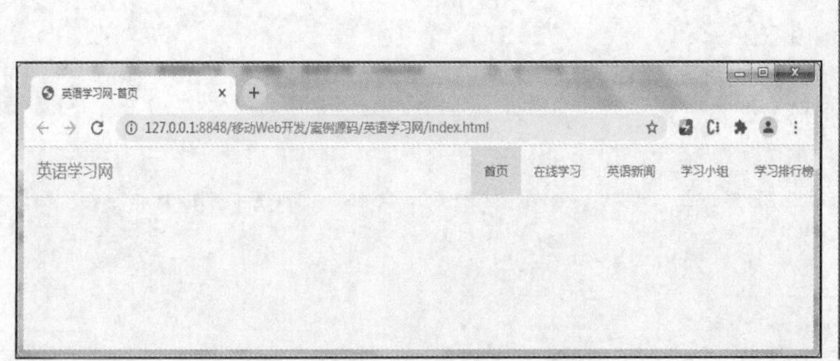

图 10-6　PC 端导航栏效果

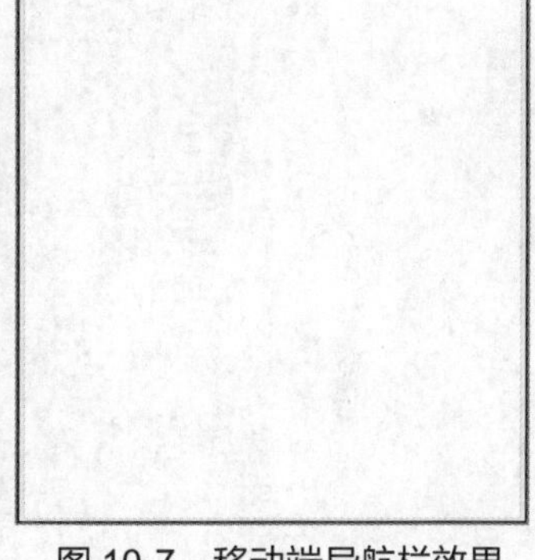

图 10-7　移动端导航栏效果

10.3.2　首页轮播图实现

本小节将实现首页中的轮播图，通过分析我们得出该部分采用了 Bootstrap 开发插件中的轮播图插件。

打开 index.html，在预留的轮播图<div>标签中进行 Bootstrap 轮播图插件的结构与样式类的开发，并在其标签内添加对应的文本内容，代码如下：

```
1 <!-- banner 轮播图开始 -->
2 <div class="carousel slide" id="mybanner">
3   <ol class="carousel-indicators">
4       <li data-target="#mybanner" data-slide-to="0" class="active"></li>
5       <li data-target="#mybanner" data-slide-to="1"></li>
6       <li data-target="#mybanner" data-slide-to="2"></li>
7   </ol>
8   <div class="carousel-inner">
9       <div class="item active">
10          <img src="img/banner1.jpg">
11          <div class="itemtip">
12              <h2>随时随地都可学习</h2>
13              <div class="row"><h4>我们提供优化的访问界面</h4>
14                  <p>笔记本、台式机</p>
15                  <p>iPhone、Android</p>
16                  <p>传统手机</p>
17                  <a class="more" href="#" target="_blank">了解不同平台和设备上的使用</a>
```

```
18                  <div>
19                      <a class="btn btn-large btn-success" href="#">开始学习</a>
20                  </div>
21              </div>
22          </div>
23      </div>
24      <div class="item">
25          <img src="img/banner2.jpg">
26          <div class="itemtip">
27              <h2>丰富的学习资料</h2>
28              <div class="row">
29                  <h4>根据你的程度和目标，定制学习内容 </h4>
30                  <p>真人发音和中英文释义</p>
31                  <p>单词配图</p>
32                  <p>例句和笔记</p>
33                  <p>智慧词根</p>
34                  <div>
35                      <a class="btn btn-large btn-success" href="#">开始学习</a>
36                  </div>
37              </div>
38          </div>
39      </div>
40      <div class="item">
41          <img src="img/banner4.jpg">
42          <div class="itemtip">
43              <h2>快乐阅读</h2>
44              <div class="row">
45                  <p>阅读，是比背诵更好的记忆；</p>
46                  <p>阅读，是检验词汇掌握程度的试金石；</p>
47                  <p>阅读，帮助你停止“学英语”，而开始用“用英语学”。</p>
48                  <a class="more" href="#" target="_blank">了解英语学习网</a>
49                  <div>
50                      <a class="btn btn-large btn-success" href="#">开始学习</a>
51                  </div>
52              </div>
53          </div>
54      </div>
55  </div>
56  <a href="#mybanner" class="left carousel-control" data-slide="prev">
57      <span class="glyphicon glyphicon-chevron-left"></span>
58  </a>
59  <a href="#mybanner" class="right carousel-control" data-slide="next">
60      <span class="glyphicon glyphicon-chevron-right"></span>
61  </a>
62  </div>
63  <!--轮播图结束-->
```

另外，通过轮播图效果可以看出，在 PC 端访问时，轮播图可以显示右侧的访问文字及按钮，在移动端访问时，这些内容就消失了，所以这里我们需要做一些定制化的样式处理。

由于这个案例我们实现了一些定制化的样式，因此我们需要添加对应的 CSS 样式。由于涉及的 CSS 样式较少，为了方便教学，我们就通过在当前页面的<head>标签中添加<style>标签的方式使用 CSS。因为，我们给导航栏设置了吸顶的效果，它会覆盖部分 banner 图片，为了解决这个问题，打开 index.html，在 body 中设置以下样式来处理：

```
1 <style type="text/css">
2  body {
3      background: #f8f8f8;
4      padding-top: 50px;
5  }
6  .navbar {
7      margin-bottom: 0px;
8  }
9  .item {
10     background: rgb(228, 228, 228);
11     position: relative;
12 }
13 .itemtip {
14     position: absolute;
15     top: 20px;
16     right: 4%;
17 }
18 @media (max-width:768px) {
19     .itemtip {
20         display: none;
21     }
22 }
23 .quote-author{
24     text-align:right;
25 }
26 </style>
```

上述代码给整个 body 添加了一个背景颜色，让它看起来更加美观，给 body 设置了一个 50px 的上部内边距，给每一个轮播项添加了背景颜色及相对定位，给轮播项的文字内容添加了一个绝对定位，让其显示在轮播图的右上角。这里还需要注意的是媒体查询的使用，当屏幕尺寸小于 768px 时，隐藏轮播项的文字介绍。

运行代码，PC 端轮播图效果如图 10-8 所示，移动端轮播图效果如图 10-9 所示。

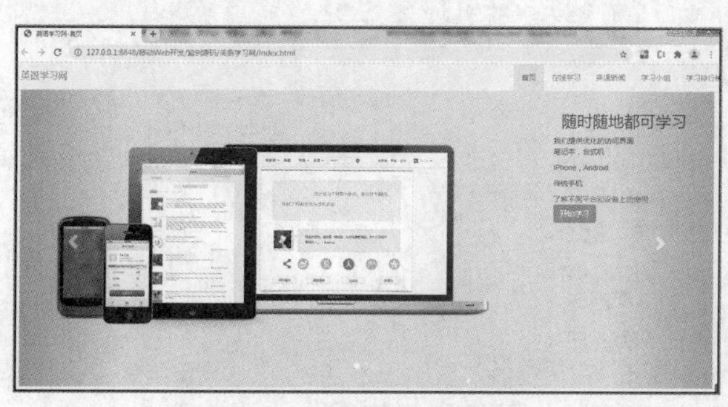

图 10-8　PC 端轮播图效果

图 10-9　移动端轮播图效果

10.4 首页主体内容及底部菜单实现

10.4.1 主体内容实现

本小节将实现首页中的主体内容，通过分析我们发现主体内容区块在PC 端是左右排列的，在移动端是上下排列的。

打开 index.html，给主体内容<main>标签添加 row 样式类，在其内部创建 2 个<div>标签，并给<div>标签添加 col-sm-6 类，在 2 个<div>标签内部创建一个<h3>标签用于展示“用户的话”“老师的话”标题，细节样式处理采用了 Bootstrap 提供的辅助类，并在其标签内添加对应的文本内容，代码如下：

```
1 <!-- 主体内容开始 -->
2 <main class="row">
3  <!-- 左侧内容 -->
4  <div class="col-sm-6">
5       <h3 class="title">
6 <span>用户的话</span> <a href="#" target="_blank"><small>更多&gt&gt</small></a> </h3>
7       <div class="row">
8            <div class="col-sm-3 col-xs-3 text-center"><img src="img/mumuxi.jpg" class=
9 "userimg"></div>
10           <div class="col-sm-9 col-xs-9">
11                <div>"从词汇量储备很少到能读懂英语读物,这样的进步我很满意!真的很喜欢英语学习网!"
12 </div>
13                <div>—
14                     <a href="#">ROGEL123</a>, 使用超过 600 天
15                     </div>
16           </div>
17      </div>
18      <hr />
19      <div class="row">
20           <div class="col-sm-3 col-xs-3 text-center"><img src="img/aceli.jpg" class=
21 "userimg"></div>
22           <div class="col-sm-9 col-xs-9">
23                <div class="quote">"在英语学习网上背单词，我每天都有目标，每天都有一点点的成
24 就感，在这里最大的收获就是让我明白了持之以恒的含义"</div>
25                <div class="quote-author">—
26                     <a href="#">ACEli111</a>, 使用超过 360 天
27                     </div>
28           </div>
29      </div>
30      <hr />
31      <div class="row">
32           <div class="col-sm-3 col-xs-3 text-center"><img src="img/olala0320.jpg"
33 class="userimg"></div>
34           <div class="col-sm-9 col-xs-9">
35                <div class="quote">"我是英语专业的大四学生，明年 3 月份参见英语专业八级考试，
36 词汇量储备不足一直都是我的劣势。朋友给我推荐了英语学习网，用了很有效果，强烈推荐"</div>
```

```
37                <div class="quote-author">—
38                    <a href="#">Anali</a>, 使用超过 260 天
39                    </div>
40            </div>
41        </div>
42 </div>
43 <!-- 右侧内容 -->
44 <div class="col-sm-6">
45     <h3 class="title"> <span>老师的话</span> <a href="#" target="_blank"><small>
46 更多&gt&gt</small></a> </h3>
47     <div class="row">
48         <div class="col-sm-3 col-xs-3 text-center"><img src="img/teacher 1.jpg" class=
49 "userimg"></div>
50         <div class="col-sm-9 col-xs-9">
51             <p>"所谓真实，指细节描写能够精确地反映现实生活中人和事的特征。所谓典型，指描写的
52 细节，具有广泛的代表性，能够通过个别的、细小的事物，反映整体的一般与全貌，由现象揭示本质。比如朱自
53 清在《背影》中对父亲爬月台时吃力的样子和动作的描写，突出了父亲对他无私的爱，让每个读者感动不已。他
54 的成功之处在于对父亲动作的细致观察和准确表达。"</p>
55         <div class="quote-author">—
56                 <a href="#"> Shirley </a>, 使用超过 280 天
57                 </div>
58         </div>
59     </div>
60     <hr />
61     <div class="row">
62         <div class="col-sm-3 col-xs-3 text-center"><img src="img/ teacher 1.jpg" class=
63 "userimg"></div>
64         <div class="col-sm-9 col-xs-9">
65             <p>"所谓循序渐进，就是从简单开始，逐渐提高，学习英语也要遵守简单原则。我就是从阅
66 读简单的英语读物开始，逐渐进步到阅读长篇英语读物。当一个人有了成就感时，也就有了自信心，进而产生了
67 更大的兴趣。英语文学作品带我走进了一种不同的文化，一种不同的生活，结识了一些不同的朋友，在这个过程
68 中，对英语读物产生了一种强烈的神往，每时每刻都想读！"</p>
69             <div class="quote-author">—
70                 <a href="#">Lind66</a>, 使用超过 560 天</div>
71         </div>
72     </div>
73 </div>
74 </main><!--主体内容结束->
```

由于用户头像为圆形，因此我们为了方便进行样式的定制化处理，在<img>标签中添加了 userimg 类，并给该类添加对应的样式，CSS 代码如下：

```
1  .userimg{
2          width: 60px;
3          height: 60px;
4          border-radius: 30px;
5  }
```

运行代码，PC 端主体内容效果如图 10-10 所示，移动端主体内容效果如图 10-11 所示。

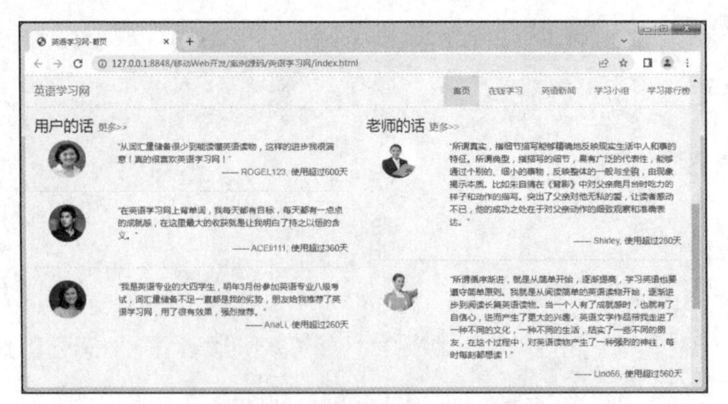

图 10-10　PC 端主体内容效果

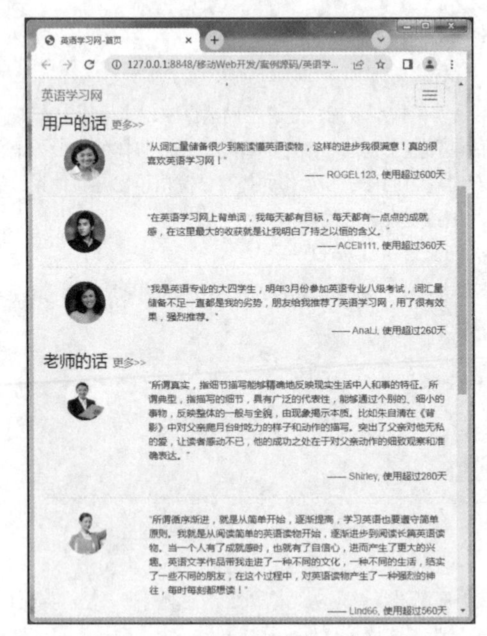

图 10-11　移动端主体内容效果

10.4.2　底部菜单实现

本小节将实现首页中的底部菜单，考虑到页面的响应式需求，底部菜单主要采用了 Bootstrap 的栅格系统技术进行页面布局，细节样式处理采用了 Bootstrap 提供的辅助类，并在标签内添加对应的文本内容。内容区块与底部菜单需要呈现一个小的分隔效果，我们在<footer>标签内使用<hr>标签来实现。

打开 index.html，在<footer>标签中添加底部菜单信息，HTML 结构代码如下：

```
1 <!-- 底部菜单开始 -->
2 <footer>
3 <hr>
4   <div class="row">
5         <div class="col-sm-3">
6               <h3 class="text-center">如何使用</h3>
7               <hr />
8               <p class="text-center">
```

```
9                <a href="">帮助</a>
10           </p>
11           <p class="text-center">
12               <a href="">登录</a>
13           </p>
14           <p class="text-center">
15               <a href="">博客</a>
16           </p>
17           <p class="text-center">
18               <a href="">论坛</a>
19           </p>
20       </div>
21       <div class="col-sm-3">
22           <h3 class="text-center">关注英语学习网</h3>
23           <hr />
24           <p class="text-center">
25               <a href="">蓝桥杯竞赛</a>
26           </p>
27           <p class="text-center">
28               <a href="">中国软件杯竞赛</a>
29           </p>
30           <p class="text-center">
31               <a href="">世界技能大赛</a>
32           </p>
33       </div>
34       <div class="col-sm-3">
35           <h3 class="text-center">关于我们</h3>
36           <hr />
37           <p class="text-center">
38               <a href="">科大讯飞</a>
39           </p>
40           <p class="text-center">
41               <a href="">常州信息职业技术学院</a>
42           </p>
43       </div>
44       <div class="col-sm-3">
45           <h3 class="text-center">共同进步</h3>
46           <hr />
47           <p class="text-center">
48               <a href="">一起学习</a>
49           </p>
50           <p class="text-center">
51               <a href="">一起成长</a>
52           </p>
53       </div>
54   </div>
55   <div class="row text-center Copyright">
```

```
56     Copyright © 2022 xx.com, all rights reserved.
57 </div>
58 </footer>
59 <!—底部菜单结束-->
```

由于需要给底部菜单部分添加上下的内边距，我们在该<div>标签上添加 Copyright 类，并通过 CSS 进行样式处理，CSS 代码如下：

```
1  .Copyright {
2      padding: 30px 0px;
3  }
```

运行代码，PC 端底部菜单效果如图 10-12 所示，移动端底部菜单效果如图 10-13 所示。

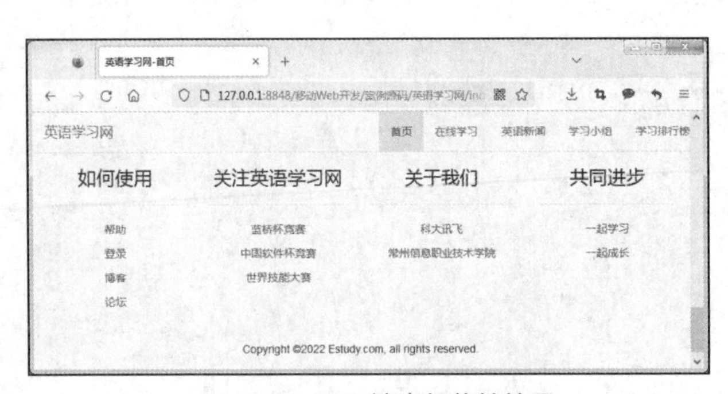

图 10-12　PC 端底部菜单效果

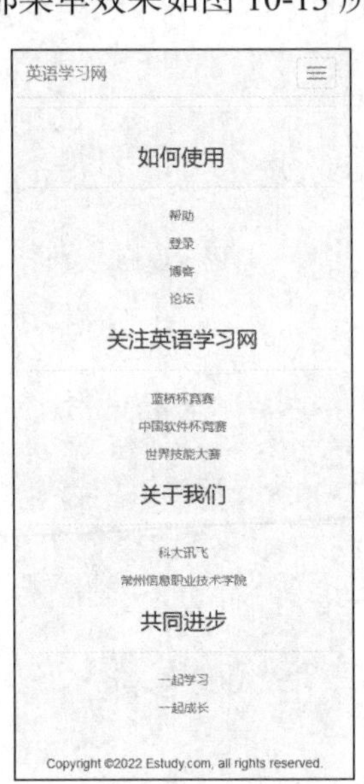

图 10-13　移动端底部菜单效果

至此，我们就完成了英语学习网首页的开发。

10.5 在线学习页面实现

扫码观看
微课视频

10.5.1　导航栏与底部菜单实现

完成了首页的开发后，我们使用 HBuilderX 开发工具新建 learn.html 文档，由于在线学习页面的导航栏与底部菜单和首页的基本保持一致，因此，我们将首页中的代码进行复制，修改<title>标签中的文本为“在线学习”，删除轮播图与主体内容的代码，并在导航栏的在线学习导航项的<li>标签上添加.active 类，保留 CSS 通用样式设置，代码如下：

```
1 <!DOCTYPE html>
2 <html>
3  <head>
4       <meta charset="utf-8">
5       <title>在线学习</title>
6       <meta name="viewport" content="width=device-width,initial-scale=1,minimum-scale=1,
7  maximum-scale=1,user-scalable=no" />
```

```
8       <link rel="stylesheet" type="text/css" href="css/bootstrap.min.css" />
9       <script src="js/jquery-3.3.1.js" type="text/javascript"></script>
10      <script src="js/bootstrap.min.js" type="text/javascript"></script>
11      <style type="text/css">
12          body {
13              background: #f8f8f8;
14              padding-top: 50px;
15          }
16          .navbar {
17              margin-bottom: 0px;
18          }
19          .Copyright {
20              padding: 30px 0px;
21          }
22      </style>
23  </head>
24  <body>
25      <div class="container-fluid">
26        <!-- 导航栏开始 -->
27          <nav class="navbar navbar-default navbar-fixed-top">
28              <div class="navbar-header">
29                  <button type="button" class="navbar-toggle" data-toggle="collapse"
30  data-target="#nav-title">
31                      <span class="icon-bar"></span>
32                      <span class="icon-bar"></span>
33                      <span class="icon-bar"></span>
34                  </button>
35                  <a href="index.html" class="navbar-brand">英语学习网</a>
36              </div>
37              <div class="collapse navbar-collapse" id="nav-title">
38                  <ul class="nav navbar-nav navbar-right">
39                      <li><a href="index.html">首页</a></li>
40                      <li class="active"><a href="learn.html">在线学习</a></li>
41                      <li><a href="news.html">英语新闻</a></li>
42                      <li><a href="team.html">学习小组</a></li>
43                      <li><a href="top.html">学习排行榜</a></li>
44                  </ul>
45              </div>
46          </nav>
47          <!-- 导航栏结束 -->
48          <!-- 底部菜单开始 -->
49          <hr>
50          <footer>
51              <div class="row">
52                  <div class="col-sm-3">
53                      <h3 class="text-center">如何使用</h3>
54                      <hr />
55                      <p class="text-center">
56                          <a href="">帮助</a>
```

```
57                          </p>
58                          <p class="text-center">
59                              <a href="">登录</a>
60                          </p>
61                          <p class="text-center">
62                              <a href="">博客</a>
63                          </p>
64                          <p class="text-center">
65                              <a href="">论坛</a>
66                          </p>
67                      </div>
68                      <div class="col-sm-3">
69                          <h3 class="text-center">关注英语学习网</h3>
70                          <hr />
71                          <p class="text-center">
72                              <a href="">蓝桥杯竞赛</a>
73                          </p>
74                          <p class="text-center">
75                              <a href="">中国软件杯竞赛</a>
76                          </p>
77                          <p class="text-center">
78                              <a href="">世界技能大赛</a>
79                          </p>
80                      </div>
81                      <div class="col-sm-3">
82                          <h3 class="text-center">关于我们</h3>
83                          <hr />
84                          <p class="text-center">
85                              <a href="">科大讯飞</a>
86                          </p>
87                          <p class="text-center">
88                              <a href="">常州信息职业技术学院</a>
89                          </p>
90                      </div>
91                      <div class="col-sm-3">
92                          <h3 class="text-center">共同进步</h3>
93                          <hr />
94                          <p class="text-center">
95                              <a href="">一起学习</a>
96                          </p>
97                          <p class="text-center">
98                              <a href="">一起成长</a>
99                          </p>
100                     </div>
101                 </div>
102                 <div class="row text-center Copyright">
103                     Copyright © 2022 Estudy.com, all rights reserved.
```

```
104                </div>
105            </footer>
106            <!-- 底部菜单结束 -->
107        </div>
108 </body>
109 </html>
```

运行代码,PC 端导航栏与底部菜单如图 10-14 所示,移动端导航栏与底部菜单如图 10-15 所示。

图 10-14　PC 端导航栏与底部菜单

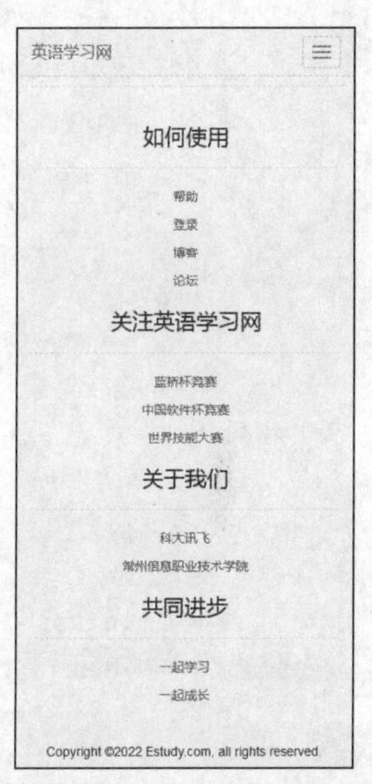

图 10-15　移动端导航栏与底部菜单

10.5.2　主体内容实现

为了使主体内容能够实现响应式效果，该部分主要采用了 Bootstrap 的栅格系统技术进行页面布局，内容部分采用了 well 组件及列表组等，细节样式处理采用了 Bootstrap 提供的辅助类。

打开 learn.html，在<nav>标签与<footer>标签之间添加主体内容结构代码，如下：

```
1 <!-- 主体内容 -->
2 <main class="row">
3  <!-- 左侧 -->
4  <div class="col-sm-9">
5      <div id="appname">
6          <h2>应用名称:智慧词根</h2>
7          <hr />
8          <div class="well well-lg">
9              <p><b>应用介绍：</b></p>
10             <p>
11                 收录 2000 条精选词根，涵盖 10000 则词条。每条词根包含中英文双语释义。对于已经
12                 收录了词根信息的单词，在学习时不仅会显示相应词根，还会显示包含词根的其他单词。
13 如果你之前学过同样词根的单词，系统就会特别标注进行提示；你也可以选择添加未学过的词根。
14             </p>
```

```
15              <p>
16                  <b>移动设备： </b><span class="badge">支持</span>
17              </p>
18              <p>
19                  购买后，该应用可同时在网页版和移动端中使用
20              </p>
21          </div>
22      </div>
23      <div id="appimg">
24          <h3>应用预览图片</h3>
25          <hr />
26          <p>
27              <img src="img/new_preview.png" class="img-responsive" />
28          </p>
29          <p>
30              <img src="img/new_preview2.png" class="img-responsive" />
31          </p>
32      </div>
33      <div id="plan">
34          <h3>购买方案</h3>
35          <hr />
36          <div class="well">
37              <table class="table table-bordered">
38                  <thead>
39                      <tr>
40                          <th>
41                              <h3>30 天</h3>
42                              <p>1900 学习币</p>
43                              <button class="btn btn-primary">购买</button>
44                          </th>
45                          <th>
46                              <h3>60 天</h3>
47                              <p>2900 学习币</p>
48                              <button class="btn btn-primary">购买</button>
49                          </th>
50                          <th>
51                              <h3>永久使用</h3>
52                              <p>7900 学习币</p>
53                              <button class="btn btn-primary">购买</button>
54                          </th>
55                      </tr>
56                  </thead>
57              </table>
58              <button class="btn btn-default">申请试用 3 天</button>
59          </div>
60      </div>
61  </div>
```

```
62 <!-- 右侧 -->
63 <div class="col-sm-3">
64     <h3>推荐应用</h3>
65     <hr />
66     <ul class="list-group">
67         <a href="" class="list-group-item">单词配图</a>
68         <a href="" class="list-group-item">音节划分</a>
69         <a href="" class="list-group-item active">智慧词根</a>
70         <a href="" class="list-group-item">派生词</a>
71     </ul>
72 </div>
73 </main>
```

运行代码，PC端在线学习页面如图10-16所示，移动端在线学习页面如图10-17所示。

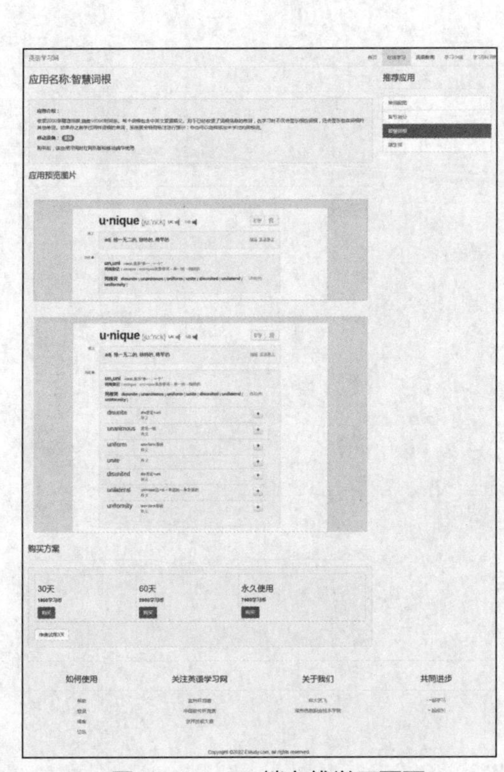
图10-16 PC端在线学习页面

图10-17 移动端在线学习页面

10.6 英语新闻页面实现

10.6.1 导航栏与底部菜单实现

扫码观看微课视频

完成了首页的开发后，我们使用HBuilderX开发工具新建news.html文档，由于该页面的导航栏与底部菜单与首页的基本保持一致，因此我们将首页中的代码进行复制，修改<title>标签中的文本为“英语新闻”，删除轮播图与主体内容的代码，并在导航栏的英语新闻导航项的<li>标签上添加.active 类，保留 CSS 通用样式设置，代码如下：

```
1 <!DOCTYPE html>
2 <html>
3  <head>
4      <meta charset="utf-8">
5      <title>英语新闻</title>
6      <meta name="viewport" content="width=device-width,initial-scale=1,minimum-scale=1,
7  maximum-scale=1,user-scalable=no" />
8      <link rel="stylesheet" type="text/css" href="css/bootstrap.min.css" />
9      <script src="js/jquery-3.3.1.js" type="text/javascript" charset="utf-8"></script>
10     <script src="js/bootstrap.min.js" type="text/javascript" charset="utf-8"></script>
11     <style type="text/css">
12         body {
13             background: #f8f8f8;
14             padding-top: 50px;
15         }
16         .navbar {
17             margin-bottom: 0px;
18         }
19         .Copyright {
20             padding: 30px 0px;
21         }
22     </style>
23 </head>
24 <body>
25     <div class="container-fluid">
26        <!-- 导航栏开始 -->
27         <nav class="navbar navbar-default navbar-fixed-top">
28             <div class="navbar-header">
29                 <button type="button" class="navbar-toggle" data-toggle="collapse"
30 data-target="#nav-title">
31                     <span class="icon-bar"></span>
32                     <span class="icon-bar"></span>
33                     <span class="icon-bar"></span>
34                 </button>
35                 <a href="index.html" class="navbar-brand">英语学习网</a>
36             </div>
37             <div class="collapse navbar-collapse" id="nav-title">
38                 <ul class="nav navbar-nav navbar-right">
39                     <li><a href="index.html">首页</a></li>
40                     <li><a href="learn.html">在线学习</a></li>
41                     <li class="active"><a href="news.html">英语新闻</a></li>
42                     <li><a href="team.html">学习小组</a></li>
43                     <li><a href="top.html">学习排行榜</a></li>
44                 </ul>
45             </div>
```

```
46          </nav>
47          <!-- 导航栏结束 -->
48          <!-- 底部菜单开始 -->
49          <hr>
50          <footer>
51              <div class="row">
52                  <div class="col-sm-3">
53                      <h3 class="text-center">如何使用</h3>
54                      <hr />
55                      <p class="text-center">
56                          <a href="">帮助</a>
57                      </p>
58                      <p class="text-center">
59                          <a href="">登录</a>
60                      </p>
61                      <p class="text-center">
62                          <a href="">博客</a>
63                      </p>
64                      <p class="text-center">
65                          <a href="">论坛</a>
66                      </p>
67                  </div>
68                  <div class="col-sm-3">
69                      <h3 class="text-center">关注英语学习网</h3>
70                      <hr />
71                      <p class="text-center">
72                          <a href="">蓝桥杯竞赛</a>
73                      </p>
74                      <p class="text-center">
75                          <a href="">中国软件杯竞赛</a>
76                      </p>
77                      <p class="text-center">
78                          <a href="">世界技能大赛</a>
79                      </p>
80                  </div>
81                  <div class="col-sm-3">
82                      <h3 class="text-center">关于我们</h3>
83                      <hr />
84                      <p class="text-center">
85                          <a href="">科大讯飞</a>
86                      </p>
87                      <p class="text-center">
88                          <a href="">常州信息职业技术学院</a>
89                      </p>
90                  </div>
91                  <div class="col-sm-3">
92                      <h3 class="text-center">共同进步</h3>
```

```
93                  <hr />
94                  <p class="text-center">
95                      <a href="">一起学习</a>
96                  </p>
97                  <p class="text-center">
98                      <a href="">一起成长</a>
99                  </p>
100             </div>
101         </div>
102         <div class="row text-center Copyright">
103             Copyright © 2022 Estudy.com, all rights reserved.
104         </div>
105     </footer>
106     <!-- 底部菜单结束 -->
107 </div>
108 </body>
109 </html>
```

运行代码，PC 端导航栏与底部菜单如图 10-18 所示，移动端导航栏与底部菜单如图 10-19 所示。

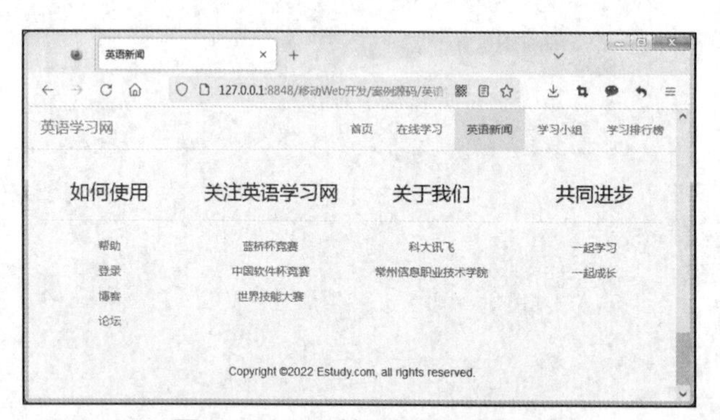

图 10-18　PC 端导航栏与底部菜单

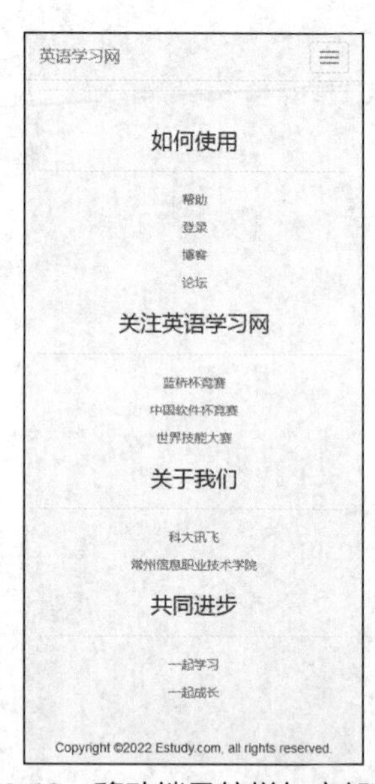

图 10-19　移动端导航栏与底部菜单

10.6.2　主体内容实现

为了使主体内容能够实现响应式效果，该部分主要采用了 Bootstrap 的栅格系统技术进行页面布局，内容部分采用了分页组件及<blockquote>标签等，细节样式处理采用了 Bootstrap 提供的辅助类。

打开 news.html，在<nav>标签与<footer>标签之间添加主体内容结构代码，如下：

```
1 <!--banner 开始-->
2 <div class="row">
3   <img src="img/newsbanner.jpg" width="100%" class="img-responsive" />
```

```
4 </div>
5 <!--banner结束-->
6 <!--主体内容开始-->
7 <div class="row">
8  <div class="col-sm-8">
9      <h3>学习新闻</h3>
10     <hr />
11     <div class="row">
12         <div class="col-sm-2" class="bg-danger">
13             <img src="img/fig 1.jpg" class="img-responsive" />
14         </div>
15         <div class="col-sm-8" class="bg-danger">
16             <p class="text-info">Vaccinating Dogs Against Rabies in East Africap</p>
17             <p>VOA 06/29 2017</p>
18             <p>Rabies is a global health issue, claiming fifty to sixty thousand
19  lives every year. Most of these deaths
20                 occur in sub-Saharan Africa and South Asia. The rabies virus is
21  usuall...
22 </p>
23             <div class="pull-right">
24                 <i class="glyphicon glyphicon-tags"></i>
25                 <span>难度( 高考 四级 )</span>
26                 <i class="glyphicon glyphicon-list-alt"></i>
27                 <span>单词( 752 )</span>
28             </div>
29         </div>
30     </div>
31     <div class="row">
32         <div class="col-sm-2" class="bg-danger">
33             <img src="img/fig 2.jpg" class="img-responsive" />
34         </div>
35         <div class="col-sm-8" class="bg-danger">
36             <p class="text-info">Vaccinating Dogs Against Rabies in East Africap</p>
37             <p>VOA 06/29 2017</p>
38             <p>Rabies is a global health issue, claiming fifty to sixty thousand
39  lives every year. Most of these deaths
40                 occur in sub-Saharan Africa and South Asia. The rabies virus is
41  usuall...</p>
42             <div class="pull-right">
43                 <i class="glyphicon glyphicon-tags"></i>
44                 <span>难度( 高考 四级 )</span>
45                 <i class="glyphicon glyphicon-list-alt"></i>
46                 <span>单词( 752 )</span>
47             </div>
48         </div>
49     </div>
50     <div class="row">
51         <div class="col-sm-2" class="bg-danger">
```

```
52              <img src="img/fig 3.jpg" class="img-responsive" />
53          </div>
54          <div class="col-sm-8" class="bg-danger">
55              <p class="text-info">Vaccinating Dogs Against Rabies in East Africap</p>
56              <p>VOA 06/29 2017</p>
57              <p>Rabies is a global health issue, claiming fifty to sixty thousand
58 lives every year. Most of these deaths
59                  occur in sub-Saharan Africa and South Asia. The rabies virus is
60 usuall...
61 </p>
62              <div class="pull-right">
63                  <i class="glyphicon glyphicon-tags"></i>
64                  <span>难度( 高考 四级 )</span>
65                  <i class="glyphicon glyphicon-list-alt"></i>
66                  <span>单词( 752 )</span>
67              </div>
68          </div>
69      </div>
70      <div class="row">
71          <div class="col-sm-2" class="bg-danger">
72              <img src="img/aceli.jpg" class="img-responsive" />
73          </div>
74          <div class="col-sm-8" class="bg-danger">
75              <p class="text-info">Vaccinating Dogs Against Rabies in East Africap</p>
76              <p>VOA 06/29 2017</p>
77              <p>Rabies is a global health issue, claiming fifty to sixty thousand
78 lives every year. Most of these deaths
79                  occur in sub-Saharan Africa and South Asia. The rabies virus is
80 usuall...
81 </p>
82              <div class="pull-right">
83                  <i class="glyphicon glyphicon-tags"></i>
84                  <span>难度( 高考 四级 )</span>
85                  <i class="glyphicon glyphicon-list-alt"></i>
86                  <span>单词( 752 )</span>
87              </div>
88          </div>
89      </div>
90      <ul class="pagination">
91          <li><a href="#">&laquo;</a></li>
92          <li class="active"><a href="#">1</a></li>
93          <li><a href="#">2</a></li>
94          <li><a href="#">3</a></li>
95          <li><a href="#">4</a></li>
96          <li><a href="#">5</a></li>
97          <li><a href="#">&raquo;</a></li>
98      </ul>
99  </div>
100 <div class="col-sm-4">
```

```
101     <h3>术语</h3>
102     <hr />
103     <blockquote>
104         <h3>Why News?</h3>
105         Keep reading news to activate your vocabularies. Shanbay news update daily
106         <a href="">了解更多</a>
107     </blockquot
108     <h3>学习新闻客户端</h3>
109     <hr />
110     <blockquote>
111         学习新闻是英语学习网的阅读类客户端，文章内容涵盖经济、科技、自然科学、体育、娱乐等主题。
112 让你通过英语这扇窗，更好地了解这个世界；
113         <a href="">了解更多</a>
114     </blockquote>
115     <h3>文章来源</h3>
116     <hr />
117     <blockquote>
118         <h3><img src="img/elegraph.png" width="100px" /><a href="">《纽约时报》
119 </a></h3>
120         <h3><img src="img/financial-times.png" width="100px" /><a href="">《金融时
121 报》</a></h3>
122         <h3><img src="img/guardian.png" width="100px" /><a href="">《卫报》</a></h3>
123     </blockquote>
124 </div>
125 </div>
126 <!--主体内容结束-->
```

运行代码，PC 端英语新闻页面如图 10-20 所示，移动端英语新闻页面如图 10-21 所示。

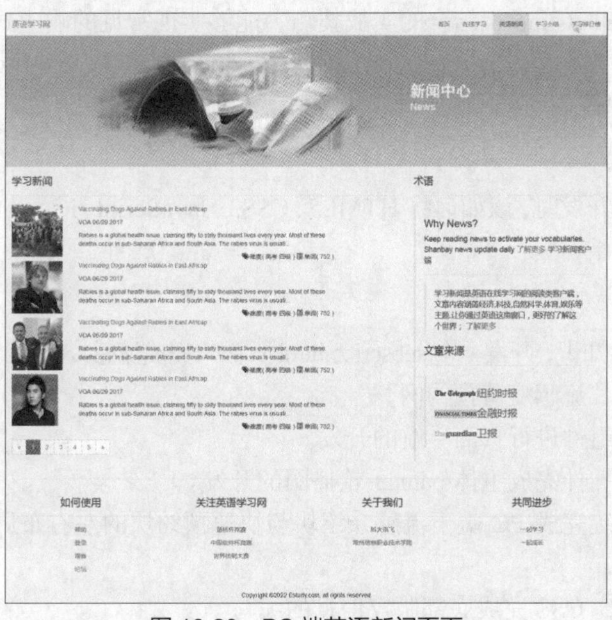

图 10-20　PC 端英语新闻页面

图 10-21　移动端英语新闻页面

10.7　单元小结

本单元讲解了 Bootstrap 项目的搭建以及一套完整的网站开发思路和开发流程，通过 Bootstrap 技术结合 HTML5 与 CSS3 完成了一套响应式的页面搭建，并通过页面分析总结出可以复用的代码，通过代码的复用提高网站的开发速度。

通过本单元的学习，读者应该能够理解 Bootstrap 的常用样式、组件、插件等，掌握将 HTML5、CSS3 与 Bootstrap 相结合的实战技巧，能够实现常见的响应式页面效果。

10.8　动手实践

【思考】

进行移动 Web 开发时，该如何将 HTML5、CSS3、JavaScript、jQuery 等技术与 Bootstrap 相结合？

【实践】

请运用之前所学知识，开发一个 subscribe.html 页面来完成流感疫苗预约网首页。要求如下。

1. 网页标题为“流感疫苗预约网”。
2. 使用导航栏组件进行页面导航的开发。
3. 使用轮播图插件完成主体 banner 轮播图的开发。
4. 使用栅格系统完成 PC 端下流感介绍块与快速预约块的左右布局，以及移动端的上下布局。
5. 使用 HTML5+CSS 完成底部版权信息的编写。
6. 使用模态框插件完成单击“快速预约”弹出模态框的功能。